Bau und Bildung der Kristalle

Die Architektonik der stofflichen Welt

Von

Prof. Dr. F. Raaz und **Prof. Dr. A. Köhler**

Mineralogisch-petrographisches
Institut der Universität Wien

Institut für augewandte Mineralogie
der Technischen Hochschule Wien

Mit 166 Textabbildungen

Springer-Verlag Wien GmbH

1953

ISBN 978-3-7091-2387-4   ISBN 978-3-7091-2386-7 (eBook)
DOI 10.1007/978-3-7091-2386-7

Vorwort

Der Plan zu dem vorliegenden Versuch, kristallographische For·
schung und mineralogische Probleme einem weiteren Kreise verständlich zu machen, entstand aus der Erkenntnis, daß in dieser
Hinsicht viel verabsäumt worden ist. Dem heute so wichtigen Gebiete der Mineralogie und Kristallographie wird in der Allgemein-
heit viel zu wenig Wert beigemessen. Das mag u. a. daran liegen,
daß vielfach unzulängliche oder überhaupt unrichtige Vorstellungen
von der Jugendzeit her ins reifere Leben hinübergenommen worden
sind.

Die Verfasser des vorliegenden Buches haben es sich daher zum
Ziele gesetzt, hier nach Kräften Abhilfe zu schaffen: sie wollen in
einer knappen Auswahl von leicht faßlich geschriebenen Aufsätzen
beim Leser Verständnis und Interesse wecken. Unser Buch soll kein
Hand- oder Lehrbuch sein, trotzdem aber eine gewisse Abrundung
des Wissensstoffes bieten. Die leitenden Prinzipien unserer Wissenschaft sollen herausgestellt werden und der Geist soll spürbar sein,
der die Kristallographie und anorganische Konstitutionsforschung
erfüllt. Das durch den Titel „Bau und Bildung der Kristalle“ zum
Ausdruck gebrachte Leitmotiv der Darstellung soll kein beengender
Rahmen sein, ist vielmehr im weitesten Sinne aufzufassen. Darum
sind in den Kreis unserer Betrachtungen auch gewisse Fragen aus
spezielleren Forschungsgebieten der Mineralogie mit einbezogen
worden, so aus der Edelsteinkunde, Geochemie, Lagerstättenlehre
wie auch der Meteoritenkunde.

Der größte Teil der kristallographischen Abbildungen stammt
aus dem im Springer-Verlag, Wien, erschienenen Buch Raaz und
Tertsch, Geom. Kristallographie und Kristalloptik; ferner aus
Büchern desselben Verlages, vor allem P. Eskola, Kristalle und Gesteine, und F. Machatschki, Grundlagen der allg. Mineralogie und
Kristallchemie. Weitere Abbildungen sind entnommen: aus
P. Nigglis Lehrbuch der Mineralogie u. Kristallchemie, aus
P. P. Ewald, Kristalle und Röntgenstrahlen, F. Rinne, Kristallographische Formenlehre, bzw. Rinne-Berek, Anleitung zu optischen Untersuchungen mit dem Polarisationsmikroskop. Im übrigen
ist die Herkunft der Abbildungen, soweit es sich um Originalzeich-
nungen handelt, in der Beschriftung eigens vermerkt. Eine Anzahl
von Figuren ist neu gezeichnet worden. Die Raumgruppenbilder
stammen aus dem Raumgruppen-Atlas von E. Schiebold.

Dem Verleger danken wir für die Aufgeschlossenheit unseren Absichten gegenüber und dafür, daß er durch Übernahme dieses literarischen Versuches in seinen Verlag der Veröffentlichung einen würdigen Rahmen gegeben hat.

Wien, im November 1953.

F. Raaz, A. Köhler

Inhaltsverzeichnis

F. Raaz ist der Verfasser der Kapitel I bis XII, XX und XXVI,
A. Köhler hat die Kapitel XIII bis XIX und XXI bis XXV verfaßt

1. Stellung und Bedeutung der Mineralogie innerhalb der Gesamtwissenschaft

Versuchen wir vom Standpunkt der Wissenschaftslehre aus die Fächer der mathematisch-naturwissenschaftlichen Gruppe zu reihen, so ließe sich etwa folgende Anordnung treffen: Mathematik, Astronomie, Physik, Chemie, Mineralogie, Geologie, Paläontologie, Biologie (Botanik und Zoologie). Mit diesen Angaben sollen nur die geläufigen Hauptdisziplinen genannt sein, ohne auf Spezialfächer und Übergangsfächer besonders Bezug zu nehmen.

Daß die Reihe mit der Mathematik beginnt, ist nach dem Grade der Sicherheit ihrer durch den Erkenntnisakt erzielten Ergebnisse ohneweiteres verständlich; denn Mathematik fußt ausschließlich auf innerer Anschauung und ist daher in ihren Schlußfolgerungen für den menschlichen Geist als unumstößliche Wahrheit anzusehen.

Mit der Astronomie betreten wir bereits die Domäne der Naturwissenschaften. Doch ist ein wichtiger Grundpfeiler dieses Fachgebietes, die Himmelsmechanik, als angewandte Mathematik zu verstehen. Damit ist auch bereits der Übergang zur Physik gekennzeichnet, die als theoretische Physik ebenfalls mit der Mathematik in engster Verbindung steht: die Mechanik fester, flüssiger und gasförmiger Körper leitet zur experimentellen Seite der Physik über.

Die Chemie ist vom Standpunkt der Wissenschaftslehre als ein Teilgebiet der Physik zu betrachten, wobei wir letztere als „Naturwissenschaft im Prinzip" ansprechen wollen. Zwar hat die Chemie wegen ihrer experimentellen Eigenheiten schon frühzeitig ihren selbständigen Entwicklungsgang genommen, ist jedoch vom theoretischen Gesichtspunkt aus zweifellos mit der modernen Physik aufs engste verknüpft. Das besagt ja auch schon der Name eines ihrer grundlegenden Teilgebiete, nämlich der „physikalischen oder theoretischen Chemie".

An die Physik und Chemie schließt sich nun die Mineralogie an, die man in gewissem Sinne auch als angewandte physikalische Chemie betrachten kann. Anderseits gehört die Mineralogie nach dem Gegenstand ihrer Forschung — den Mineralen als Bestandteilen der festen Erdrinde — zweifellos zu den geologischen Disziplinen. Damit ist der Übergang zur Geologie als der Wissenschaft von der Erde schlechthin bereits gegeben.

Ein wichtiges Teilfach der Geologie ist die Paläontologie, die sich mit den Tier- und Pflanzenschöpfungen vergangener Erdepochen beschäftigt. Diese wieder bildet bei unserer Reihung den natürlichen

Übergang zu der bedeutungsvollen Gruppe biologischer Wissensgebiete, zur Botanik und Zoologie.

Betrachtet man so die Mineralogie in der Gesamtheit der mathematisch-naturwissenschaftlichen Fächer, so springt ihre Mittelstellung deutlich ins Auge. Sie kann geradezu als Mittlerin zwischen den anorganischen Disziplinen, Physik und Chemie, einerseits und den Wissenschaften von den Organismen anderseits gewertet werden.

Vom methodischen Standpunkt aus schließt die Mineralogie eng an die Physik und Chemie an, da sie sich ihrer Untersuchungsverfahren bedient. Doch ist ein wesentliches Merkmal ihrer Eigenart darin gelegen, daß hier erstmalig ein in der Natur vorkommendes selbständiges Individuum — *der Kristall* — in seiner Ganzheit den Gegenstand der Untersuchung bildet. Und nur von diesem Gesichtspunkte aus läßt sich ihre Selbständigkeit gegenüber der Physik und Chemie als Wissenschaft rechtfertigen. Denn die Minerale müssen wir grundsätzlich als die in der Natur, d. h. als Bestandteile der Erdrinde auftretenden Kristallindividuen auffassen. Damit ist nicht gesagt, daß diese mineralischen Naturkörper, die die feste Erdrinde aufbauen, auch äußerlich immer die regelmäßigen Formen von eigentlichen Kristallgestalten erkennen lassen. Wir werden jedoch im weiteren Verlaufe unserer Ausführungen noch hören, daß sie sich dessenungeachtet grundsätzlich als kristallisierte Materie[1] erweisen.

So gelangen wir zu der Auffassung, daß die Lehre von den Kristallen das fundamentale Wesensmerkmal unserer Wissenschaft ausmacht und demnach die Kristallographie im weitesten Sinne den mächtigsten Grundpfeiler der gesamten Mineralogie darstellt. Das mag manchem vielleicht befremdend erscheinen, weil man zunächst hauptsächlich an die sogenannte geometrische Kristallographie denkt. Doch steht dieser auch eine physikalische und chemische Kristallographie zur Seite, die dem Laien weniger bekannt ist. Kristallphysik und besonders die Kristallchemie sind aber in ihren neueren Forschungsergebnissen zu ungeahnter Entwicklung gelangt und haben damit eine ganz neuartige Schau ermöglicht, unter der sich das gesamte mineralogische Wissensgebiet dem Forscher darstellt.

Wenn wir hier bereits die modernen Lehren der Kristallchemie genannt haben, so führt uns dies zu einem der reizvollsten neueren Zweige der Mineralogie, zur Geochemie, als der Wissenschaft vom Aufbau der Erde vom kristallchemischen Standpunkt aus.

Wir sagten bereits oben, daß die Erforschung des Kristalls uns erstmalig in der anorganischen Naturbetrachtung mit einem für sich in seiner Ganzheit einheitlichen, selbständigen Naturgebilde vertraut macht, dem wir sozusagen den Wesensbegriff eines Organismus beilegen könnten. Hier haben wir noch die Möglichkeit, die Gesetzmäßigkeiten, die seine individuelle Wesensart beherrschen, aus den bekannten Erfahrungen und Ergebnissen der Physik und Chemie

---

[1] Von den relativ seltenen Ausnahmen sogenannter amorpher Substanzen können wir zunächst absehen.

zu verstehen beziehungsweise mit deren Methoden zu ergründen. Anderseits führt uns dieses individuell struierte Naturphänomen — der Kristall — zu der überaus vielgestaltigen Gruppe der Organismen über, zu den Pflanzen und Tieren. Hier liegen die Verhältnisse im Bau und in den Lebensfunktionen bereits so überaus kompliziert vor, daß sie zwar mit den mechanistischen Mitteln der Physik und Chemie in mehr oder weniger weitgehendem Maße untersucht und geklärt werden können, letzten Endes jedoch das große Rätsel „Leben" dem Menschengeiste unverstanden bleibt.

Der Kristall erscheint somit als eine Art Übergangsstufe von der formlosen anorganischen Materie — wie sie in den Gasen und Flüssigkeiten vorliegt — zu den hochorganisierten Naturschöpfungen der belebten Welt.

Fragen wir nun, welche Untersuchungsmittel uns vornehmlich in den Stand gesetzt haben, das Wesen und die Eigenart des Kristalls so gründlich zu erforschen, daß wir schon heute in der Lage sind, ein befriedigendes Bild seiner inneren Natur zu entwerfen, so sind hier vor allem zwei physikalische Untersuchungsmethoden, die zwei wichtige Teilgebiete der Kristallographie ausmachen, zu nennen: die *Kristalloptik* und die *Röntgenographie*.

Die Kristalloptik ist durch die Einführung des Polarisationsmikroskopes zu einem der mächtigsten Forschungsmittel in der Hand des wissenschaftlich arbeitenden Mineralogen geworden. Mit seiner Hilfe wurde es erst möglich, den Aufbau der Gesteine als gesetzmäßige Vergesellschaftungen von Kristallen bis in die subtilsten Einzelheiten zu erkunden und zu klären — und zwar auch in jenen Fällen, wo die megaskopische Beobachtung bei der dichten Beschaffenheit des Gesteins völlig versagte. Mit der Anwendung des polarisierten Lichtes in der Mineralogie zur Lösung geologischer Fragen — wozu zweifellos die Untersuchung der Gesteine als Erdrindenteile von integrierender Bedeutung gehört — haben wir bereits das Gebiet der *Petrographie* oder *Gesteinskunde* betreten, die in den vergangenen Jahrzehnten einen gewaltigen Aufschwung genommen hat. Obwohl in ihrer Zielsetzung zu den geologischen Disziplinen zu zählen, erfordert die Petrographie zur Bewältigung ihrer Aufgaben ein so tief fundiertes mineralogisches Wissen und eine souveräne Beherrschung der kristalloptischen Methoden, daß diese Grenzwissenschaft zwischen Mineralogie und Geologie arbeitstechnisch meist den mineralogischen Instituten zugewiesen wurde.

Haben wir durch die Herausstellung der Petrographie die Bedeutung der kristalloptischen Methoden ins rechte Licht gerückt, so muß noch eines viel jüngeren Arbeitsgebietes gedacht werden, das geradezu eine Revolutionierung des so viel verzweigten Fachgebietes der Mineralogie bewirkt hat: es ist dies die zuvor erwähnte *Röntgenographie* oder *Feinbaulehre* der Kristalle. Genialem Forschergeist ist es gelungen, mit einer viel feineren Sonde, einer noch tausendmal kleineren Wellenlänge als jene der Lichtstrahlen, in das Kristallgebäude einzugreifen, um seinen Aufbau aus kleinsten Elementarteilchen — den Atomen — zu ergründen. Der kristalline Feinbau erweist sich dabei als ein streng geordnetes, dreidimensionales, periodisches Diskontinuum von Massenteilchen, als sogenanntes „Raumgitter" von Atomen.

Das Jahr 1912 ist das Geburtsjahr dieses in einer gigantischen Entwicklung begriffenen neuen Wissenszweiges, der Untersuchung der Kristalle mit Röntgenstrahlen. Und seine Ergebnisse machen die Summe jener Erkenntnisse aus, die wir vorher schon unter dem Namen *Kristallchemie* hervorgehoben haben.

Doch wenden wir den Blick nochmals der geologischen Seite unserer Wissenschaft zu! Wir sagten schon bei der Erwähnung der Petrographie, daß es sich bei den Gesteinen um eine Vergesellschaftung kristallinischer Mineralien, also um eine Minerallagerstätte im weiteren Sinne handelt. Von besonderem Interesse — weil für die Praxis von weitgehender Bedeutung — sind jedoch die Erzlagerstätten sowie die Lagerstätten sonstiger nutzbarer Minerale, unter letzteren besonders die Salzlagerstätten. So ist die *Lagerstättenkunde* zu einem wirtschaftlich bedeutsamen Spezialfach der Mineralogie und Geologie geworden. Es mag nicht unerwähnt bleiben, daß auch andere Zweige der mineralogischen Wissenschaft zu großer technischer Bedeutung gelangt sind. Die physikalisch-chemische Mineralogie spielt sowohl in der Metallurgie als auch in der keramischen Industrie eine große Rolle; kristallographische und feinstrukturelle Gesichtspunkte beherrschen das Gebiet der Metallographie — und so ließen sich die Beispiele noch beliebig vermehren.

Alles in allem kann gesagt werden, daß die Mineralogie infolge ihrer Eigenart und ihrer zentralen Stellung innerhalb der Gruppe der Naturwissenschaften vielfache Berührungspunkte mit den verschiedenen Nachbarwissenschaften aufzuweisen hat. Diese Vielseitigkeit erhöht einerseits wohl den Reiz, den sie als Wissenschaft auf den Forscher ausübt, erschwert anderseits aber dem Fernerstehenden infolge der erhöhten Anforderungen, die sie bezüglich der Vorkenntnisse stellt, das Eindringen in ihre Fachgebiete.

Gleichermaßen wie durch Vielseitigkeit in erkenntnismäßigem Sinne ist die Mineralogie auch durch ihre verzweigten Ausstrahlungen nach der Seite der Praxis hin bemerkenswert. Je nach Veranlagung des Einzelnen wird sie daher in verschiedenster Weise — mehr in dieser oder jener Richtung — Anregungen und Arbeitsstoff zu geben vermögen, sowohl dem Theoretiker als auch dem Praktiker.

Zur Kennzeichnung notwendiger Entwicklungsmomente bei der naturwissenschaftlichen Arbeit sei an ein Goethe-Wort erinnert, das für die mineralogische Forschung ganz besonders zutrifft und welches als Motto das Gebäude eines Mineralogischen Institutes schmückt, wo es mahnt:

„Schauen, denken, forschen, tun!"

II. Vom Wesen des Kristalls als Naturkörper

Bei Betrachtung der Natur und ihrer Schöpfungen tritt aus naheliegenden Gründen zunächst die sogenannte „belebte" Natur mit ihren Gestaltungsformen vor unser geistiges Auge: die Tier- und Pflanzenwelt. Sie glauben wir zu verstehen, in ihrem Werden und Vergehen begreifen zu können. Dies aber nur deshalb, weil wir in unserem eigenen Lebenszyklus ein Analogon vor uns haben. In Wirklichkeit ist hier genau so viel — oder noch viel mehr — Unerklärliches gegeben wie in der anorganischen Natur, die wir gerne als die „unbelebte" ihr gegenüberstellen möchten.

Zwar hat die ältere Naturgeschichte, die allerdings in ihrer ursprünglichen Form weniger „Geschichte" als vielmehr Natur-„Beschreibung" war, von jeher das Mineralreich als drittes dem Pflanzen- und Tierreich an die Seite gestellt. Und doch war man sich von altersher einer gewissen Gegensätzlichkeit bewußt. Daher war auch die Methode der Untersuchung im Reich der „Steine" eine andersartige als jene bei den Organismen, sobald man das erste Stadium der Forschung — dasjenige bloß äußerlicher Beschreibung — im großen und ganzen bewältigt hatte.

Man gelangte sodann zu einer Entwicklungsstufe, wo man das Mineralreich als die Domäne kristallisierter Materie eher in das Gebiet der Physik und Chemie verweisen zu müssen glaubte. Wenn das auch aus methodischen Gründen berechtigt und verständlich wäre, so kann doch nicht übersehen werden, daß es sich hier wie dort — bei den Mineralen wie bei den Pflanzen und Tieren — um Naturschöpfungen handelt, die in vieler Hinsicht einer analogen Betrachtung und Beurteilung zugänglich sind. Freilich ist nicht zu leugnen, daß die typische Formausbildung mineralogischer Individuen die *Kristallgestalt* ist; aber diese Ausdrucksform der Materie im festen Aggregatzustande ist durchaus nicht auf das naturverbundene Mineralreich beschränkt. Gleichermaßen wie in der vom Menschen unbeeinflußten Natur entstehen Kristalle auch im Laboratorium des Chemikers und Physikers, denn sie sind der Ausdruck der Gestaltungskraft fester Materie, gleichviel, ob nun die Bedingungen, die zu ihrer Entstehung notwendig sind, in der freien Natur gegeben waren oder durch menschliches Zutun bewußt herbeigeführt wurden. So haben wir demnach die Kristallwelt als solche mit dem Reiche der Pflanzen und Tiere in Beziehung zu setzen, ohne begrifflich hier einen Unterschied zwischen natürlichem Kristall oder Kunstprodukt machen zu dürfen.

Kehren wir zu unserem anfänglichen Grundgedanken zurück, jener Begriffsbestimmung bezüglich belebter und unbelebter Materie! Ist eine solche Unterscheidung prinzipiell berechtigt, oder in welchem Grade scheint sie den gegebenen Verhältnissen Rechnung zu tragen? Hier stoßen wir schon auf eine erste große Schwierigkeit. Es ist bestimmt nicht leicht, ein einwandfreies und stichhältiges Kriterium zu finden, das die Wesenheit des Organismus — eines belebten Naturkörpers — sicher kennzeichnen könnte. So einleuchtend und selbstverständlich es dem unbefangenen Beobachter erscheint, zwischen belebten und unbelebten Naturkörpern unterscheiden zu können, muß er sich doch bei näherem Zusehen eingestehen, daß wohl eine Summe von Erfahrungen ihn zu einem solchen Bewertungsurteil veranlassen kann, ohne daß jedes einzelne der Argumente für sich allein, genauer gesehen, völlig beweiskräftig wäre.

Ohne im einzelnen all die in Betracht kommenden Wesenszüge für „Lebendiges“ hier aufzählen und prüfen zu wollen — das würde den Rahmen unserer Betrachtungen bei weitem überschreiten — soll nur beispielsweise das eine Kennzeichen herausgegriffen sein: lebende Organismen haben die Fähigkeit der Bewegung, die tote Materie hat sie nicht.[2] Man könnte allerdings geneigt sein, das Kriterium der Bewegungsfähigkeit bereits als Klassifikationsprinzip innerhalb der Organismen selbst, nämlich zwischen Pflanzen- und Tierreich, heranziehen zu wollen; doch kann es sich dann jedenfalls nur um graduelle Verschiedenheit bzgl. der da und dort vorkommenden Bewegungsformen handeln. Anders liegt schon die Frage: gibt es selbständige Bewegungsäußerungen auch beim Kristall? Die Antwort lautet: solche gibt es zweifellos in demselben Sinne wie etwa die Bewegungserscheinung beim Wachstum einer Pflanze. Wir kommen später auf diese Verhältnisse noch ausführlicher zu sprechen. Dieses Argument — Bewegungsfähigkeit — kann an sich also keinen ausreichenden Wesensunterschied zwischen Organismus und Kristall begründen.

Dann vielleicht die „Zielstrebigkeit“, durch welche Organismen in ihren Lebensäußerungen gekennzeichnet sind: etwa das Wachstum bei gleichzeitiger Ausbildung bestimmter Organe und äußerer Wachstumsformen. Wenn wir infolge der besonderen Wesensart der Kristalle auch nicht von einer Differenzierung nach Organen sprechen können, wie sie sich als Folge einer Arbeitsteilung im Ablauf der Lebensfunktionen bei den Organismen aus Zweckmäßigkeitsgründen vielfach herausgebildet haben, so ist gleichwohl gerade das Wachstum in seiner Zielstrebigkeit zur Erreichung einer artbestimmten Gestalt eines der hervorstechendsten Merkmale auch beim Kristall.

So kommen wir also offenbar nicht weiter. Es haben sich über solche Fragen schon die größten Geister aller Zeiten ihre Gedanken gemacht. Hören wir doch, was Schiller so treffend — mit einem ironischen Seitenblick gegen die Philosophie — da sagt:

> „Doch weil, was ein Professor spricht,
> Nicht gleich zu allen dringet,
> So übt *Natur* die Mutterpflicht
> Und sorgt, daß nie die Kette bricht,
> Und daß der Reif nie springet.

---

[2] Bei diesen Überlegungen wird der abgestorbene Organismus als wesensgleich mit unbelebter Materie aufgefaßt (etwa wie organische Substanzen des Chemikers aus der unbelebten Welt).

> Einstweilen — bis den Bau der Welt
> Philosophie zusammenhält —
> Erhält *sie* das Getriebe
> Durch Hunger und durch Liebe."

Also Nahrungstrieb und Fortpflanzungstrieb, die beiden Grundelemente im Ablauf des organischen Lebens: Hunger und Liebe! Das eine als Regulierungsprinzip zur Erhaltung des Individuums, das andere als Prinzip zur Erhaltung der Art.

Liegt vielleicht in diesem Gesichtspunkte ein fruchtbarer Ansatz für einen Vergleich zwischen Organismus und Kristall? Es hat so den Anschein! Richtig ist zwar, daß Wachstum sowohl beim Organismus als auch beim Kristall durch Substanzaufnahme erfolgt. Aber der Organismus benötigt auch fortlaufend Nahrung zum sogenannten Stoffwechsel, der seine Lebensfunktionen erst ermöglicht; somit auch nach Abschluß seiner äußeren Wachstumsperiode. Dessen bedarf der Kristall nun allerdings nicht. Der „Hunger" als Regulierungsprinzip in dieser Hinsicht kommt beim Kristall somit nicht in Betracht. Von „Substanzhunger" könnte allenfalls noch gesprochen werden innerhalb der Zeitdauer des Wachstumsstadiums selbst.

Und das zweite Hauptprinzip des Organismus: Fortpflanzungstrieb zur Erhaltung der Art! Ein solches Prinzip waltet sicher auch bei den Vorgängen der Kristallisation, liegt auch dem Werden und Vergehen der Minerale zugrunde, wo sich in ewigem Kreislauf der Natur aus Zerstörtem immer wieder Neues bildet. Aber da scheint denn doch ein wesentlicher Unterschied zwischen den beiden Hauptgruppen der Naturkörper, Organismen und Kristalle, zu bestehen. Der Organismus sorgt als Individuum in der Vollkraft seines Daseins aus sich heraus bereits für die Erhaltung der Art, entweder durch vegetabilische Fortpflanzung oder durch den Befruchtungsvorgang. Der Kristall hingegen wartet sein Schicksal — das Schicksal der Zerstörung alles Irdischen — ab und überläßt es Naturkräften, die außerhalb seiner eigenen Wesenheit wirken, für die Erhaltung seiner Art Sorge zu tragen.

Doch wir wollen uns bei diesem negativen Kriterium, daß nämlich dem Kristall etwas fehlt, was für den Organismus besonders kennzeichnend ist, nicht weiter aufhalten! Fruchtbarer wird es für unsere Betrachtung sein, solche Merkmale näher ins Auge zu fassen, durch welche gerade die Eigenheit des Kristalls ins rechte Licht gerückt wird. Und da sagten wir schon, daß die Zielstrebigkeit zur Erreichung einer bestimmten äußeren Kristallgestalt von ganz besonderer Bedeutung sei.

Daß auch pflanzlichen und tierischen Organismen die Fähigkeit zur Erzielung der ihnen eigentümlichen Gestalt zukommt, fassen wir gern als etwas Naturgegebenes, Selbstverständliches auf. Beim Kristall hingegen wirkt es auf den naiven Betrachter zunächst befremdend — ja man sieht darin etwas Unfaßliches, Wunderbares —, daß die uns entgegentretenden Gestaltungsformen von eigenartiger geometrischer Regelmäßigkeit sind. Damit soll nicht gesagt sein, daß nicht auch bei Pflanzen- und Tierformen Anordnung von morphologischen Organen in regelmäßiger Weise auftreten. So, beispielsweise beim Bau der Blüte, springt uns eine solche Gesetzmäßigkeit in der regelmäßigen Anordnung von Blütenteilen (Blumenkronblättern, Staubgefäßen u. dgl.) direkt in die Augen. Wie häufig tritt hier ein ganz bezeichnender Baurhythmus auffällig zutage! Wir sprechen dann von Symmetrie des Blütenbaues.

Und ein solches Prinzip der Symmetrie ist es gerade auch bei den Kristallen, das ihre Erscheinungsform ganz und gar beherrscht. Was versteht man denn eigentlich unter Symmetrie? Man könnte sagen: Symmetrie ist Wiederholung von Gleichartigem. Auf die Kristallgestalt bezogen, wollen wir vielleicht genauer definieren: Symmetrie ist die gesetzmäßige Wiederholung von Begrenzungselementen, als da sind: Flächen, Kanten und Ecken. Das erstaunliche dabei ist jedoch, daß die Natur hier streng geometrische Körper zu gestalten vermag. Nun sind doch aber geometrische Gebilde Formen der inneren Anschauung rein menschlichen Denkvermögens wie die mathematischen Begriffe überhaupt. Daß wir nun solche rein geistige Denkformen in Naturgebilden realisiert vorfinden, muß den Menschen mit maßlosem Staunen erfüllen! Auch hier könnte man — wie etwa bei der Betrachtung der regelmäßigen Bahnen der Gestirne — fragen: „Ist es der Gegenstand, der sich hier ausspricht, oder bin ich es selbst?"

III. Die Formenwelt der Kristalle — des Rätsels Kern

Bei der Betrachtung der überaus vielgestaltigen Formen der Kristalle sind wir von der Mannigfaltigkeit, die uns die Natur darbietet, geradezu erdrückt. Der menschliche Forschergeist aber sucht nach Vereinfachung der Erscheinungswelt in dem Bedürfnis, sie dadurch verstehen zu lernen, sie zu „erklären".

Um diesem Ziele näher zu kommen, müssen wir zunächst von der sogenannten *Verzerrung* absehen. Die Abb. 1 stellt eine Quarzkristallgruppe dar, wie wir solche häufig in der Natur antreffen können. Die nebenstehende Abb. 2 zeigt einen Einzelkristall in verzerrter Form — und eingezeichnet den idealisierten Modellkristall, bei dem von jenen Wachstumsunregelmäßigkeiten abgesehen ist, die wir als Störungen empfinden, weil sie in dem einen Falle da sind, in anderen Fällen jedoch ganz oder teilweise fehlen. Wir nehmen an, daß solche Unregelmäßigkeiten durch die Zufälligkeiten der äußeren Umstände während des Wachstums bedingt sind, und sehen uns daher veranlaßt, dem Kristall seinem inneren Wesen nach dadurch gerecht zu werden, daß wir die als gleichartig erkannten Flächen auch in gleicher Größe am Kristall herzustellen suchen. Das gelingt dadurch, daß wir eine Parallelverschiebung der Fläche vornehmen, in der Art, daß ihr Abstand vom Keimpunkt (Mittelpunkt des Kristalls) bei allen gleichartigen Flächen gleich groß angenommen wird. Auf diese

Weise erzielen wir eine Idealgestalt von dem in der Natur auftretenden Individuum, wie wir dies bei unserem Quarzkristall durchgeführt und zum Ausdruck gebracht haben.

Abb. 1. Bergkristallgruppe. (Aus Niggli, Die Gestalt)

Einen quantitativen Anhaltspunkt für die Bewertung, was als gleichartig zu gelten hat, gewinnen wir erst durch Winkelmessungen. Wir finden beispielsweise bei unserem Quarzkristall, daß die Flächenwinkel der aufrecht stehenden Flächen — von einer zur anderen gemessen — immer gleich 60^0 (bzw. 120^0) sind[3]. Ebenso finden wir, daß die sechs Winkel zwischen den Kopfflächen des Kristalls wieder unter sich gleich sind. Hier haben wir jedoch eine Einschränkung zu machen. Geometrisch erscheinen auf Grund der Winkelmessungen allerdings alle sechs pyramidenförmigen Kopfflächen als gleichartig, die physikalische Beschaffenheit aber lehrt uns, daß sie nur abwechselnd gleich sind. So erscheinen beispielsweise die Flächen 1, 3, 5 oftmals spiegelglatt, während die dazwischenliegenden Flächen 2, 4, 6 von matter Beschaffenheit sein können; auch andere physikalische Untersuchungen würden uns diese Wahrnehmung bestätigen. Als Re-

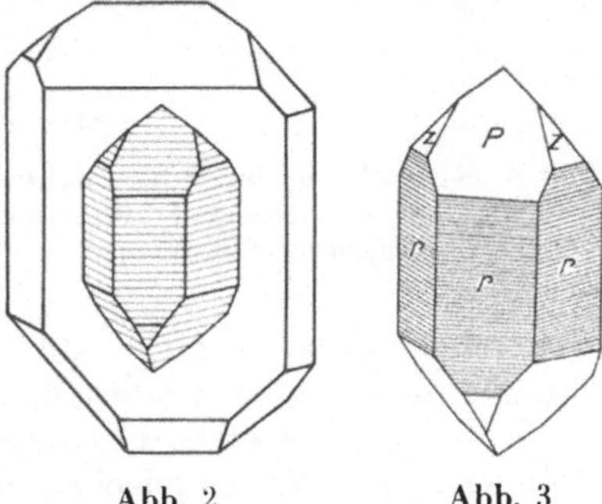

Abb. 2   Abb. 3

Abb. 2. Verzerrter Quarzkristall mit eingezeichnetem Modellkristall. — Abb. 3. Quarz: Zwei Flächenarten (*P* und *Z*) im Dreierwirtel, mit der sechsseitigen Säule (*r*)

---

[3] Der innere Flächenwinkel ist 120^0; doch wird grundsätzlich sein Außenwinkel, der dem Winkel der vom Mittelpunkt aus gezogenen Flächennormalen gleich ist, angegeben.

sultat der Untersuchung müssen wir daher bezüglich der Kopfflächen konstatieren, daß eine Kombination von zwei Flächenarten vorliegt: ein Dreierwirtel der einen Flächensorte (P in Abb. 3) mit einem Dreierwirtel einer anders gearteten (Z). Tatsächlich zeigt sich diese Erkenntnis auch häufig schon durch die verschiedene Größe dieser beiden Flächenarten an natürlichen Kristallen ausgeprägt; in diesem Falle liegt demnach keine Verzerrung vor.

Wir wollen eine Reihe von Kristallgestalten an unserem geistigen Auge vorüberziehen lassen. Die beigegebenen Abbildungen von idealisiert dargestellten (unverzerrten) Kristallen sollen unsere Vorstellungen unterstützen. Bei der Vielfalt der dargebotenen Erscheinungen suchen wir nun nach einem Klassifikationsprinzip, durch das wir gewissermaßen innere Ordnung in das Wirrsal der Erscheinungen bringen wollen. Als ein geeignetes Prinzip der Beurteilung stellt sich uns das Symmetrieprinzip dar.

Wir sagten schon S. 8, daß die gesetzmäßige Wiederholung von Begrenzungselementen einen Wesenszug der Kristalle ausmacht. Wenn wir diesem Problem der Kristallsymmetrie nähertreten wollen, wird es zweckmäßig sein, die vorliegenden Verhältnisse wieder an einem konkreten Beispiel zu studieren. Betrachten wir z. B.

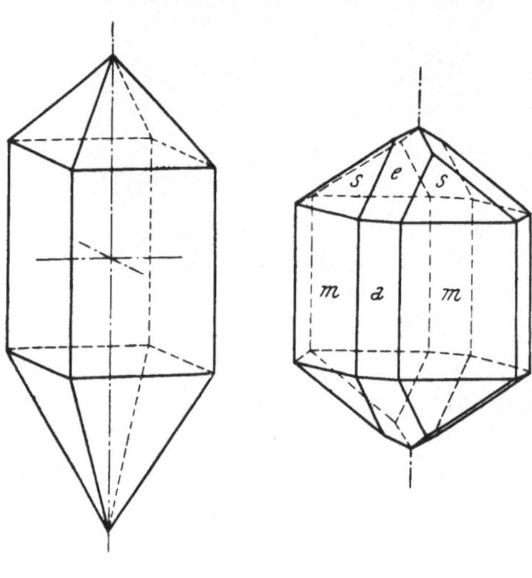

Abb. 4   Abb. 5

Abb. 4. Kristall mit vierzähliger *polarer* Deckachse. — Abb. 5. Kristall mit vierzähliger *bipolarer* Deckachse

Kristallgestalten, wie sie Abb. 4 und 5 darstellen. Es ist hier auf den ersten Blick zu erkennen, daß sich alle Flächen in der Vierzahl wiederholen. Um diese Erscheinungstatsache exakt zu erfassen, nehmen wir einen geometrischen Begriff zu Hilfe. Wir stellen uns vor, durch die Mitte des Kristalls sei in der Richtung von oben nach unten eine Drehungsachse hindurchgelegt. Bei Betätigung derselben ergibt sich, daß der Kristall jeweils nach einer Drehung um 90° den gleichen Anblick darbietet, also von seiner Ausgangsstellung nicht zu unterscheiden ist. Dieser Effekt stellt sich im Verlauf einer vollen Umdrehung (um 360°) in vorliegendem Falle viermal ein: wir sprechen von einer vierzähligen Drehungsachse. Da bei Betätigung einer solchen Symmetrieachse der Gesamtkristall somit viermal mit sich selbst zur Deckung kommt, nennen wir die von uns hineingelegte Hilfslinie auch „Deckachse". Durch diesen Vorgang der Bewegung, die zur Deckstellung führt, gewinnen wir die Gewißheit vom vier-

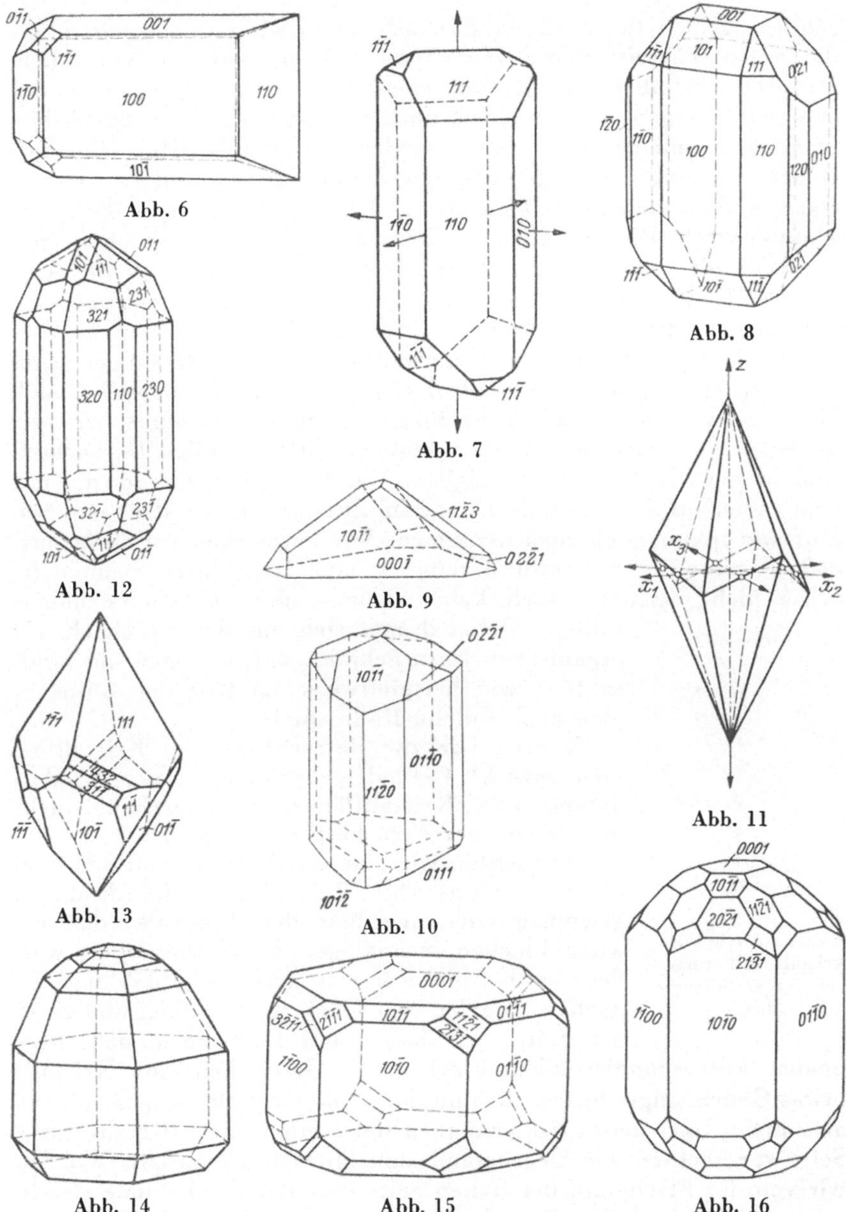

Abb. 6

Abb. 7

Abb. 8

Abb. 9

Abb. 10

Abb. 11

Abb. 12

Abb. 13

Abb. 14

Abb. 15

Abb. 16

Abb. 6. Rohrzucker: Kristall mit einer einzigen, links-rechts verlaufenden zweizähligen polaren Deckachse. — Abb. 7. Bittersalz: Kristall mit drei aufeinander senkrecht stehenden zweizähligen Deckachsen. — Abb. 8. Olivinkristall. — Abb. 9. Natriumperjodat: Kristall mit einer dreizähligen polaren Deckachse. — Abb. 10. Turmalinkristall. — Abb. 11. Trigonales Skalenoeder. — Abb. 12. Zinnstein: flächenreicher tetragonaler Kristall. — Abb. 13. Wulfenitkristall: vierzählige polare Hauptachse. — Abb. 14. Greenockitkristall: sechszählige polare Hauptachse. — Abb. 15. Apatitkristall. — Abb. 16. Beryllkristall

zähligen Baurhythmus dieses Kristalls: denn wir waren in der Lage, die entsprechende Deck- oder Symmetrieoperation zu vollziehen. Dadurch wird aber evident, daß jene Flächen, die sich nacheinander ersetzen — indem sie der Reihe nach die Lage der Ausgangsflächen einnehmen und dadurch immer wieder das ursprüngliche Bild herstellen —, unter sich geometrisch kongruent sind oder, wie wir sagen wollen: sie sind *deckbar gleich*. Wie die abgebildeten Beispiele 4 und 5 verdeutlichen, gibt es polare oder einseitige Deckachsen und bipolare oder zweiseitige. „Polar" heißen sie dann, wenn die Ausbildung des Kristalls nach den beiden Enden der Deckachse zu eine verschiedenartige ist (s. Abb. 4).

Die hier am Beispiel von Kristallformen mit vierzähliger Symmetrieachse erläuterten Verhältnisse gelten in analoger Weise auch für den zwei-, drei- und sechszähligen Drehungsrhythmus, wie wir in den Abb. 6 bis 16 erkennen können. Anderszählige Deckachsen sind in der Kristallwelt unmöglich. Das ist eine Tatsache, die mit dem Innenbau der Kristallsubstanz im Zusammenhang steht und worauf wir später noch zurückkommen. Wir vermerken vorläufig nur, daß — zu unserer Verwunderung — eine fünfzählige Symmetrieachse nicht existiert, auch keine sieben- oder acht- oder höherzählige. Dabei drängt sich uns der Vergleich mit organischen Naturgebilden auf, wo doch die Fünfzahl — wie beispielsweise im Bau der Blüte — eine maßgebliche Rolle spielt.

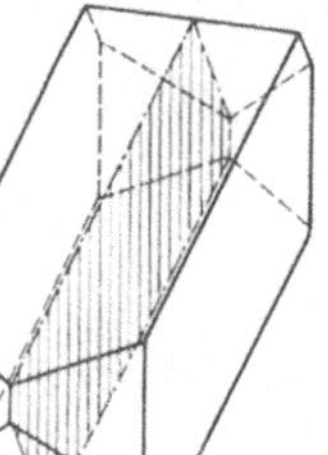

Abb. 17. Orthoklaskristall mit eingezeichneter Spiegelebene

Kehren wir zur Betrachtung von Kristallformen zurück! Die Gleichartigkeit in der Wiederholung von Kristallflächen ist durchaus nicht immer von der eben besprochenen Art.

Betrachten wir eine Kristallform von der Bauart, wie sie uns Abb. 17 darbietet, aufmerksam, so gewinnen wir auch hier den Eindruck, daß gewisse Flächen in analoger Weise wiederholt werden, so beispielsweise in unserer Abbildung die nach vorn gelegenen Flächen der linken und rechten Seite. Wir haben das Empfinden, daß diese beiden korrespondierenden Flächen im Gesamtbau des Kristalls etwas Gleichartiges bedeuten; und doch sind sie nicht deckbar gleich, also nicht kongruent. Wir erkennen ohne Mühe, daß sich die linke Seite zur rechten wie Gegenstand zum Spiegelbild verhält. Würden wir von der Fläche auf der linken Seite eine Papierschablone abnehmen, so könnten wir sofort feststellen, daß die Schablone — wenn wir sie auf die Fläche der rechten Seite anzulegen versuchen (wobei die Oberseite der Schablone wieder nach außen zu liegen kommen muß), in keiner Stellung mit ihrer Form übereinstimmt, mögen wir auch drehen wie immer. Diese Flächen sind eben nicht deckbar gleich, sondern nur *spiegelbildlich gleich* (s. Abb. 18 bis 20). Zur geometrischen Kennzeichnung solcher Verhältnisse ordnen wir dem in Betracht kommenden Kristall als Symmetrieelement eine *Spiegelebene* zu, wie sie in der Zeichnung zum Ausdruck gebracht ist.

Deckachsen und Spiegelebenen sind die beiden Grundelemente, die zur systematischen Untersuchung der Symmetrieverhältnisse bei den Kristallen in Frage kommen und für sich allein zur Kennzeichnung auch ausreichen würden, wenn wir gegebenenfalls noch die zwangsweise Koppelung von Drehung *und* Spiegelung in Form von *Drehspiegelachsen*[4] heranziehen (s. Abb. 21 u. 22).

Wir betonen daher abschließend die aus unserer Betrachtung gewonnene Erkenntnis, daß für den Kristallbau — hinsichtlich sym-

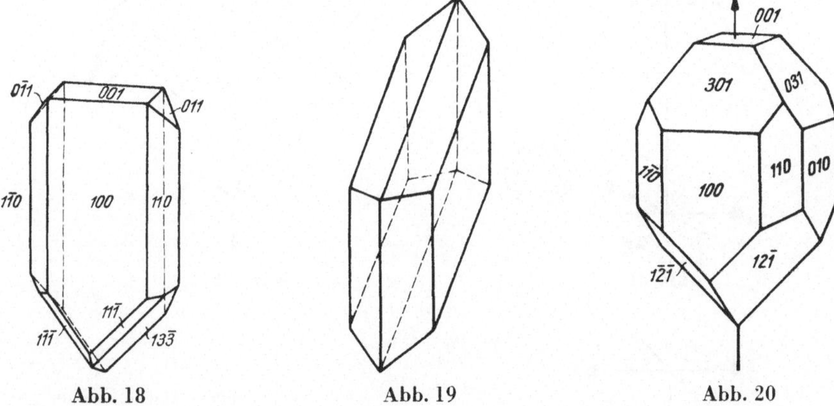

Abb. 18   Abb. 19   Abb. 20

Abb. 18. Kristallgestalt, deren einziges Symmetrieelement eine vertikal gestellte Spiegelebene ist. — Abb. 19. Gipskristall. — Abb. 20. Kieselzinkerz: zwei vertikale Spiegelebenen, deren Schnittlinie eine polare zweizählige Achse ist

metriebedingter Wiederholung von Gleichartigem — Flächen immer dann als *gleichwertig* gelten, wenn sie entweder deckbar gleich oder spiegelbildlich gleich sind.

Nun läßt sich rein geometrisch zeigen, daß es grundsätzlich nur 32 Kombinationsmöglichkeiten kristallographischer Symmetrieelemente gibt: sie kennzeichnen als Symmetriegerüste die möglichen *32 Kristallklassen*, die es tatsächlich in der Natur gibt (von einzelnen sind nur Vertreter unter künstlichen Kristallen bisher bekannt). Zweckmäßigerweise gruppiert man die auftretenden 32 Kristallklassen in sieben Abteilungen, die wir *Kristallsysteme* nennen; dabei weisen die Klassen innerhalb eines Systems weitgehende Ähnlichkeit im Grundplan ihres Kristallbaues auf.

------

[4] Eine *sechszählige* Drehspiegelachse kann bei der Kristallgestalt der Abb. 21 b — einem Rhomboeder — angenommen werden, indem während der sechsmaligen Drehung abwechselnd je eine Fläche auf der Oberseite und — an einer senkrecht zur Achse gedachten Ebene gespiegelt — auf der Unterseite erzeugt wird (s. Abb. 21 a); dabei kommt die Horizontalebene als Spiegelebene dem Kristall an sich *nicht* zu. Die Abb. 22 a, b, zeigt das Ergebnis der Wirksamkeit einer *vierzähligen* Drehspiegelachse.

Vom Standpunkt der oben besprochenen Symmetrieelemente könnten wir die sieben Kristallsysteme folgendermaßen kennzeichnen: Das *trikline* Kristallsystem (s. Abb. 23 bis 25) entbehrt so-

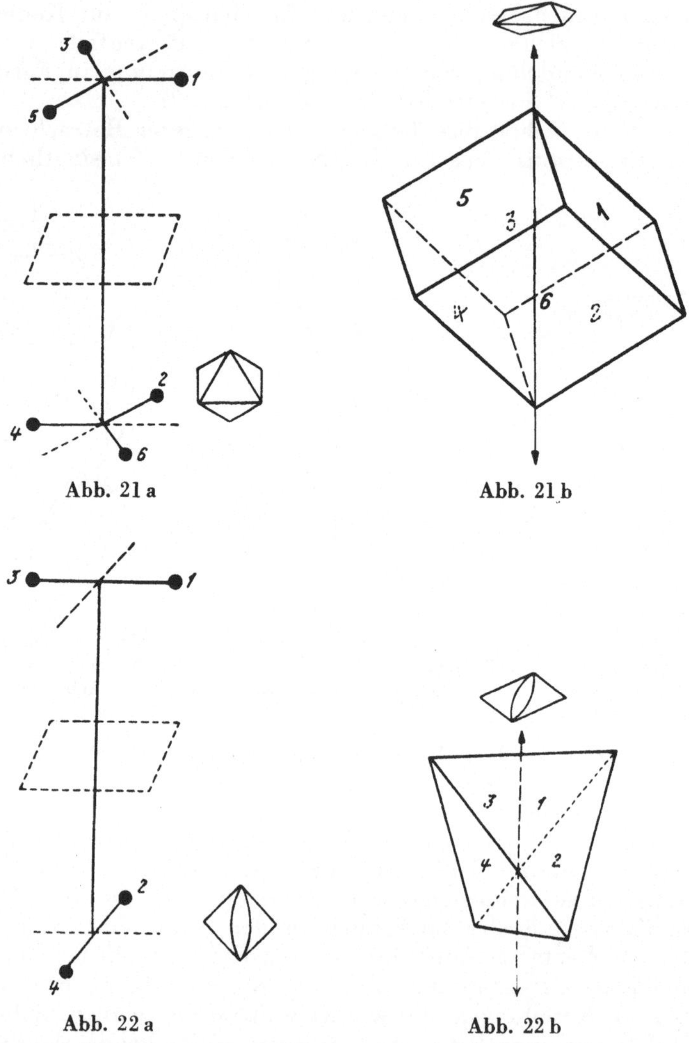

Abb. 21 a   Abb. 21 b

Abb. 22 a   Abb. 22 b

Abb. 21 a. Schema einer sechszähligen Drehspiegelachse. — Abb. 21 b. Rhomboeder mit sechszähliger Drehspiegelachse. (Nach Machatschki, Grundlagen.) — Abb. 22 a. Schema einer vierzähligen Drehspiegelachse. — Abb. 22 b. Tetragonales Bisphenoid mit vierzähliger Drehspiegelachse. (Nach Machatschki)

wohl der Symmetrieebene als auch irgend welcher Deckachse. Ihm kommt jedoch in den meisten Fällen ein sogenanntes *Symmetriezentrum* zu, das sich gestaltlich durch das Vorhandensein eines durchgehenden Flächenparallelismus kundgibt, wie wir es auch beim Rhomboeder bereits kennengelernt haben: zu jeder Fläche ist eine parallele Gegenfläche vorhanden[5].

Das *monokline* Kristallsystem ist (im allgemeinen) durch das Vorhandensein einer einzigen, u. zw. vertikalen Spiegelebene charakterisiert (s. Abb. 26 bis 28). Die zweizählige, aufrecht stehende Deckachse kennzeichnet das *rhombische* Kristallsystem (Abb. 29 bis 31). Die einzelne dreizählige Deckachse (Hauptachse) ist das Wesensmerkmal für das *trigonale* System (Abb. 32 bis 34); in analoger Weise ist es die vierzählige Achse für das *tetragonale* (Abb. 35 bis 37) und die sechszählige Symmetrieachse für das *hexagonale* System (Abb. 38, 39).

Das höchstsymmetrische der sieben Kristallsysteme, das *kubische*, welches sich, wie schon der Name sagt, auf den Würfel beziehen läßt, besitzt *vier dreizählige* Deckachsen in der Richtung der Körperdiagonalen des Würfels und außerdem noch senkrecht auf den Wür-

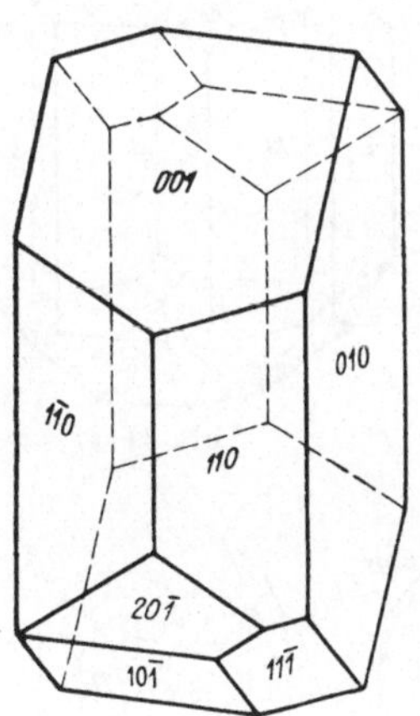

Abb. 23. Anorthitkristall

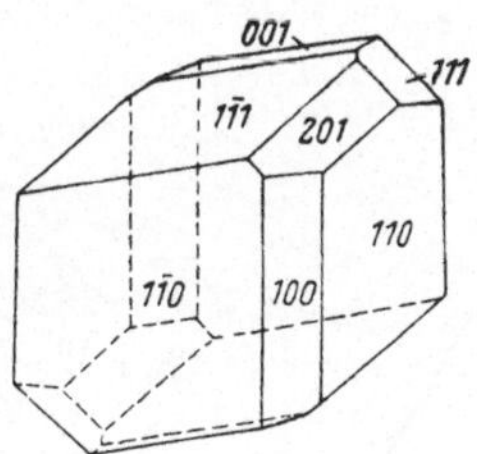

Abb. 24. Kupfervitrol

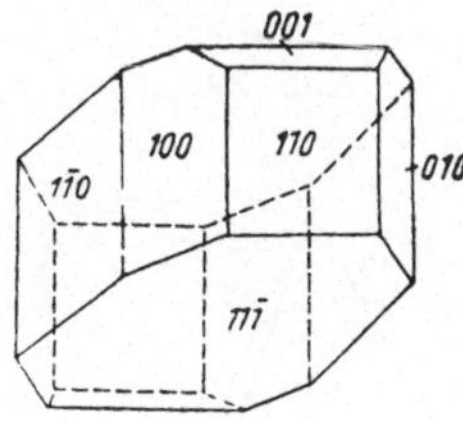

Abb. 25. Axinit

felflächen drei vierzählige bzw. (in mindersymmetrischen Klassen) zweizählige Achsen sowie sechs zweizählige Achsen diagonal durch die Kantenmitten des Würfels. Außerdem gibt es drei Haupt- und sechs Nebensymmetrieebenen (Abb. 40, 41). Nur um ein Beispiel angeführt zu haben, sind für dieses System die Symmetrieelemente im einzelnen aufgezählt worden. Kristallformen s. in Abb. 42 bis 63.

In analoger Weise besitzen ja auch die Kristallgestalten der anderen Systeme (mit Ausnahme des triklinen) in den meisten Fällen noch weitere als die oben zur Kennzeichnung angeführten Symmetrieelemente. So hat beispielsweise die rhombische Kristallform der Abb. 7 und 8 nicht nur die vertikale zweizählige Achse, sondern noch zwei horizontale; alle drei stehen aufeinander senkrecht. Ebenso kommen letzterer drei aufeinander senkrecht stehende Symmetrieebenen zu. Desgleichen hat auch der Großteil der Kristallgestalten des trigonalen, tetragonalen und hexagonalen Systems außer der kennzeichnenden vertikalen Hauptachse noch horizontale zweizählige

---

[5] Das Symmetriezentrum an sich ließe sich durch eine zweizählige Drehspiegelachse darstellen, deren Lage allerdings unbestimmt bleibt.

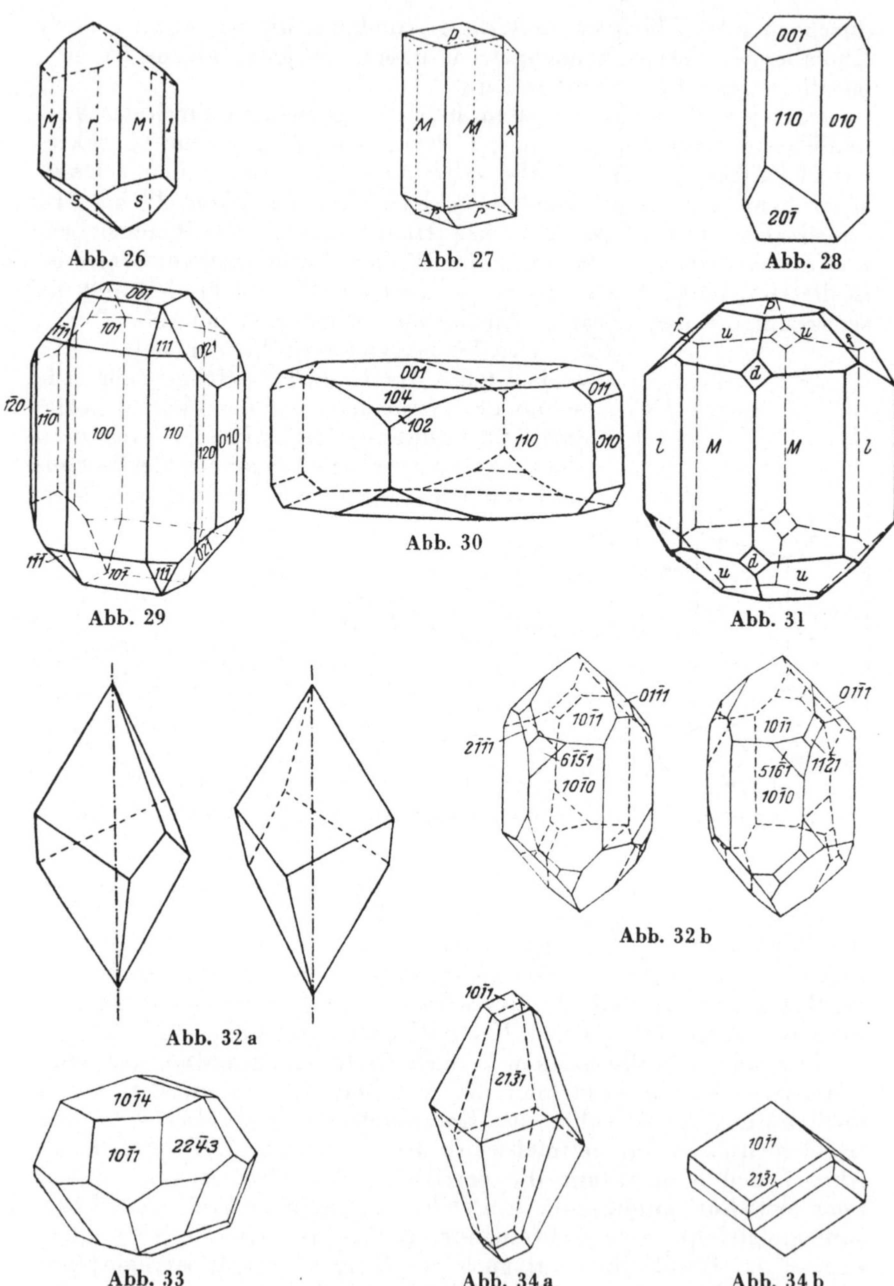

Abb. 26. Augitkristall. — Abb. 27. Hornblendekristall. — Abb. 28. Orthoklaskristall.
Abb. 29. Olivinkristall. — Abb. 30. Barytkristall. — Abb. 31. Topaskristall. —
Abb. 32 a. Linkes uud rechtes trigonales Trapezoeder. — Abb. 32 b. Linksquarz und
Rechtsquarz. — Abb. 33. Hämatitkristall. — Abb. 34 a und b. Calcitkristalle.

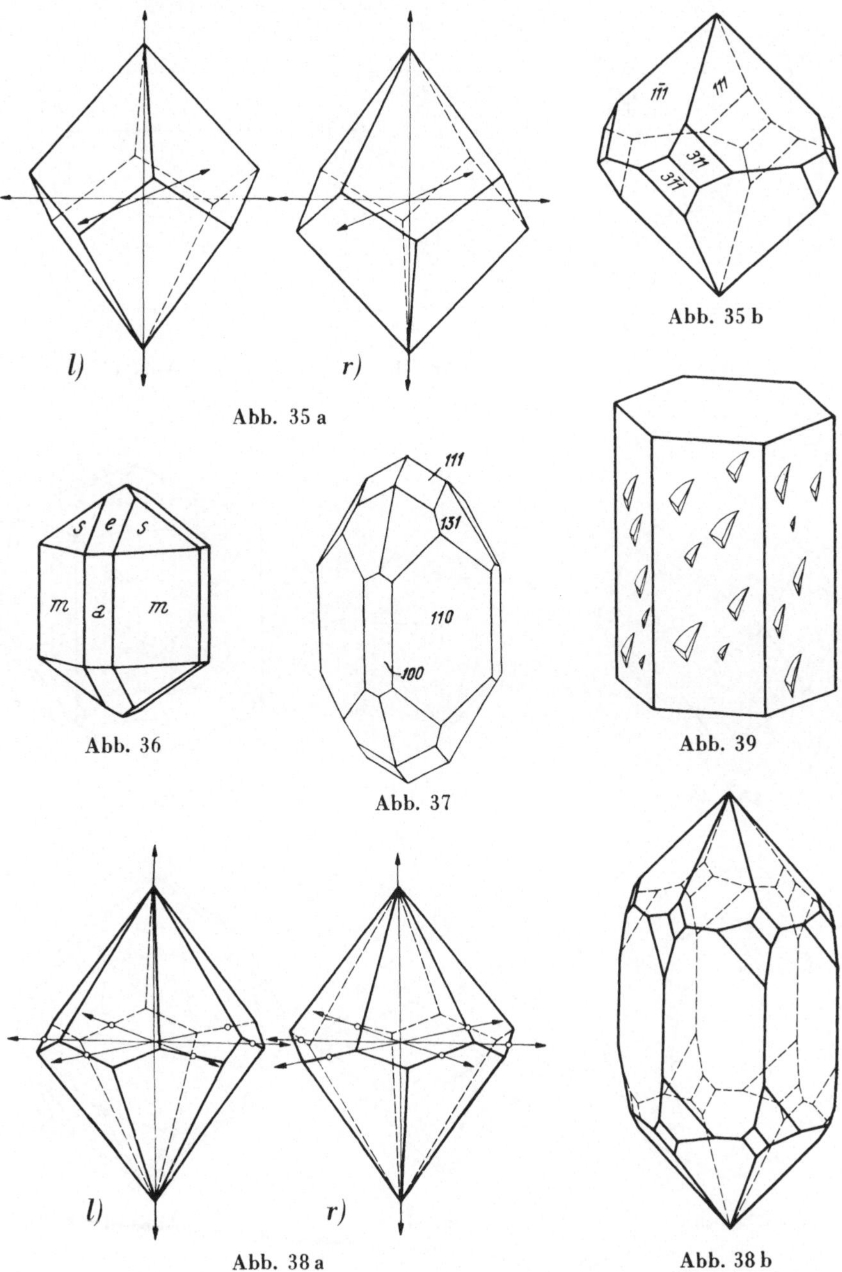

Abb. 35 a. Linkes *(l)* und rechtes *(r)* tetragonales Trapezoeder. — Abb. 35 b. Tetragonal-trapezoedrischer Kristall (Monokaliumtrichlorazetat). — Abb. 36. Rutil. — Abb. 37. Vesuvian. — Abb. 38 a. Linkes *(l)* und rechtes *(r)* hexagonales Trapezoeder mit Einzeichnung der Bezugsachsen. — Abb. 38 b. Hochtemperaturquarz, hexagonal-trapezoedrisch. — Abb. 39. Nephelinkristall (mit Ätzfiguren)

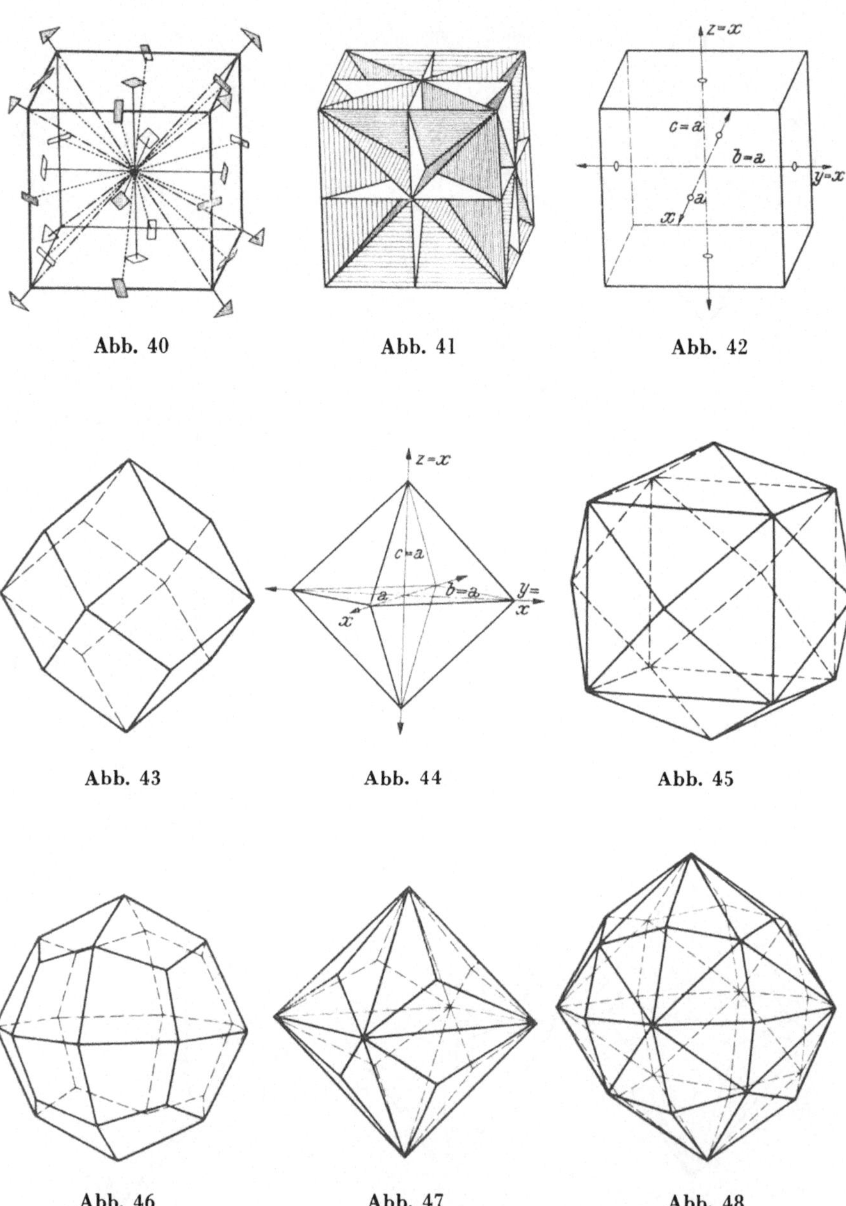

Abb. 40   Abb. 41   Abb. 42

Abb. 43   Abb. 44   Abb. 45

Abb. 46   Abb. 47   Abb. 48

Abb. 40. Die Deckachsen im kubischen System: $A^2 = \square$, $A^3 = \triangle$, $A^4 = \diamondsuit$. — Abb. 41. Symmetrieebenen in der höchstsymmetrischen Klasse des kubischen Systems. — Abb. 42. Würfel (Hexaeder) mit eingezeichnetem Achsenkreuz. — Abb. 43. Rhombendodekaeder. — Abb. 44. Oktaeder mit eingezeichnetem Achsenkreuz. — Abb. 45. Pyramidenwürfel (Tetrakishexaeder). — Abb 46. Ikositetraeder. — Abb. 47. Triakisoktaeder. — Abb. 48. Hexakisoktaeder

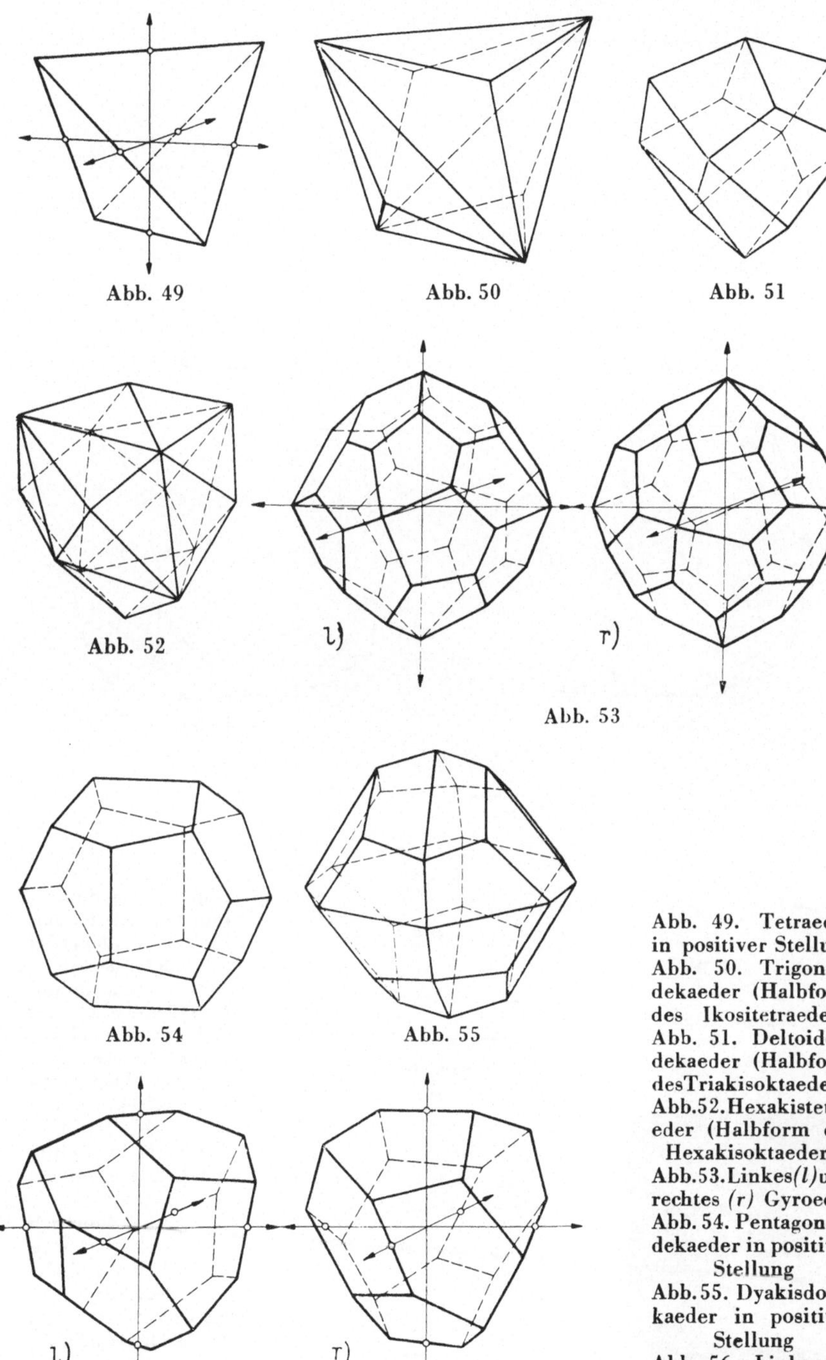

Abb. 49   Abb. 50   Abb. 51

Abb. 52   l)   r)

Abb. 53

Abb. 54   Abb. 55

l)   r)

Abb. 56

Abb. 49. Tetraeder in positiver Stellung
Abb. 50. Trigondodekaeder (Halbform des Ikositetraeders)
Abb. 51. Deltoiddodekaeder (Halbform desTriakisoktaeders)
Abb.52.Hexakistetraeder (Halbform des Hexakisoktaeders)
Abb.53.Linkes(l)und rechtes (r) Gyroeder
Abb. 54. Pentagondodekaeder in positiver Stellung
Abb.55. Dyakisdodekaeder in positiver Stellung
Abb. 56. Linkes (l) und rechtes (r) positives Tetartoeder

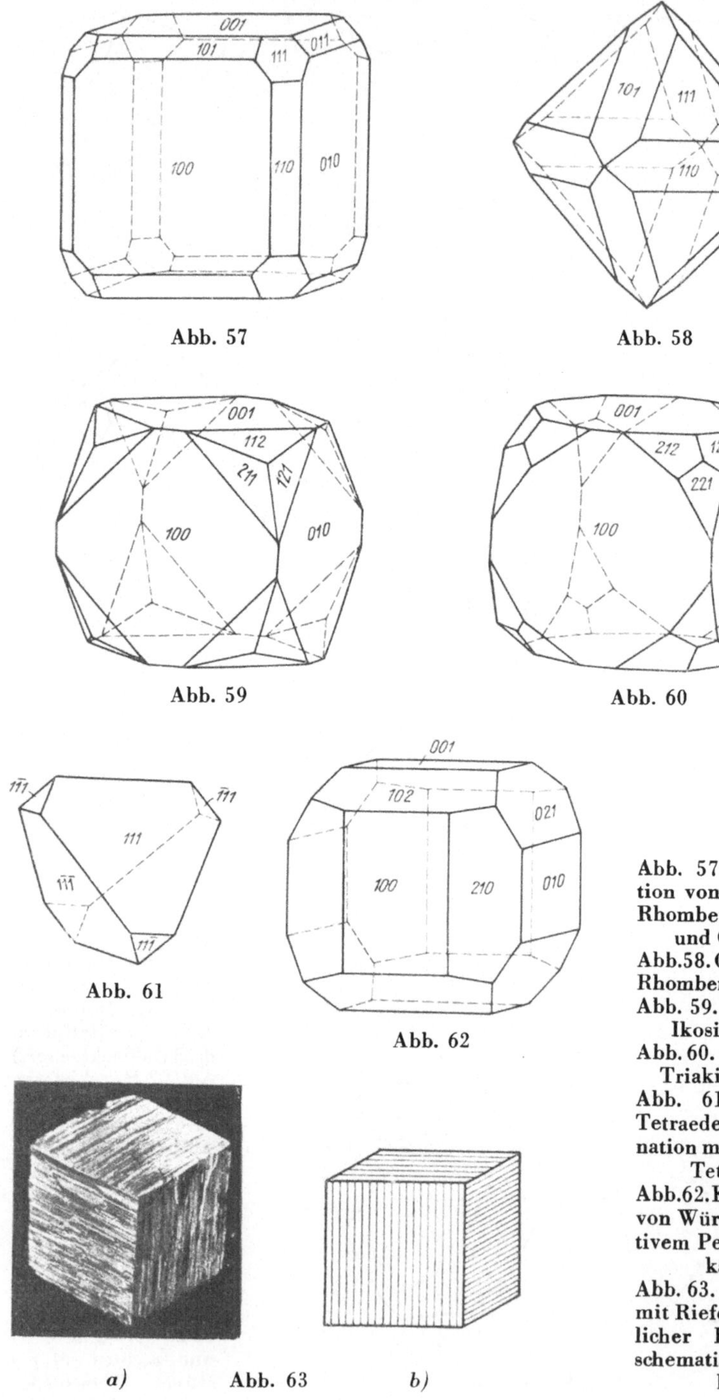

Abb. 57

Abb. 58

Abb. 59

Abb. 60

Abb. 61

Abb. 62

a)   Abb. 63   b)

Abb. 57. Kombination von Würfel mit Rhombendodekaeder und Oktaeder

Abb. 58. Oktaeder mit Rhombendodekaeder

Abb. 59. Würfel mit Ikositetraeder

Abb. 60. Würfel mit Triakisoktaeder

Abb. 61. Positives Tetraeder in Kombination mit negativem Tetraeder

Abb. 62. Kombination von Würfel mit positivem Pentagondodekaeder

Abb. 63. Pyritwürfel mit Riefen. a) Natürlicher Kristall; b) schematische Darstellung

Nebenachsen, u. zw. das trigonale System 3 (s. Abb. 33, 34), das tetragonale 4 (s. Abb. 36, 37) und das hexagonale 6 solche (s. Abb. 16). Auch kommen ihnen häufig ebensoviele vertikale (durch die Hauptachse gelegte) Spiegelebenen zu, die sich wirtelförmig gruppieren. Mit Ausnahme des trigonalen Systems besitzen sie überdies in der Mehrzahl der Fälle eine horizontale Symmetrieebene (senkrecht zur Hauptachse). All das sollte nur im Vorübergehen kurz gestreift werden, um einen Begriff von den obwaltenden Symmetrieverhältnissen zu gewinnen.

Die angedeuteten Prinzipien der Symmetrie, die sich in der Formenwelt der Kristalle so klar ausprägen, stellen uns vor das große Rätsel, wodurch die hier zum Ausdruck kommende Gestaltungskraft bewirkt wird. Da wir die Kristalle als *homogene* Körper ansehen — die nach landläufigen Begriffen gleichmäßig und lückenlos von der betreffenden Substanz erfüllt sein sollten — erscheint es unverständlich, wieso sich der Kristall mit ebenen Flächen umgibt und überdies jene rätselhaften Symmetrieeigentümlichkeiten aufweist. Von gewöhnlicher homogener Materie würden wir viel eher kugelige oder traubig-nierenförmige Gestalten erwarten oder überhaupt ganz unregelmäßige Gebilde.

So lenkt sich also unser Blick auf den Innenbau der kristallisierten Materie, und es entsteht die große Frage: Sind all die Gesetzmäßigkeiten des äußeren Baues in der Innenstruktur bedingt? Und wie müßten wir uns diese vorstellen, wenn sie uns die zutage tretende morphologische Regelmäßigkeit erklären soll?

Der schon verstorbene Mineraloge der Universität Leipzig, Friedrich Rinne, hat seinem schönen Büchlein „Die Kristalle als Idealgestalten der festen Materie" die Reproduktion einer Zeichnung unseres großen Meisters Albrecht Dürer vorangestellt. In dieser Radierung, schreibt Rinne, habe Dürer die Probleme naturwissenschaftlichen Erkennens und technischer Betätigung sowie die Hilfsmittel seiner Zeit zur Bewältigung solcher Aufgaben in künstlerischer Anschauung dargelegt. Es sei daher dieses Bildnis hier wiedergegeben (s. Abb. 64). Unter den Symbolen seiner Darstellung erblickt man im Vordergrunde einen großen Kristall, wohl zum Zeichen dafür, daß Dürer in der Enträtselung dieser regelmäßigen Gestaltungen des anorganischen Reiches eine naturkundlich wichtige Aufgabe sah. Rinne fährt fort:

„Über der ganzen Szenerie ruht die düstere Stimmung grüblerischen Entsagens, der faustische Ausdruck, daß wir im Grunde trotz heißem Bemühen ‚nichts wissen können'. Melancholie hat der Künstler das Bild genannt." Und weiter: „Ein Dürer unserer Tage würde wohl hoffnungsfreudiger — zuversichtlicher — gezeichnet haben. Will es uns doch scheinen, als lichte sich ein wenig das Dunkel über den Geheimnissen der Natur. Und gerade von den Kristallen, als Gegenstand und Mittel der Forschung, gehen helle Strahlen der Erkenntnis dessen aus, was wohl die Materie in ihrem tiefsten Wesen bedeutet und was an Kräften ‚die Welt im Innersten zusammenhält'."

Solche Gedanken haben schon frühzeitig den Geist des Naturforschers umstürmt, ohne daß es lange Zeit hindurch gelungen wäre, eine befriedigende Erklärung zu finden. Erst in der zweiten Hälfte des 18. Jahrhunderts wird ein fruchtbarer Ansatz gewonnen. Wir werden dann im folgenden versuchen, einen kurzen Abriß des

Abb. 64. Albrecht Dürer: Melancholie

Werdeganges einer Theorie der Kristallstruktur zu entwerfen, um an diesem überaus lehrreichen Beispiel aus der Geschichte unserer Wissenschaft zu zeigen, wie oftmals auch scharfsinnigste Denker an dem naheliegenden Erklärungsversuch vorbeigreifen, und sich dadurch die Erreichung des Zieles immer wieder verzögert. Trotz aller Wirrnis und Verirrung ist es nach mehr als hundert Jahren mühevoller Gedankenarbeit schließlich im Jahre 1891 doch gelungen, die ersehnte Strukturtheorie in vollendeter Form darzustellen. Es war ein Triumph mathematischer Forschung, durch Anwendung der Gruppentheorie ein Strukturbild zu schaffen, das für die Folgezeit zur sicheren Basis wurde, auf der sich die experimentelle Röntgenforschung der Kristalle entfalten konnte, die uns dann in einem unvergleichlichen Siegeszug in die Wunderwelt des Feinbaues kristalliner Materie führte.

Und wir werden erkennen, daß es ganz und gar jenes Symmetrieprinzip ist, welches uns in der äußeren Formenwelt der Kristalle so eindrucksvoll entgegentritt, das aber bereits im Mikrokosmos bei der sinnvollen Gruppierung der Atome im räumlichen Diskontinuum[6] gestaltend wirkt und webt!

IV. Geheimnisse des Kristallbaues

Wir haben im vorhergehenden Kapitel verschiedene Kristallformen im Geiste an uns vorüberziehen lassen und waren von der Vielgestaltigkeit des dargebotenen Formenreichtums tief beeindruckt. Diese Mannigfaltigkeit der Erscheinungswelt war es auch, die uns veranlaßte, nach einem Klassifikationsprinzip Ausschau zu halten, geeignet, nach einheitlichem Leitmotiv *Rhythmus* und *Harmonie* in die verwirrende Fülle der Einzelerscheinungen zu bringen. Als solches Ordnungselement von hoher Bedeutung bot sich uns das *Symmetrieprinzip* dar, und wir werden im Verlaufe unserer Darlegungen noch erkennen, in welch fruchtbarer und wunderbarer Weise es seinen Zweck zu erfüllen in der Lage ist. Im Hinblick auf seine ordnende Kraft können wir wahrlich mit Goethe ausrufen:

„Ist es der *Einklang* nicht, der aus dem Busen dringt,
Und in sein Herz die Welt zurückeschlingt?
Wenn die Natur des Fadens ew'ge Länge
Gleichgültig drehend, auf die Spindel zwingt,
Wenn aller Wesen unharmon'sche Menge
Verdrießlich durcheinander klingt,
Wer teilt die fließend immer gleiche Reihe
Belebend ab, daß sie sich rhythmisch regt?
Wer ruft *das Einzelne* zur *allgemeinen Weihe*,
Wo es in herrlichen Akkorden schlägt?!" —

Wenn wir unsere Kristallgestalten noch einmal aufmerksam betrachten, so fällt dem Beobachter eine besondere Eigentümlichkeit auf, die in ihrer Grundsätzlichkeit befremdend und zunächst völlig unfaßbar erscheint. Es ist die Tatsache, daß wir an den Kristallen des öfteren schon lediglich auf Grund äußerer Wahrnehmung ganze Scharen von parallelen Kanten aufzufinden vermögen, wie wir das besonders deutlich an umseitig abgebildetem Modellkristall

---

[6] Der Begriff des Diskontinuums bezüglich des Feinbaues steht im Gegensatz zum „Schein"-Kontinuum des sichtbaren Kristalls und wird bei der späteren Besprechung klar und verständlich gemacht werden.

(Abb. 65) feststellen können. Es ist dies eine Wachstumsform eines Alaunoktaeders von ursprünglich einfacher Gestalt wie Abb. 44,

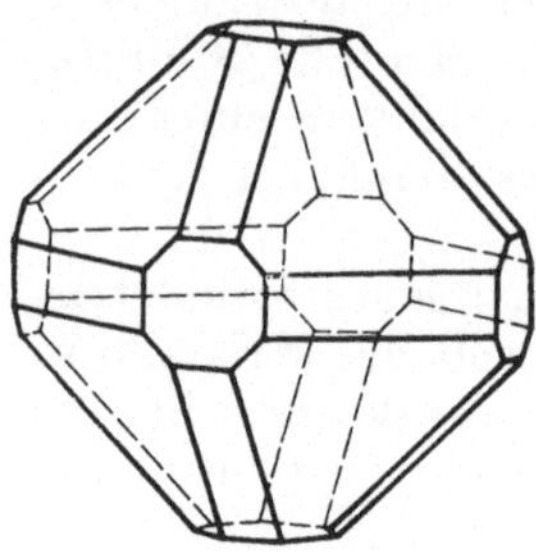

das wir zur Beobachtung der Wachstumserscheinung längere Zeit in seiner übersättigten Lösung beließen und das nachher eine Reihe neuer Flächen darbietet, die als Kanten- und Eckenabstumpfungen an dem Ausgangsoktaeder in Erscheinung getreten sind. An den sechs Ecken des ursprünglich einfachen Oktaeders stellen sich Flächen ein, die genau die Lage von Würfelflächen haben, und die zwölf Oktaederkanten werden durch weitere leistenförmige Flächen abgestumpft, die in ihrer rechteckigen Gestalt zwei Paare paralleler Kanten darbieten. Hier können

Abb. 65. Flächenreicher Alaunkristall

wir sehr schön sehen, wie beispielsweise von der nach vorne gerichteten Eckenabstumpfung ausgehend zwei „Gürtel“ von Flächenverbänden den ganzen Kristall umziehen, deren Flächen sich in parallelen Kanten schneiden; insgesamt haben wir an diesem Kristall drei solcher Flächengürtel. Über die Längsseiten unserer rechteckigen Kantenabstumpfungen hinweg finden wir noch weitere sechs Flächenverbände vor, die sich mit parallelen Schnittkanten um den ganzen Kristall verfolgen lassen. Einen solchen *Verband von Flächen*, die sich in *parallelen Kanten* schneiden, nennen wir eine „Zone“.

In ähnlicher Weise können wir an Hand der in Abb. 66 a bis d dargestellten Topaskristalle — von einfachen bis flächenreichen Formen ent

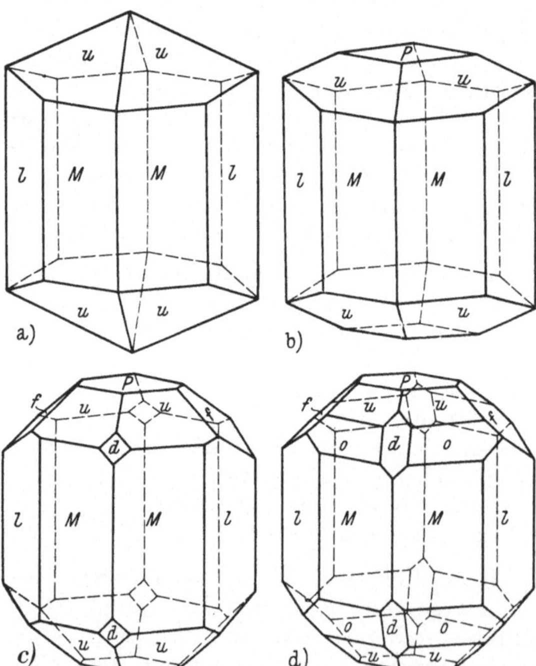

Abb. 66. Zonenentwicklung am Topas

wickelt — die bedeutsame Tatsache feststellen, daß *die Flächen eines Kristalles untereinander im Zonenverband* stehen.

An flächenarmen Kristallen wird dieser Zusammenhang nicht überall ohneweiters ersichtlich sein. Und doch ist es so, daß an jedem Kristall — und zugleich an allen Kristallen derselben Art — überhaupt nur solche Flächen möglich sind, die sich miteinander im Zonenzusammenhange befinden.

Diese Feststellung, die wir hier ex abrupto machen, die sich aber leicht in bindender Form und mathematischer Folgerichtigkeit mit Hilfe der stereographischen Projektion klar erweisen und zur Darstellung bringen ließe (siehe die Abb. 67 und 68, insbesondere die Zonenkreise in dem Projektionsbild Abb. 68 b), ist in ihrer Schlüssigkeit und Ausnahmslosigkeit so überraschend, daß wir von der überwältigenden Realität dieser Tatsache in maßloses Staunen versetzt werden.

Abb. 67. Granat mit gleichartigem Kristallmodell (aus dem Naturhistorischen Museum in Wien).

Noch eine andere Gesetzmäßigkeit am äußeren Gestaltungsgebilde der Kristalle können wir konstatieren. Es handelt sich auch dabei um die gegenseitige Lage der auftretenden Kristallflächen untereinander, die sich als eine mathematisch streng

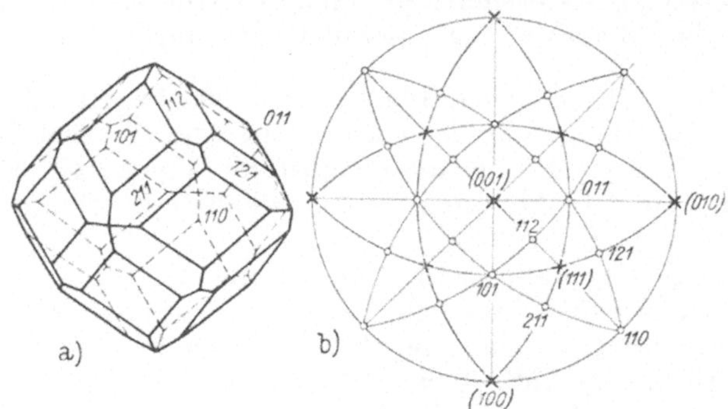

Abb. 68. Granatkristall. *a)* Parallelperspektive; *b)* stereographische Projektion

geregelte erweist, wiewohl sie sich nach außen hin nicht ohneweiters zu erkennen gibt. Erst die analytische Untersuchung gestattet uns, diesen Zusammenhang aufzuzeigen.

Um die auftretenden Kristallflächen in ihrer Lage geometrisch zu beschreiben, beziehen wir sie auf ein Achsenkreuz als Koordinatensystem und vermerken die Abschnitte, welche die einzelnen Flächen auf den Achsen ergeben. Betrachten wir den allgemeineren Fall eines Quaders (Abb. 69), dessen Abmessungen — Länge, Breite,

Höhe — verschieden sind. Wir wählen nun die drei aufeinander
senkrechten Kantenrichtungen als Kristallachsen und legen sie durch
den Schwerpunkt (den Massenmittelpunkt) im Innern des Kristalls;
das ist unser Bezugssystem, das *Achsenkreuz*. Die von vorn nach
rückwärts verlaufende Achse wollen wir die x- oder a-Achse nennen,
die links-rechts verlaufende sei die y- oder b-Achse und die aufrechte (vertikale) die z- oder c-Achse.

Stellen wir uns jetzt einen etwas flächenreicheren Kristall vor,
der nicht nur die drei Paare paralleler Flächen aufweist wie jener
Quader, sondern noch Flächen, welche die Kanten des Quaders abstumpfen, und schließlich solche, die die Ecken dieser einfachen
Grundform abschneiden (s. Abb. 70).

Hier erkennen wir nun, daß es grundsätzlich *drei* verschiedene
Arten von Flächen gibt:

Die Flächen unseres Quaders sind jeweils zu *zwei* Achsen parallel und schneiden nur die dritte: solche Flächen nennen wir im
allgemeinen „*Endflächen*". Dabei bezeichnen wir die vordere und
rückwärtige als Querflächen, die seitlichen als Längsflächen und die
obere und untere als eigentliche Endflächen (Basisflächen oder Endflächen im engeren Sinne).

Flächen, welche die Kanten des Quaders abstumpfen, sind jeweils
einer Achse parallel, schneiden jedoch die beiden anderen. Sie heißen „Prismenflächen", u. zw. ist

> m das „aufrechte Prisma", parallel der z-Achse,
> d das „Querprisma", parallel der Querachse y und
> h das „Längsprisma", parallel der Längsachse x.

Schließlich gibt es noch Flächen (e), welche alle drei Achsen
schneiden; das sind „*Pyramidenflächen*" (s. Abb. 70 und 71). Wären
diese, die Ecken des Quaders abstumpfenden Flächen allein
vorhanden, so ergäbe sich eine vierseitige Doppelpyramide
(Abb. 72).

Im vorliegenden Falle handelt es sich um das sogenannte „rhombische" Kristallsystem, in welchem wir drei aufeinander senkrechte
Koordinatenachsen[7] haben, die aber ungleich lang sind: denn die
Pyramidenfläche (s. Abb. 70 und 71) schneidet auf dem rechtwink-
ligen Achsenkreuz drei verschieden lange Strecken ab. Wir nennen
das Zahlenverhältnis dieser Achsenabschnitte das „*Achsenverhältnis*"
a : b : c (s. Abb. 73).

Nun ist es eine bemerkenswerte Gesetzmäßigkeit, daß nach Auswahl einer solchen am Kristall vorkommenden Pyramidenfläche als
„Einheitspyramide" (Grundpyramide), welche das Achsenverhältnis

---

[7] Wie uns vom vorhergehenden Kapitel her bekannt ist, hat dieses Kristallsystem (im allgemeinen) auch drei senkrecht aufeinanderstehende zweizählige
Deckachsen, die mit unseren Koordinatenachsen — den Kristallachsen — der Lage
nach zusammenfallen. Bezüglich ihrer Bedeutung sind jedoch die beiden Begriffe
entsprechend auseinander zu halten.

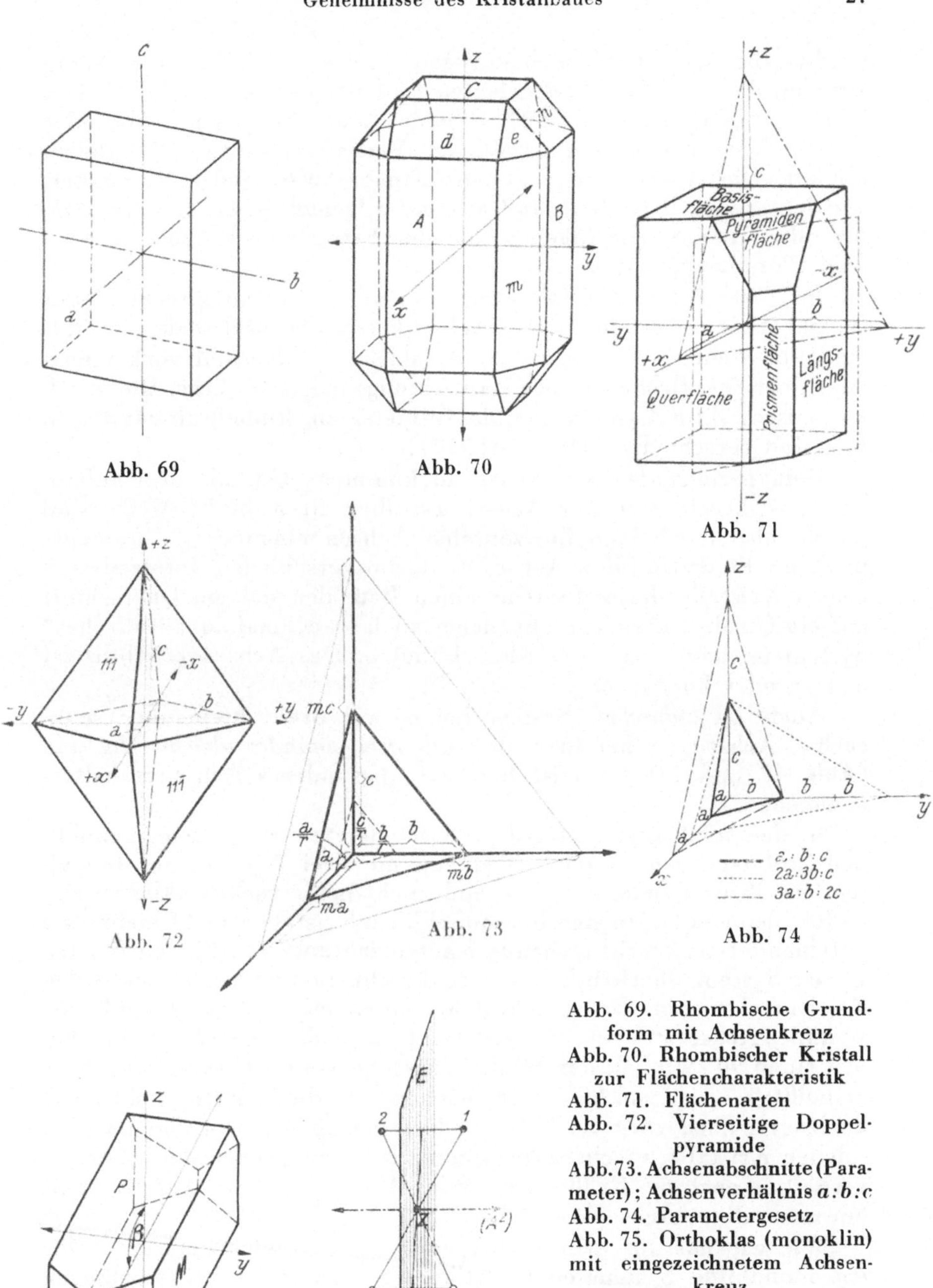

Abb. 69. Rhombische Grundform mit Achsenkreuz
Abb. 70. Rhombischer Kristall zur Flächencharakteristik
Abb. 71. Flächenarten
Abb. 72. Vierseitige Doppelpyramide
Abb. 73. Achsenabschnitte (Parameter); Achsenverhältnis $a:b:c$
Abb. 74. Parametergesetz
Abb. 75. Orthoklas (monoklin) mit eingezeichnetem Achsenkreuz
Abb. 76. Beziehung zwischen Spiegelebene, senkrechter zweizähliger (geradzähliger) Deckachse und Zentrum: je zwei dieser Symmetrieelemente bedingen automatisch das dritte

ergibt, alle übrigen Flächen nur ganzzahlige Vielfache (oder echte Brüche) dieser dadurch festgelegten Einheitsabschnitte a, b, c haben können, beispielsweise $2a : 3b : c$ oder $3a : b : 2c$ (s. Abb. 74); oder $a : \frac{1}{2}b : \frac{1}{3}c$, was dem ganzzahligen Verhältnis $6a : 3b : 2c$ gleichkommt. Die Koeffizienten der Achsenabschnitte (oder Parameter, wie letztere auch heißen) sind also im allgemeinen *kleine ganze Zahlen* oder aber ∞ für Flächen, die der betreffenden Achse parallel sind *(Parametergesetz!)*.

Im *rhombischen* Kristallsystem haben wir — entsprechend der Bauart dieser Kristalle — ein Achsenkreuz von drei senkrecht aufeinander stehenden Richtungen, da solche am Kristall vorkommen oder doch (bei flächenreicher Entwicklung) möglich wären. Die durch die ausgewählte Grundpyramide festgelegten Einheitsabschnitte a, b, c sind verschieden lang (s. Abb. 71).

Dem *tetragonalen* Kristallsystem kommen ebenfalls drei aufeinander senkrecht stehende Achsen zu, aber die a- und b-Werte sind gleich, also die beiden horizontalen Achsen einander gleichwertig, und nur die dritte (die z-Achse) ist davon verschieden. Infolgedessen zeigen Kristalle dieses Systems einen Bau, der sich im Querschnitt auf ein Quadrat beziehen läßt (daher auch manchmal „quadratisches" System genannt); vgl. die Abb. 4 und 5. Das Achsenverhältnis ist $a : a : c$ oder kurz $a : c$.

Auch im *kubischen* System haben wir drei aufeinander senkrechte Achsen, wobei hier aber *alle drei einander gleichwertig sind* (Abb. 42 und 44). Also ist hier kein besonderes Achsenverhältnis anzugeben.

In den niedrigsymmetrischen Kristallsystemen — dem monoklinen und triklinen System — stehen die drei Achsen, der Grundtendenz ihrer Bauart entsprechend, nicht mehr rechtwinklig aufeinander; denn es lassen sich bei monoklinen Kristallen nicht mehr drei aufeinander senkrecht stehende Kantenrichtungen auffinden (im triklinen System überhaupt keine senkrecht zueinander verlaufenden Kantenrichtungen). Demgemäß stehen im *monoklinen System* wohl die y- und z-Achse aufeinander senkrecht, auch die x- und y-Achse bilden einen 90°-Winkel; der Winkel zwischen x- und z-Achse jedoch — er heißt β — ist von 90° verschieden, sodaß die x-Achse nicht mehr horizontal nach vorn verläuft, sondern geneigt ist. Um den Bauplan solcher Kristalle zu charakterisieren, ist somit außer dem Achsenverhältnis noch die Größe jenes Winkels β anzugeben; Abb. 75 stellt ein monoklines Achsenkreuz dar.

Wie wir uns aus dem vorhergehenden Kapitel erinnern, ist für das monokline System eine vertikale Spiegelebene kennzeichnend, und die Richtung senkrecht darauf (die kristallographische y-Achse) ist in der überwiegenden Zahl der Fälle überdies eine zweizählige Deckachse (s. Abb. 76).

Im *triklinen* System sind keine Kristallachsen mehr senkrecht aufeinander, sondern alle drei schließen gewisse schiefe Winkel miteinander ein: α, β, γ. Wie wir gehört haben, fehlen hier Deckachsen und Symmetrieebenen (vgl. Abb. 77).

Nun gibt es bekanntlich noch zwei weitere Kristallsysteme, eines mit sechszähligem und eines mit dreizähligem Baurhythmus, die sich beide auf einen sechsseitigen Umriß beziehen lassen und die wir daher zweckmäßig nicht mit Hilfe eines dreigliedrigen Achsenkreuzes beschreiben, sondern — um dieser Regelmäßigkeit gerecht zu werden — die drei Diagonalen eines regelmäßigen Sechseckes als horizontale Achsen annehmen und dazu noch eine vertikale Haupt-

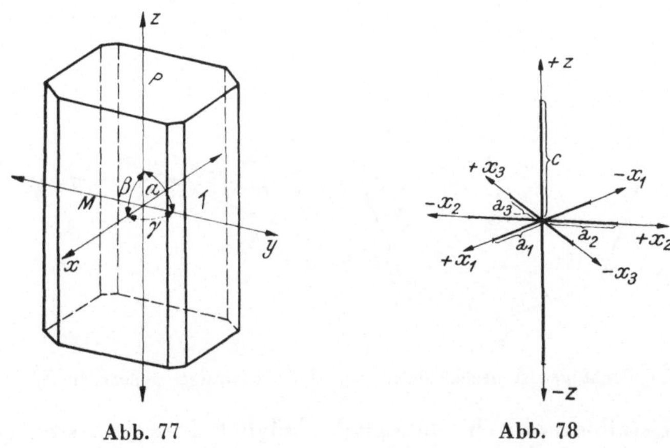

Abb. 77   Abb. 78

Abb. 77. Disthen (triklin) mit eingezeichnetem, schiefwinkeligen Achsenkreuz. — Abb. 78. Hexagonales Achsenkreuz

achse. Da die drei horizontalen Achsen gleich lang sind, ergibt sich auch hier (wie im tetragonalen System) als Achsenverhältnis a : c. Es handelt sich hier um das *hexagonale* und um das *trigonale* Kristallsystem. Die Abb. 78 zeigt das zugehörige Achsenkreuz; die dritte Horizontalachse ist für die geometrische Festlegung der Flächen überzählig.

Haben wir uns einmal (je nach der Bauart der betreffenden Kristalle) auf ein bestimmtes Achsenkreuz festgelegt, so ist damit das oben erwähnte Gesetz von der Rationalität der Parameter-Koeffizienten nachweisbar.

Ohne des näheren auf diese Verhältnisse hier einzugehen, sei nur erwähnt, daß das Zonengesetz und das Parametergesetz nur zwei verschiedene Ausdrucksformen ein- und derselben Grundgesetzmäßigkeit bedeuten.

Bei dieser Gelegenheit der Erörterung des Parametergesetzes möge ein einfacher Beweis angeführt werden für die früher behauptete Unmöglichkeit der Existenz einer achtzähligen Deckachse; denn eine solche würde sich mit dem Grundgesetz der rationalen Parameterkoeffizienten in Widerspruch befinden.

Daher ist auch ein einheitliches Kristallprisma, dessen Querschnitt ein regelmäßiges Achteck bildet, unmöglich[8]. Wie die beigegebene Abb. 79 zeigt, würde die Achteckseite, die die Spur einer aufrechten Prismenfläche darstellt, auf der y-Achse in S einschneiden. Die Strecke BS ist a $\sqrt{2}$, denn $\triangle$ ASB ist ein gleichschenkeliges[9], dessen anderer Schenkel AB — wie ersichtlich — a $\sqrt{2}$ ist. Der Achsenabschnitt auf der y-Achse ist gleich der Entfernung OB + BS, d. i. a + a $\sqrt{2}$ = a $(1 + \sqrt{2})$. Der Klammerausdruck als Koeffizient des Grundparameterwertes ist irrational, demgemäß ist eine solche

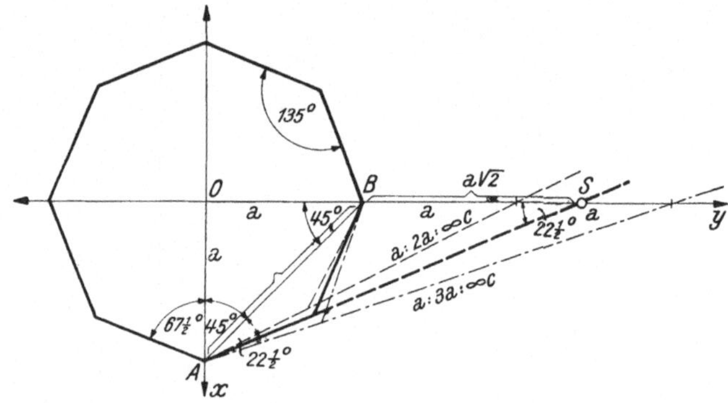

Abb. 79. Regelmäßiges Achteck steht mit dem Parametergesetz in Widerspruch

Fläche kristallographisch unmöglich. Möglich hingegen sind gewisse halbregelmäßige Achtecke (Di-Tetragone)[10] als Querschnitt der Kristallform, wenn sie rationale Parameterkoeffizienten ergeben, wie z. B.

$$a : 2\,a : \infty\,c$$

oder

$$a : 3\,a : \infty\,c \text{ (s. Abb. 79).}$$

Aus analogen Gründen gibt es auch keine fünfzähligen und siebenzähligen Deckachsen.

---

[8] Hingegen wäre unter Umständen eine prismatische Form mit regelmäßigem achteckigem Querschnitt möglich, wenn es sich, um eine Kombination von Prismen erster und zweiter Art handelt wie bei dem Rutilkristall der Abb. 36 mit den beiden Prismenformen m und a; würde man diesen beiden Flächenarten die gleiche Zentraldistanz vom Kristallmittelpunkte aus erteilen, so ergäbe sich allerdings — geometrisch gesehen — ein regelmäßiges Achteck. Diese beiden Flächenarten sind aber — wie schon ihre verschiedene Buchstabenbezeichnung erkennen läßt — physikalisch einander *nicht* gleichwertig, sondern stellen eben eine Kombination zweier (verschiedener) tetragonaler Prismen dar.

[9] Beweis, daß $\triangle$ ASB gleichschenkelig ist: Der $\sphericalangle$ bei A ist $22^{1}/_{2}^{0}$, wie aus den Eintragungen ohne weiteres hervorgeht (der ganze Innenwinkel bei A ist 135^{0}). Der $\sphericalangle$ bei S ist gleichfalls $22^{1}/_{2}^{0}$, denn der Außenwinkel des $\triangle$ ASB bei B (45^{0}) ist gleich der Summe der beiden nichtanliegenden Innenwinkel; also ist das $\triangle$ ASB gleichschenkelig mit den Schenkeln a $\sqrt{2}$.

[10] Solche am Kristall mögliche achtseitige (aufrechte) Prismen haben jedoch nur abwechselnd gleiche vertikale Kanten, da die entsprechenden Flächenwinkel nur abwechselnd gleich sind.

Wie im folgenden Kapitel des näheren auseinandergesetzt werden
soll, ist der Kristall in Wirklichkeit nicht lückenlos von Materie erfüllt, sondern die Substanz ist in bestimmten Massenzentren lokalisiert. Diese Massenpunkte bilden ein sogenanntes Raumgitter, wo in
dreidimensionaler Anordnung die Punkte in jeweils gleichen Abständen a, b und c längs der betreffenden Gitterlinien aufeinander-
folgen. Abb. 80 stellt ein Raumgitter eines Kristalls dar, den wir auf
ein rechtwinkeliges Achsenkreuz beziehen können wie beispielsweise
Abb. 70; die Achsenrichtungen erscheinen hier als Scharen von
Gitterlinien. In der Richtung der x-Achse folgen die Massenpunkte
im Abstand a aufeinander, in der
Richtung der y-Achse im Abstand b, in der z-Richtung im Abstand c. Es ist ersichtlich, daß
nur dort Flächen möglich sind,
wo die betreffende Ebene mit
Gitterpunkten besetzt ist. Um z. B.
eine Pyramidenfläche zu erhalten,
muß die betreffende Ebene durch
drei Gitterpunkte gelegt werden,
die der x-, bzw. y- und z-Gitter-
linie angehören; also sind ihre Ab-
stände auf diesen Achsen notwendig 1 a, 1 b, 1 c oder aber ganze
Vielfache dieser Grundabstände.
Geht eine Ebene durch drei solcher Punkte hindurch, dann liegen
in dem unendlich ausgedehnt gedachten Raumgitter (wovon das in

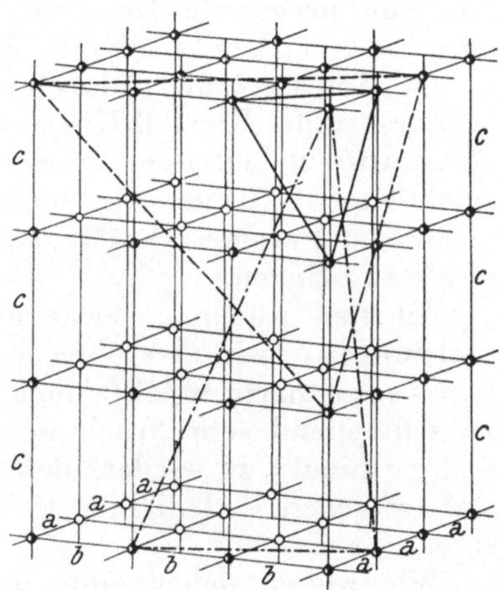

Abb. 80. Raumgitter und Parametergesetz

Abb. 80 dargestellte Gitter nur einen kleinen Ausschnitt darstellt)
immer neue Massenpunkte in ihr. Geht hingegen eine Ebene in
irrationalen Multiplen der Grundabstände a, b, c an den nächstgelegenen Gitterpunkten vorbei, so trifft eine solche Ebene im ganzen
unendlichen Ausdehnungsbereich nie mehr auf einen Gitterpunkt.
Also ist diese Ebene als Kristallfläche unmöglich.

Daraus geht hervor, daß es nur Flächen geben kann, deren Parameterkoeffizienten ganzzahlige Vielfache des Grundparameterver-
hältnisses sind. Das am Kristall festgelegte Achsenverhältnis a : b : c
entspricht in seinem Zahlenverhältnis den Werten der Gitterabstände a, b, und c des Raumgitters, oder es ist bezüglich der einen
oder anderen Achse das zwei-, drei-, ... fache dieser Werte, falls
man als Einheitspyramide zufällig eine Fläche herausgegriffen hatte,
die statt mit (a : b : c) richtiger mit beispielsweise (2 a : 3 b : 2 c) zu
bezeichnen gewesen wäre.

Aus der Tatsache des raumgittermäßigen Aufbaues der Kristalle
erklären sich nun auch ohneweiters die besprochenen Grundgesetze
der Kristallographie: Zunächst das Gesetz von der *Konstanz der
Flächenwinkel*, dessen Inhalt wir schon am Beginn des vorher-

gehenden Kapitels (S. 9) gelegentlich der Behandlung von Verzerrungserscheinungen am Kristall erörtert haben. Weiters das *Parametergesetz*, das ebenfalls durch das Raumgitter seine zwanglose und folgerichtige Erklärung findet; aber auch das Zonengesetz — wie schon erwähnt, nur eine andere Ausdrucksform des Parametergesetzes — ist die notwendige Folge der zugrunde liegenden gittergeometrischen Verhältnisse der kristallisierten Materie.

Zum Schluß sei noch ein Wort über die zweckmäßige Symbolisierung der Flächen gestattet, da wir uns dieses Hilfsmittels der Indizierung im Verlaufe unserer Darlegungen des öfteren bedienen, um eine prägnante Kennzeichnung der verschiedenen Kristallflächen zu erreichen (s. diverse Kristallbilder ab S. 11).

Ist es uns gelungen, durch die Auswahl eines Achsenkreuzes jede vorkommende Kristallfläche durch das Verhältnis ihrer Achsenabschnitte eindeutig festzulegen, so bedarf es noch einer kurzen Bezeichnungsweise, um die soeben besprochene Gesetzmäßigkeit der rationalen Parameterkoeffizienten klar und übersichtlich zum Ausdruck zu bringen.

An sich würde es zwar genügen, das Verhältnis der Achsenabschnitte — wie dies oben geschehen ist — zu notieren (Bezeichnungsweise nach Weiß), doch würde diese Art von Symbolik viel zu schleppend sein. Auch ist es überflüssig, das Achsenverhältnis a : b : c immer zu wiederholen, da doch — nachdem die Metrik einmal festgelegt — lediglich die Parameterkoeffizienten von Interesse sind.

Wir wollen daher eine andere Bezeichnungsweise besprechen, die zwar auf den ersten Blick umständlich oder unanschaulich erscheinen mag, die sich aber für die Zwecke der Kristallbeschreibung und Kristallberechnung als sehr vorteilhaft erweist. Statt der Parameterkoeffizienten eines Weißschen Flächenzeichens

$$m a : n b : p c$$

bilden wir das Verhältnis der reziproken Werte der Koeffizienten m, n, p (ohne das Achsenverhältnis zu wiederholen):

$$\frac{1}{m} : \frac{1}{n} : \frac{1}{p}.$$

Dieses neue Zahlenverhältnis bringen wir auf ganze (u. zw. teilerfremde) Zahlen h k l. Diese Zahlenwerte, in runde Klammern gesetzt — (h k l) — sind die Millerschen Indices, benannt nach dem englischen Kristallographen Miller, der diese Bezeichnungsweise in die kristallographische Praxis eingeführt hat, obwohl sie eigentlich auf Whewell und Graßmann zurückgeht.

Ein Beispiel: Die Fläche

$$2 a : 1 b : 3 c.$$

Das Zahlenverhältnis der reziproken Parameterkoeffizienten lautet:

$$\frac{1}{2} : \frac{1}{1} : \frac{1}{3}$$

oder, durch Erweitern auf ganze Zahlen gebracht:

$$\times 6 \ldots 3:6:2.$$

Das Millersche Symbol ist (362).

Das gleiche ist zu erreichen, wenn wir die Glieder des Koeffizientenverhältnisses auf die Form $\frac{1}{x}$ bringen und dann an Stelle dieser Werte ihre reziproken, das sind die Nenner, notieren.

Unser obiges Parameterzeichen:

$$2\,a : 1\,b : 3\,c$$

$$:6 \cdots \frac{1}{3} : \frac{1}{6} : \frac{1}{2}.$$

Millersches Symbol (362).

Ist eine Fläche zu einer Achse parallel (Koeffizient ∞), dann ist der Millersche Index für diese Achse sein reziproker Wert, nämlich Null. Z. B. Querfläche (100), Längsfläche (010) Basisfläche (001). Prismenformen: (110), (101), (011); (210) usw.

Soll eine einzelne Fläche besonders herausgegriffen werden, dann bleibt die runde Klammer (als Symbol der ganzen Form) weg, und das entsprechende Vorzeichen (-) wird über den betreffenden Index gesetzt, z. B. $11\bar{1}$ bzw. allgemein $h\bar{k}l$ für die linke vordere Pyramidenfläche oben.

V. Ist Kugelwachstum beim Kristall möglich?

Die überaus große und bezaubernde Mannigfaltigkeit der kristallographischen Formen, die dem Nichteingeweihten schier unauflösbar und verwirrend erscheint, die aber der Geübte ganz einfach auf nur 32 Symmetrieklassen zurückführen kann, läßt die begreifliche Frage auftauchen, ob es auch kugelige Kristalle gibt. Wir finden ja gar nicht so selten kugelige Gebilde im Mineralreich (man denke an solche von Malachit, Azurit, Markasit u. v. a.), doch erweisen sich diese als feinkristalline, *inhomogene Aggregate* von Kristallen, die nur zufällig nach außen hin kugelige oder halbkugelige Gestalt angenommen haben. Es gibt aber Kristalle, die der Kugelgestalt wenigstens recht nahe kommen; z. B. ist das Hexakisoktaeder, der Achtundvierzigflächner, einer Kugel sehr ähnlich (Abb. 48), besonders dann, wenn die Flächen und Kanten, wie oft beim Diamant, etwas gerundet sind.

Im allgemeinen wird bei Betrachtung der Kristallgestalten jeder Beobachter aber doch den Eindruck gewinnen, daß es ein Grundprinzip der Formentwicklung beim Wachstum sein muß, ebene Flächen zu bilden, die sich in Kanten schneiden, die wiederum in Ecken zusammenstoßen. Die Entstehung eines *konvexen Polyeders* ist somit das Resultat des Wachtumsvorganges beim Kristall.

Trotzdem erweist es sich nicht als müßig, einmal nachzudenken, warum es kein Kugelwachstum geben kann. Es läßt sich, um das Resultat vorwegzunehmen, in der Tat zeigen, daß wohl *geometrisch* die Kugelgestalt erreichbar wäre, daß aber bei Kristallen aus inneren Gründen des Feinbaues, also *physikalisch*, Kugelwachstum nicht in Frage kommt. Der Kristall ist raumgittermäßig aufgebaut, bildet also ein dreidimensionales Diskontinuum seiner elementaren Bestandteile. In einem solchen Raumgitter (vgl. Abb. 80) können wir in der verschiedensten Weise ebene Strukturflächen — Netzebenen — hindurchlegen, die mehr oder weniger dicht mit Bausteinen, sagen wir mit Atomen, besetzt sind. Denn durch drei

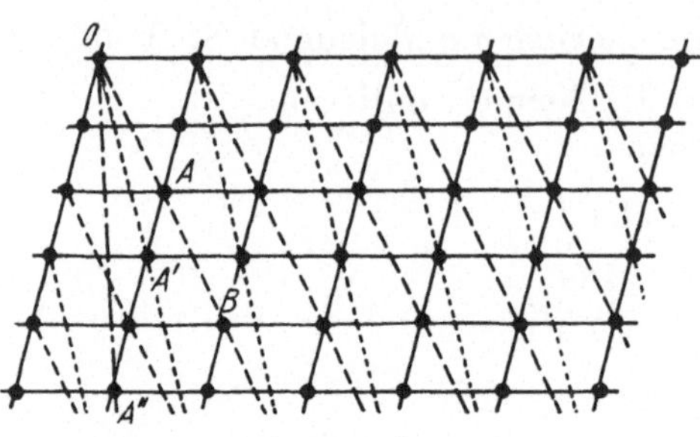

Abb. 81. Zweidimensionales Punktgitter mit Gittergeraden verschieden dichter Besetzung

beliebig herausgegriffene Punkte des räumlichen Gitters läßt sich jederzeit eine Ebene legen, die, unendlich weit ausgedehnt gedacht, in den entsprechenden Abständen immer wieder durch neue Strukturpunkte hindurchgeht.

Wir wollen uns diese Tatsache im Zweidimensionalen durch Abb. 81 veranschaulichen; an Stelle des Raumgitters tritt hier die Netzebene. Betrachten wir die Gerade, die vom O-Punkt aus durch die Punkte A, B . . . geht. Wir können sie bis ins Unendliche ziehen: immer trifft sie in gleichen Abständen auf neue Massenpunkte; sie ist relativ dicht mit solchen besetzt. Legen wir hingegen die Gerade statt durch A (mit den Koordinaten 2x, 1y) durch A′ (3x, 1y), so enthält sie Massenpunkte, die in viel größerem Abstand einander folgen. Noch schütterer ist die Gerade durch A″ (5x, 1y) besetzt. Nach unserer Millerschen Indizierung mit reziproken Parameter-Koeffizienten entspricht die erste Gerade — wobei wir von einem eventuellen negativen Vorzeichen absehen — dem Millerschen Symbol (12), die zweite erhält das Symbol (13), die dritte (15). Diese im Zweidimensionalen aufgezeigte Tatsache läßt sich ohneweiters auf das Dreidimensionale, das Raumgitter, ergänzen, wenn wir jeweils noch einen Punkt mit einer z-Koordinate hinzunehmen.

Da Kristallflächen solchen Netzebenen entsprechen, können wir unendlich viele Strukturebenen also Kristallflächen herstellen, uns somit bezüglich der äußeren Wachstumsgestalt einer Kugel beliebig nähern. Rein geometrisch wäre somit kein Grund vorhanden, ein konvexes Wachstumspolyeder mit unendlich vielen Flächen, das wirklich einer Kugel nahekommt, für möglich zu halten.

Aber physikalisch ist eine solche Annahme unmöglich! Es liegt ja auf der Hand, daß einer Strukturebene und somit einer Kristallfläche nur dann eine reale Bedeutung zukommen kann, wenn sie *relativ dicht mit Atomen besetzt* ist. Strukturflächen, die durch weit voneinander entfernt liegende Punkte konstruiert werden, kommt physikalisch keine Bedeutung zu, sie können niemals als äußere Wachstumsflächen in Betracht kommen.

Zum selben Ergebnis kommen wir, wenn wir den gleichen Gedankengang auf andere Art verfolgen. Es ist eine in der Kristallographie vielgebrauchte und praktische Methode, die Flächen eines Kristalls und deren Zonenverbände (s. S. 25) in der „stereographischen Projektion" darzustellen. Ohne auf diese hier näher einzugehen, sei nur gesagt, daß die Flächen auf diese Weise als Punkte (Pole) in der Projektion erscheinen und die zu einer Zone gehörigen auf einem sogenannten Großkreis liegen (im Projektionsbilde Kreisbögen!). Eine solche Darstellung, die winkelgetreu ist — d. h. die Winkel zwischen zwei Kristallflächen sind auch in der Projektion ablesbar — gibt uns einen guten Überblick über die vorhandenen Flächen und Zonenverbände; nur die Größe der am Kristall auftretenden Flächen kann nicht zum Ausdruck gebracht werden. Nun läßt sich der Beweis führen, daß im Schnittpunkt zweier Zonen stets eine Kristallfläche möglich ist (s. Abb. 68 b). Wir können nun durch je zwei Flächen (Pole) neuerlich einen Kreisbogen (Zone) legen (s. die Bögen im rechten unteren Quadranten, den Abb. 82 zeigt), die mit den vorhandenen neue Schnittpunkte, somit neue Flächenlagen angeben. Genau so, wie wir unendlich viele Netzebenen durch ein Gitter legen konnten, können wir immer

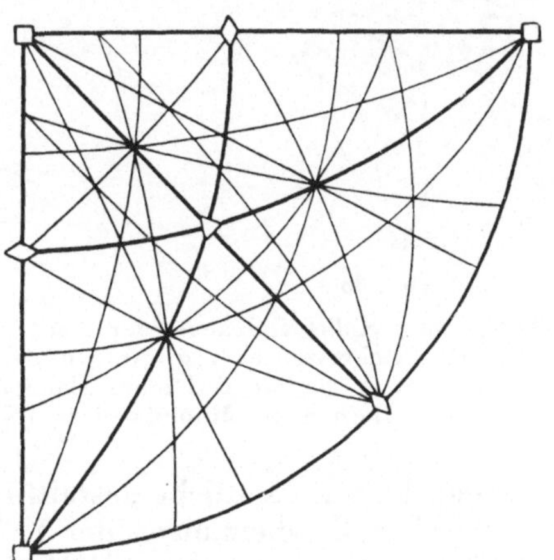

Abb. 82. Kubischer Zonenverband in stereographischer Projektion (rechter unterer Quadrant)

neue Zonen ziehen und damit neue Flächen finden, bis schließlich das ganze Projektionsbild von Flächenpolen besetzt ist. Mit der unendlichen Zahl solcher Pole ist somit geometrisch wieder eine Kugelgestalt erreicht.

Als Resultat unserer Überlegung ergibt sich daher, daß wohl theoretisch — d. h. auf Grund rein geometrischer Betrachtung — Kristallgestalten von beliebig vielen Flächen denkbar wären, daß aber nach physikalischen Grundsätzen nur eine relativ beschränkte Anzahl Aussicht hat, tatsächlich realisiert zu werden.

Kugelwachstum widerspricht daher der inneren Wesenheit der Kristalle.

VI. Vom Feinbau der Kristalle

„Willst du dich am Ganzen erquicken,
Mußt du das Ganze im Kleinsten erblicken."
(Goethe)

In vorangegangenen Kapiteln haben wir eine Reihe von Gesetzmäßigkeiten kennengelernt, die die äußere Erscheinungsform der Kristalle beherrschen. Es ist auch gelegentlich der Besprechung des Parametergesetzes bereits ad hoc der Begriff des Raumgitters kurz erwähnt worden, das eine erste Vorstellung vom diskontinuierlichen Feinbau der Kristallsubstanz vermitteln sollte.

Hier müssen wir aber etwas weiter zurückgreifen, um die Entwicklung der Theorie über die Innenstruktur der Kristalle zu ver-

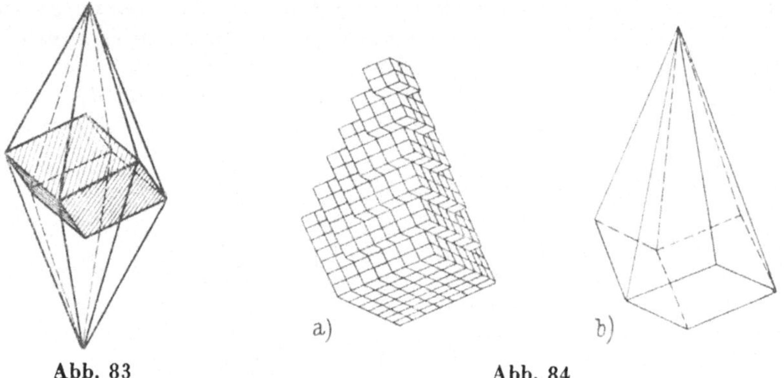

Abb. 83   Abb. 84

Abb. 83.   Kalkspat-Skalenoeder   mit   eingezeichnetem   Spaltungsrhomboeder
Abb. 84. „Dekreszenzen". a) Aufbau der Skalenoederform aus rhomboedrischen
Bausteinen; b) oberer Teil eines Skalenoeders, unten begrenzt durch die Spaltflächen des Rhomboeders. (Nach H. A. Miers, Mineralogy)

stehen, die uns sämtliche gestaltlichen sowie die physikalischen und chemischen Erscheinungen der Kristallwelt erklären soll.

Schon in der zweiten Hälfte des 18. Jahrhunderts wurde ein fruchtbarer Ansatz bezüglich der feinbaulichen Vorstellungen der kristallisierten Materie gewonnen. Ausgehend von der Eigenschaft der Spaltbarkeit, die manchen Kristallarten in hohem Maße eigen ist, entwickelte der schwedische Professor an der Universität Upsala Torbern Bergman in einer 1773 erschienenen Abhandlung eine Theorie, die den Grundgedanken vom gesetzmäßigen Aufbau der Kristalle aus kleinsten Elementarbausteinen enthält. Im Anschluß an die Beobachtung seines Schülers J. G. Gahn — dem es gelang, aus einem Kalkspatskalenoeder (s. Abb. 83) einen rhomboedrischen Kern herauszuspalten — entwickelte Bergman die Vorstellung, daß sämtliche, wenn auch äußerlich noch so verschiedenartig ausgebildeten Kalkspatkristalle durchwegs durch Zusammenfügung von kleinsten rhomboedrischen, parallel aneinander liegenden Grundkörpern zu deuten seien.

Für den Fall eines Kalkspatskalenoeders sei dies in nebenstehender Abb. 84 wiedergegeben. Die Kristallform des Skalenoeders ist demnach erreichbar durch lückenlose Aneinanderschichtung unermeßlich klein zu denkender rhomboedrischer Bausteine, die, kongruent und einander parallel gestellt, von Schicht zu Schicht um eine gewisse Anzahl von Bausteinreihen zurücktreten (beim Skalenoeder sind es zwei Reihen, wie in der Figur ersichtlich ist). In gleicher Art lassen sich viele andere einfache Kristallformen deuten, wie es für eine kubische Kristallgestalt in der Abb. 85 versinnbildlicht ist.

Diese Theorie ist bekannt geworden unter dem Namen der Haüyschen *Dekreszenzen*, da der französische Abbé René Just Haüy — ohne auf den Vorgänger Bezug zu nehmen — sich mit besonderem Nachdruck in einer Reihe von Abhandlungen für diese Strukturauffassung eingesetzt hatte.

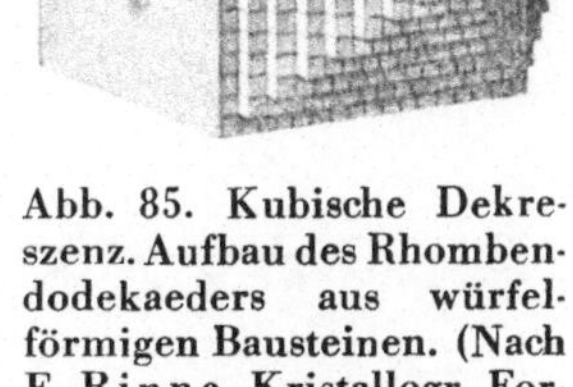

Abb. 85. Kubische Dekreszenz. Aufbau des Rhombendodekaeders aus würfelförmigen Bausteinen. (Nach F. Rinne, Kristallogr. Formenlehre)

In dieser primitiven Form war jedoch die Theorie nicht aufrechtzuerhalten, da verschiedene physikalische Erfahrungstatsachen einem *lückenlosen* Bauwerk von Elementarteilchen widersprach. So wäre beispielsweise schon die Wärmebewegung der Moleküle unmöglich, wenn der ganze Kristall in dieser starren Art aufgebaut wäre.

All diese Erwägungen führten daher zu jener grundsätzlich anderen Auffassung vom Feinbau der Kristallsubstanz, die wir mit dem Begriff „*Diskontinuum*" verbinden: es ist die erstmalig von L. A. Seeber in Freiburg i. Breisgau 1824 entwickelte *Raumgitter*-Vorstellung, die wir in einem früheren Kapitel bereits zur Verständlichmachung des Parametergesetzes herangezogen hatten (vgl. Abb. 80). Entsprechend dieser Auffassung ist beim Kristall die Raumerfüllung nur scheinbar eine kontinuierliche, in Wirklichkeit liegt feinbaulich ein *reell homogenes Diskontinuum* vor. *Homogen* ist ein Diskontinuum nach Art eines Raumgitters zweifellos, da in dem nach allen drei Raumrichtungen theoretisch unendlich weit ausgedehnten Gitterbau jeder beliebige Ausschnitt, von welcher Stelle auch immer, die gleiche Punktkonfiguration aufweist. Als *reell* homogenes Diskontinuum wäre ein Raumgitter aus dem Grunde zu bezeichnen, da die erwähnte Homogenität in der Tat geometrisch real gegeben ist, während — im Gegensatz dazu — in dem Molekülgewirr beispielsweise eines Gases die Homogenität nur als eine statistische aufgefaßt werden kann.

Von der Haüyschen Dekreszenzvorstellung kommt man zum Raumgitterbegriff, in dem man statt der „integrierenden Molekel" (wie Haüy seine Elementarteilchen nannte) nunmehr nur ihre Schwerpunktlagen in Betracht zieht: so erhalten wir also ein mathe-

matisches Punktgitter. Um gleich zu einer materiellen Vorstellung
zu gelangen, wollen wir uns — der Entwicklung vorausgreifend —
die Punkte als Atome (oder Ionen) denken, die, in erster Annäherung kugelförmig angenommen, im Vergleich zu ihrer Eigen-
größe sich in ungeheuer weiten Abständen voneinander befinden,
so daß faktisch nur ein geringer Bruchteil des Raumes wirklich von
Materie erfüllt ist.

Mit Hilfe der Dichte der betreffenden Substanz und der
Loschmidtschen Zahl (Anzahl der Moleküle bzw. Atome im
Grammolekül bzw. Grammatom) können wir — zunächst unter Zugrundelegung eines einfachen Gitters, wie wir es bisher einge-führt haben — die Anzahl der Atome in der Volumeinheit und demgemäß die in Be-tracht kommenden Ab-stände der Schwer-punktlagen leicht er-mitteln. Diese Abstän-de ergeben sich in der Größenordnung von 10^{-8} cm, sogenannte Ångström-Einhei-

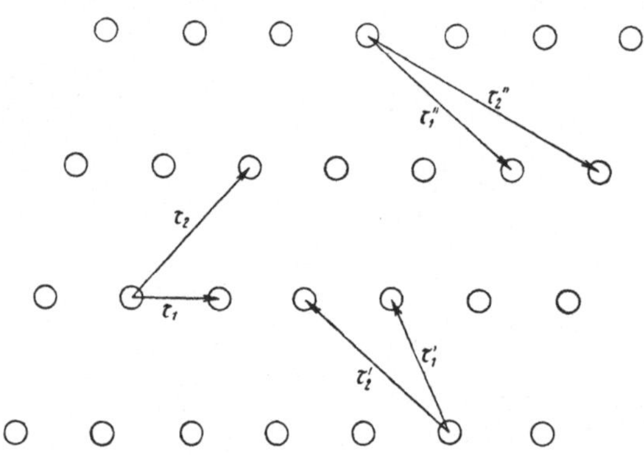

Abb. 86. Aufteilung eines Punktnetzes in Netz-
maschen: jedes der entstehenden Parallelogramme
ist durch die betreffenden Translationsvektoren
angedeutet. (Nach E. Brandenberger)

ten. Demnach befinden sich schon beispielsweise in einem Steinsalz-
Kriställchen von nur 1 mm Kantenlänge 45 Trillionen Atome (45.10^{18}).
Diese Angabe soll nur fürs erste einen Begriff geben von der uner-
meßlichen Kleinheit der hier in Rede stehenden Dimensionen.

Fassen wir eine solche raumgitterartige Punkteanordnung näher
ins Auge (Abb. 80): Es ist ersichtlich, daß sich das gesamte Punktsystem in parallelepipedische kleinste Zellen (beispielsweise jene
mit den Kanten a, b, c) aufteilen läßt, die, unter sich kongruent,
lückenlos den Gesamtraum erfüllen. Die Zerlegung in parallelepipedische Zellen ist aber durchaus nicht nur in dieser einen Art möglich, vielmehr ist die Aufgliederung in verschiedenartigster Weise[11]
durchführbar, wobei die gewählten Elementarzellen, wie immer sie
auch angenommen werden (z. B. $OA'B'C'D'E'F'G'$ in Abb. 87),
grundsätzlich denselben Rauminhalt aufweisen — sofern jede Zelle
lediglich in den acht Eckpunkten je ein Atom enthält. (Zur besseren
Übersicht dieser Verhältnisse zeigt Abb. 86 die Aufteilung in Maschen beim zweidimensionalen Netz.) In Wirklichkeit zählt dann pro
Zelle *nur ein einziges Atom*, denn die in den Eckpunkten befindlichen Atome zählen jeweils nur mit $^1/_8$ für jedes Elementarparallel-

---

[11] Theoretisch unendlich viele Möglichkeiten!

epiped, da sie ja gleichzeitig allen acht in jedem Eck zusammen-
stoßenden Zellen angehören.

Vom Begriff der Haüyschen Dekreszenz ist die Forderung nach
Parallelstellung der Bausteine auf das Raumgitter übergegangen.
Nicht nur, daß die Zellen — wie immer auch die Auf-
teilung des Punktsystems in solche erfolgen mag — naturgemäß einander streng parallel gestellt den Gesamtraum ergeben, auch die Lage der materiellen Bausteine selbst, jetzt in den Eckpunkten unserer Elementar-
zellen lokalisiert, ist demzufolge von dieser Grundforderung *paralleler Wiederholung* bestimmt.

So selbstverständlich das zunächst auch klingt, so werden wir doch bald gezwungen sein, Punkteanord-
nungen zu betrachten, bei denen die Einzelteilchen auch in gedrehter Lage am Aufbau teilnehmen.

Vorerst aber müssen wir unter Beibehaltung der For-
derung nach Parallelität der materiellen Punkte die Frage beantworten, wieviel grundsätzlich verschiedene Arten solcher Punkteanordnungen denkbar sind, und ob damit die Erschei-

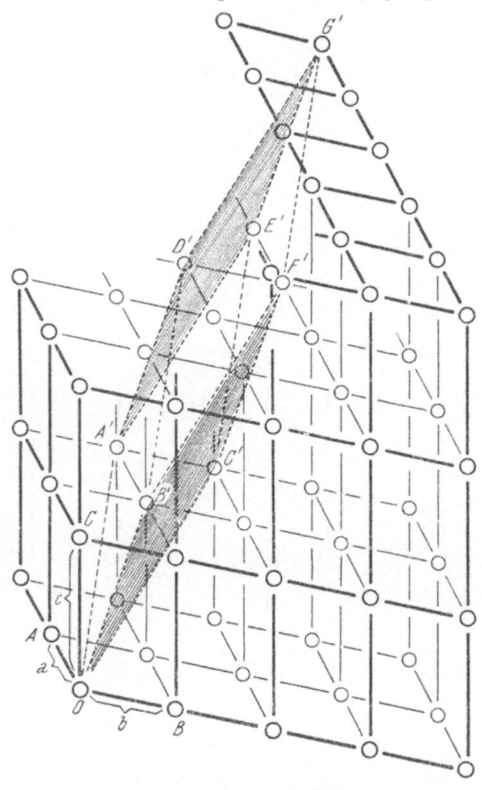

Abb. 87. Aufteilung eines Punktgitters in parallelepipedische Zellen (Nach A. Johnsen, Kristallstruktur, Fortschr. Min., 5)

nungswelt der Kristalle, die in den Symmetriegesetzlichkeiten der
32 Kristallklassen geometrisch fundiert ist, ihre restlose und befriedigende Erklärung findet.

Dieser Aufgabe haben sich in der Mitte des vorigen Jahrhunderts
M. L. Frankenheim und A. Bravais unterzogen und konnten
nach eingehender mathematischer Analyse feststellen, daß es im
Prinzip *nur 14 Arten von Raumgittern* gibt, die sich in sieben, durch
ihre Symmetrie unterschiedene Abteilungen bringen lassen, entsprechend den sieben Kristallsystemen.

Es sind infolgedessen die Kanten dieser Bravaisschen Elementarzellen in jedem Falle so gewählt, daß sie der Gesamtsymmetrie
des darzustellenden Punktsystems gerecht werden; sie sind aus diesem Grunde parallel den kristallographischen Achsen angenommen

worden. So ergeben sich die erwähnten 14 Bravaisschen Gittertypen, die in Abb. 88 zur Darstellung gebracht sind. Bei Betrachtung fällt sofort die Tatsache auf, daß nur sieben dieser Gitter von
einfacher Art sind, d. h. unserer vorangestellten Forderung entspre-

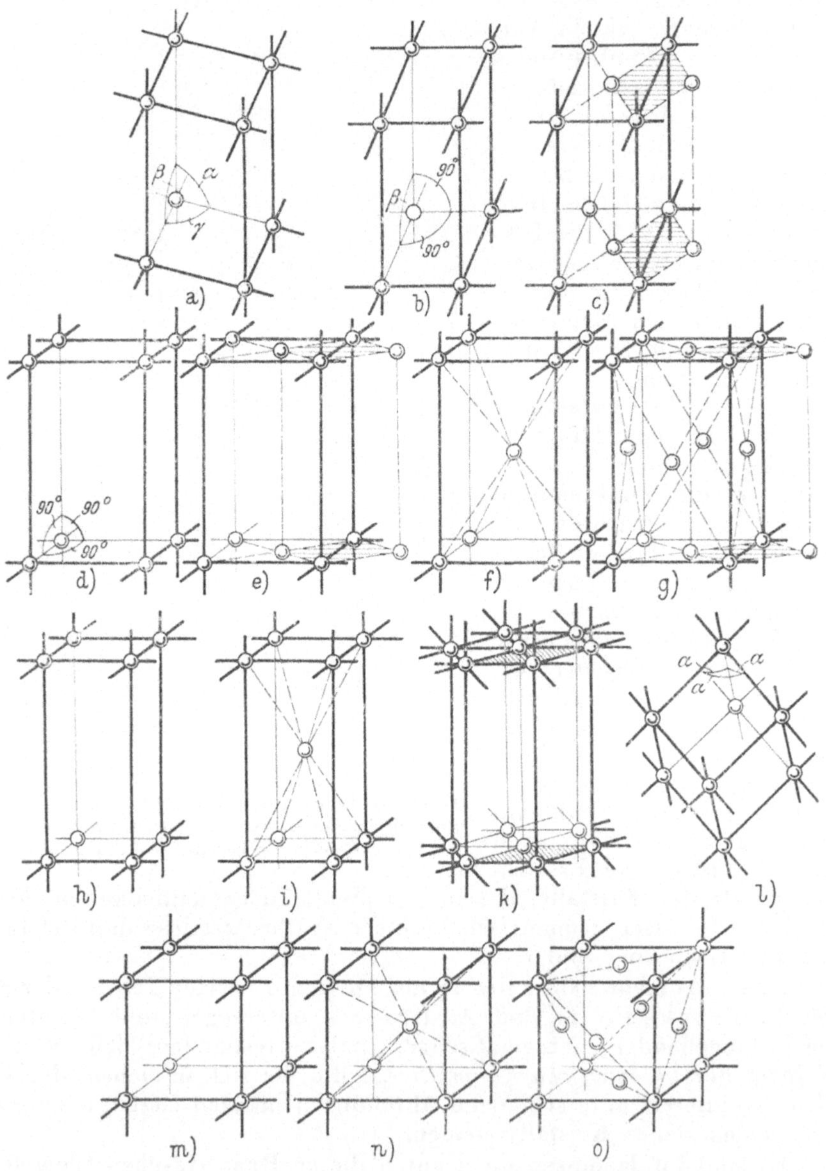

Abb. 88. Die 14 Bravaisschen Gitter (Translationsgruppen). *a)* triklin; *b)* und *c)*
monoklin; *d)* bis *g)* rhombisch; *h)* und *i)* tetragonal; *k)* hexagonal; *l)* rhomboedrisch;
m) bis *o)* kubisch

chen, daß nur die acht Ecken des Parallelepipeds mit Punkten besetzt sein sollen[12]. Die anderen sieben Gitter enthalten außerdem entweder einen Punkt in der Körpermitte oder aber ein Flächenpaar bzw. alle drei Flächenpaare enthalten in der Mitte noch einen mit den Eckpunkten identischen Punkt: sie sind somit „innenzentriert" oder „basiszentriert" bzw. „allseitig flächenzentriert". Dann aber entfällt auf die betreffende Zelle pro Körpereinheit nicht nur ein Punkt (ein Atom), sondern zwei oder vier solcher Punkte. Der Punkt in der Körpermitte kommt jedenfalls der betreffenden Zelle zur Gänze zu; Punkte in den Flächenmitten hingegen zählen jeweils nur zur Hälfte, da sie ja gleichzeitig beiden an der Fläche sich berührenden Zellen angehören.

Demnach enthält ein basiszentriertes Gitter zwei Punkte pro Zelle: acht Ecken zu je einem Achtel und zwei Flächenmitten je zur

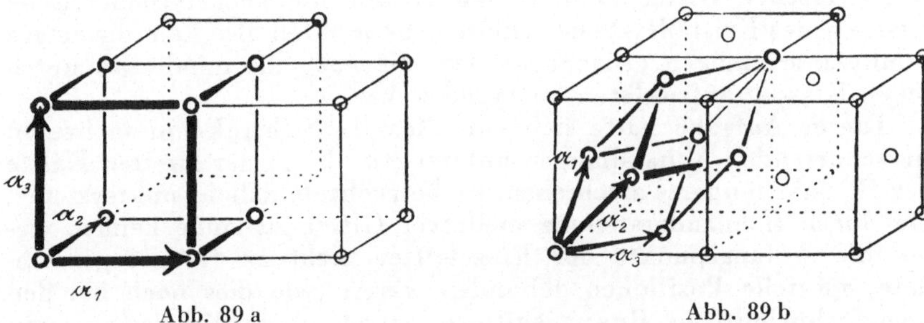

Abb. 89 a   Abb. 89 b

Abb. 89 a. Einfaches kubisches Gitter. — Abb. 89 b. Flächenzentriertes kubisches Gitter
(Nach P. P. E w a l d, Kristalle und Röntgenstrahlen)

Hälfte. Ein allseitig flächenzentriertes Gitter enthält dann vier Punkte pro Zelle. Man spricht daher von *zweifach* (oder doppelt) *primitiven* Zellen bzw. von *vierfach primitiven* Zellen. Die innenzentrierte Zelle ist jedenfalls zweifach primitiv.

Zur Beruhigung des Lesers sei aber gesagt, daß auch diese mehrfachprimitiven B r a v a i s schen Gitter durch einfachprimitive darstellbar wären, wie das in Abb. 89 a, b für das flächenzentrierte kubische Gitter gezeigt ist.

Bei den B r a v a i s schen Gittern handelt es sich um Schwerpunktsanordnungen von Teilchen, die (wie wir ausdrücklich betont hatten) *einander parallel gestellt*, die Wiederholung der Identität im homogenen Diskontinuum bedeutet. Die vorzunehmenden Verschiebungen, um identische Punkte zu erzeugen, nennen wir *Translationen*[13]; sie sind für ein einfachprimitives und für ein flächenzentriertes kubisches Gitter in Abb. 89 a, b durch Translationsvektoren gekennzeichnet. So ergibt sich aus unserer Betrachtung, daß auch die

---

[12] Das hexagonale Gitter (Taf. I, k) ist dabei als Parallelepiped mit der schraffiert gekennzeichneten Basis aufzufassen.

[13] Daher auch die Bezeichnung „Translationsgitter" für die 14 B r a v a i s schen Gitterarten.

mehrfachprimitiven Bravaisgitter — die sonst nur durch Ineinanderstellung mehrerer kongruenter Gitter zu erklären wären — in Wirklichkeit doch echte Translationsgitter sind. Wenn man sich veranlaßt sah, sie trotzdem als zusammengesetzte Gitter (mit Flächen- oder Innenzentrierung) zu beschreiben, so geschah dies nur aus dem Grunde, um die höhere Symmetrie des Punktsystems in der Elementarzelle zum Ausdruck zu bringen; denn das primitive Parallelepiped in Abb. 89 b mit den Translationsvektoren a_1, a_2, a_3 besitzt nur die Symmetrie eines Rhomboeders, während das Punktsystem in Wirklichkeit doch alle Symmetrieeigentümlichkeiten eines kubischen Kristalls aufweist.

Mit der Annahme von 14 grundsätzlich verschiedenen Gittertypen war aber noch lange nicht das Auslangen zu finden, um alle Symmetriebesonderheiten der 32 Kristallklassen zu deuten. Denn diese Bravaisschen Gitter konnten immer nur die höchstsymmetrische Klasse jedes Kristallsystems erklären. Es mußten also kompliziertere Punkteanordnungen erdacht werden, die auch die mindersymmetrischen Klassen aufzuklären imstande waren.

Dieser Aufgabe hatte sich vor allem L. Sohncke in mehreren tiefschürfenden Abhandlungen unterzogen, die in der zweiten Hälfte des 19. Jahrhunderts erschienen. Er betrachtete dabei Punktsysteme, die durch Ineinanderstellung mehrerer Gitter zustande kamen, wobei die Anfangspunkte der Einzelgitter nicht an fest vorgezeichnete, spezielle Positionen gebunden waren (wie dies noch bei den mehrfachprimitiven Bravaisgittern zutraf) und überdies — und das ist besonders wichtig — auch in *gedrehter Lage* eingebaut sein konnten. Zunächst sei ganz allgemein der Einbau eines weiteren Gitterpunktes in das primitive Parallelepiped in beigegebener Zeichnung (Abb. 90 a) vor Augen geführt: seine Koordinaten x, y, z sind $\xi \cdot \tau_1$, $\eta \cdot \tau_2$, $\zeta \cdot \tau_3$, wobei ξ, η, ζ irgend welche Bruchteile der Translationen bzw. der Kantenlängen a, b, c der Elementarzelle sind.

Durch Abb. 90 b sei das Wesen der Ineinanderstellung zweier Raumgitter an einem ausgedehnten Gitterbereich verdeutlicht. Das Bild zeigt die Durchdringung zweier Gitter, also ein reell homogenes Diskontinuum mit *zwei* Identitätsscharen von Punkten. Es ist dabei ersichtlich, daß beide Gitter, geometrisch betrachtet, völlig kongruent sind.

Nach dieser Erläuterung über das Prinzip der Ineinanderstellung zweier (oder mehrerer) Gitter kehren wir zu dem Sohnckeschen Grundgedanken zurück, daß sich die Punkte der eingestellten Gitter — die zwar ein Raumgitter kongruenter Form bilden — gegenüber den Punkten des Ausgangsgitters *in gedrehter Stellung* befinden und daher auch in der jeweiligen Stellung innerhalb ihrer Gitterschar parallel mit sich selbst wiederholt werden. Die Vorstellung des Einbaues eines Punktes in *gedrehter* Lage gewinnt nur dadurch einen realen Sinn, wenn wir die damit geschaffene Konfiguration des gesamten Gitterbaues betrachten. Das aber will besagen, daß beim Übertritt eines Beschauers von einem Atom zu einem „gedrehten" der Anblick der gesamten Gitter-Umgebung erst nach Wendung des Blickes um einen gewissen Winkelbetrag ein gleichartiger sein wird, also gewissermaßen die Identität wieder hergestellt ist.

Um dieses Prinzip der Drehung der Anfangspunkte eingestellter Gitter anschaulich zu machen, soll es (der Einfachheit halber) im Zweidimensionalen vorgeführt werden. Wenn wir den Effekt von Drehungen in einem kristallographischen Gebilde studieren wollen, bedienen wir uns bekanntlich des geometrischen Hilfsmittels von Drehungs- (oder Symmetrie-)achsen, wie wir diese im Kapitel über „Die Formenwelt der Kristalle" behandelt haben.

Betrachten wir beispielsweise ein quadratisches Netz, wie sich ein solches als (horizontaler) Querschnitt eines tetragonalen Raumgitters ergeben würde (Abb. 91 a). Hier stehen somit als charakteristische Symmetrieelemente vierzählige Deckachsen

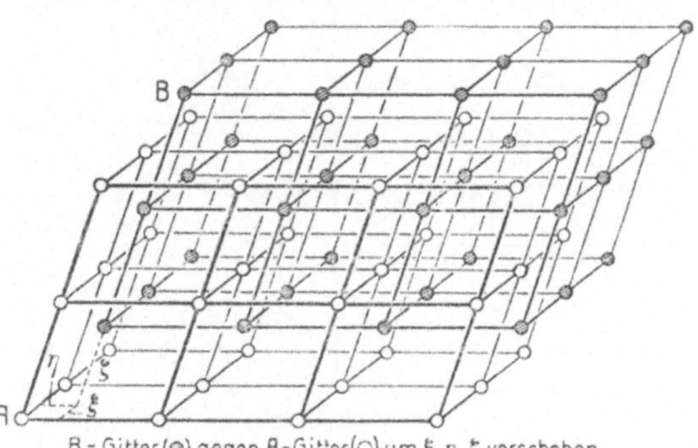

Abb. 90 a. Koordinatendarstellung im zusammengesetzten Gitter: „Gitter mit Basis". (E. Brandenberger, Angewandte Kristallstrukturlehre)

senkrecht auf den horizontalen Netzebenen. Während im äußeren Kristallbau lediglich eine einzige solche *Tetragyre* (vierzählige Achse) in Erscheinung tritt, muß naturgemäß jetzt das Symmetrieelement gemäß der Zellenteilung im Raumgitter unendlich oft wiederholt werden; alle vorhandenen Symmetrieelemente treten demnach im Diskontinuum *in Parallelscharen* auf. Die besagte Tetragyre geht in unserem Falle nicht nur durch die Eckpunkte unseres quadratischen Netzes (u. zw. ⊥ zur Netzebene), sondern ebenso durch

Abb. 90 b. Ineinanderstellung zweier Raumgitter (zwei Identitätsscharen von Punkten). (Aus P. Niggli, Lehrb. d. Mineralogie)

alle Netzmaschen-Mitten. Außer diesen Tetragyren sind aber in unserem Beispiel auch noch zweizählige Drehungsachsen (Digyren) vorhanden, die — senkrecht zur Bildebene — durch alle Kantenmitten verlaufen. Das ist das Symmetriegerüst, dem die Punkteanordnung entspricht.

So sehen wir, daß eine Zweiergruppe von Punkten durch die Wirksamkeit der zweizähligen Achse entsteht. Diese Zweiergruppen liegen aber unter sich nicht durchwegs parallel im Gitter verteilt, sondern entsprechend der Forderung der Tetragyre innerhalb eines Elementarparallelogramms (in unserem Falle eines Quadrates) von einer Quadratseite zur folgenden um *90⁰ gedreht*. Die so entstandene Konfiguration ist dann allerdings bei der parallelen Wiederholung der quadratischen Maschen in paralleler Lage mit der Ausgangsstellung verblieben. Da sich innerhalb der Netzmasche vier neue Ursprungspunkte von Gittern befinden, kann man auch das ganze Punktsystem als eine Ineinanderstellung von vier neuen Gittern im Rahmen des voll ausgezogenen gezeichneten Primärgitters denken; für zwei dieser Ursprungspunkte innerhalb der Netzmasche ist dies in Abb. 91 b strichliert bzw. punktiert angedeutet. Was hier für die quadratische Masche im Zweidimensionalen demonstriert wurde, gilt räumlich für die parallelepipedische tetragonale Elementarzelle.

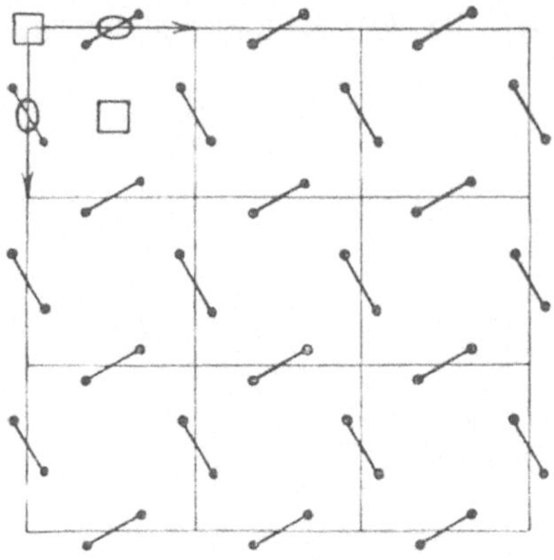

Abb. 91 a. Quadratisches Gitternetz. (Nach P. P. Ewald)

Aus dieser Überlegung geht hervor, daß bei der Ineinanderstellung von Gittern die Anfangspunkte in gedrehter Lage aufscheinen können. Sämtliche in der Grundzelle befindlichen Ursprungspunkte von Gittern nennen wir die „*Basis*" eines zusammengesetzten Gitters, die man sich auch in ihrer Gesamtheit parallel den drei Translationsvektoren wiederholt denken kann. Wir folgern aus unserer Betrachtung, daß die Art und Weise des Einbaues neuer Gitter-Ursprungspunkte durch die im Diskontinuum vorhandenen Symmetrieelemente geregelt ist. Dabei ist noch zu ergänzen, daß außer den uns vom sichtbaren Kristall her bekannten Drehungsachsen auch *Schrauben-*

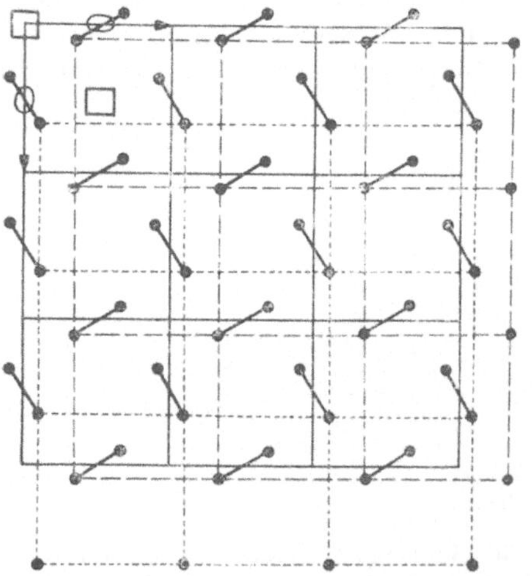

Abb. 91 b. Ineinanderstellung mehrerer Translationsgitter

achsen möglich sind, die im Schein-Kontinuum nicht vorkommen.
Die Wirksamkeit einer Schraubenachse besteht darin, daß mit der
Drehung eine Parallelverschiebung in der Richtung der Achse gekoppelt ist, wodurch sich eine schraubenförmige Anordnung der
entstehenden Punktlagen ergibt. Abb. 92 a, b stellt zwei vierzählige Schraubenachsen dar, eine links- und eine rechtsgewundene
Form. Wie im vorliegenden Beispiel ein vierzähliger Drehungsrhythmus statthat, gibt es in analoger Weise auch zwei-, drei- und
sechszählige Schraubenachsen verschiedener Art. Doch braucht
in unserem Zusammenhange auf Einzelheiten nicht eingegangen
werden. Wesentlich ist nur,
daß die Verschiebungsbeträge
längs der betreffenden Achse
sich in den enorm kleinen
Beträgen von Atomabständen
bewegen, weshalb am sichtbaren Kristall die Mitwirkung
von Schraubungssymmetrie des
Feinbaues nicht in Erscheinung
treten kann; es reduzieren sich
gleichsam die feinbaulichen
Schraubenachsen zu gewöhnlichen Drehungsachsen am
makroskopischen Kristall.

Durch Verwendung der Wie-
derholungsprinzipien: Translation, Drehung und Schraubung, gelangte Sohnke zu
65 Punktsystemen. Trotz der
beachtlichen Anzahl mußte
zur großen Enttäuschung zu-

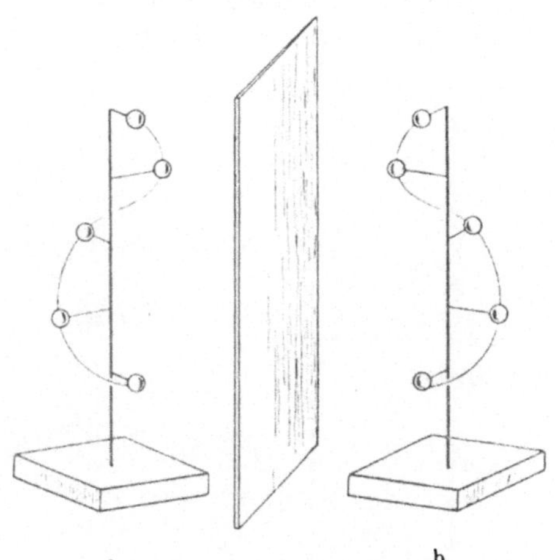

a   b

Abb. 92. Vierzählige Schraubenachsen.
a Linksschraubenachse; *b* Rechtsschrauben-
achse. (Nach P. Niggli)

gegeben werden, daß auch diese Mannigfaltigkeit feinbaulicher
Anordnungsprinzipien noch immer nicht ausreichte, die einwandfrei festgestellten 32 Kristallklassen restlos zu erklären. Somit
mußte der Strukturtheorie in dieser Form noch ein grundsätzlicher
Mangel anhaften. Worin sollte der aber bestehen?

Eine Grundforderung der bisherigen Strukturtheorien bestand
darin, daß man zum Aufbau einer bestimmten chemischen Substanz
mit einer einzigen Molekül- oder Bausteinsorte auskommen müsse.
Dieser Bedingung war durch die Sohnckesche Theorie Rechnung
getragen, denn es wurden nur einheitliche Konstruktionspunkte bei
der Entwicklung der Punktsysteme verwendet. Das galt sowohl bezüglich der translatorisch identischen Punkte als auch hinsichtlich
jener durch Drehungs- oder Schraubenachsen erzeugten; auch letztere führen zu *deckbargleichen* kongruenten Gebilden.

Anders stand es in der Frage der Zulassung der Spiegelung als
Symmetrieprinzip. In diesem Falle wären die korrelaten Gebilde
nicht mehr deckbar gleich, also nicht kongruent, sondern nur mehr

spiegelbildlich gleich. Man spricht dann von zwei „enantiomorphen Formen": einer Links- und einer Rechtsform. Da also lag die Schwierigkeit!

Bisher hatten wir in unserer Darlegung davon Gebrauch gemacht, an Stelle der mathematischen Punkte als materielle Gebilde Atome (eventuell Ionen) einzusetzen. Ein solcher Vorgang könnte eigentlich nur berechtigt sein, wenn es sich um kristallisierte Elemente handelt. Wie aber ist es dann bei Verbindungen? Muß dann an Stelle des Konstruktionspunktes eine chemische Molekel eingesetzt werden?

Einem Molekülgebilde kommt zweifellos schon eine gewisse Eigensymmetrie zu, denn es besitzt bereits bevorzugte Richtungen und dergleichen (man denke beispielsweise an ein zweiatomiges Molekül wie bei Zinkblende ZnS mit der Achsenrichtung vom Zn zum S). Dann kann es also nicht gleichgültig sein, in welcher Orientierung der Einbau solcher Gebilde im Gitter erfolgt; seine eigene Symmetrie muß sich dem Symmetriegerüst der Zelle einordnen. Wenn wir das aber fordern, dann können wir ebensogut das Molekül in seine einzelnen Atome auflösen und diese *unabhängig* als konstitu-

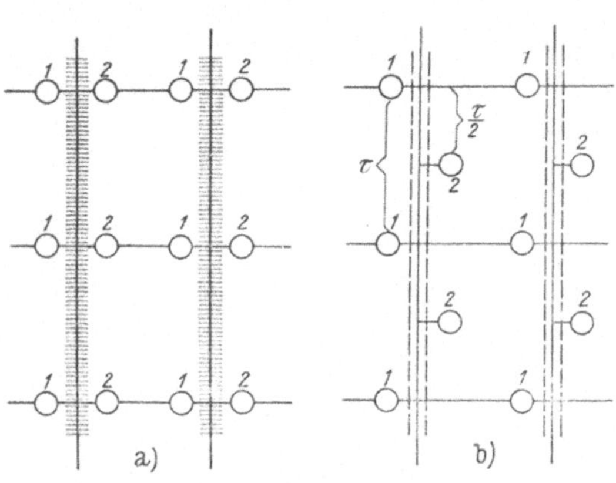

Abb. 93. Gleitspiegelung. *a)* echte Spiegelebenen in einer Raumgruppe; *b)* Gleitspiegelebenen mit der

Gleitkomponente $\frac{\tau}{2}$

ierende Punkte im Sinne der bisher entwickelten Theorie verwenden. Ob dann ein Molekülgitter oder eine Konfiguration von Atomen im Sinne ineinandergestellter Punktgitter angenommen werden soll, hängt davon ab, ob zwischen den betreffenden Atomen ein näherer Zusammenhang besteht oder nicht. Es mag vorausgreifend gleich hier bemerkt werden, daß wir es bei den anorganischen Verbindungen der Mineralsubstanzen im allgemeinen mit sogenannten Koordinationsgittern zu tun haben, in welchen der Molekülbegriff keine Rolle spielt. In diesem Sinne hat P. v. Groth schon seit den Neunzigerjahren des vorigen Jahrhunderts in seherischem Vorausblick die Meinung vertreten: *ein Kristallgitter besteht aus einer Ineinanderstellung von gleichartigen Punktsystemen, deren jedes aus einer Atomsorte gebildet ist.*

Wenn dem aber so ist, dann kann das Prinzip der Spiegelung kein Hindernis mehr sein, sie als gleichberechtigte Symmetrieoperation beim Aufbau des Punktsystems mitwirken zu lassen. Denn

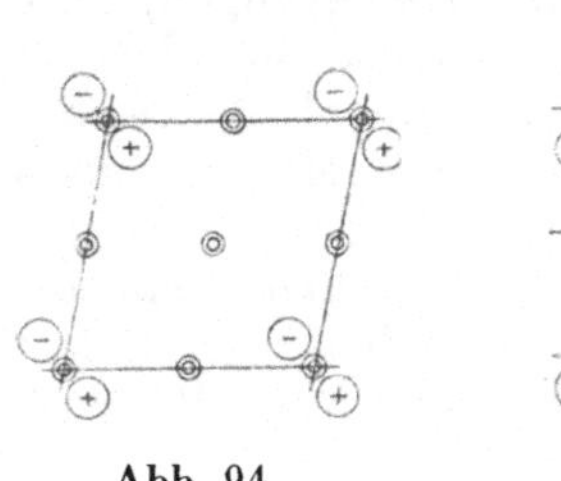

Abb. 94

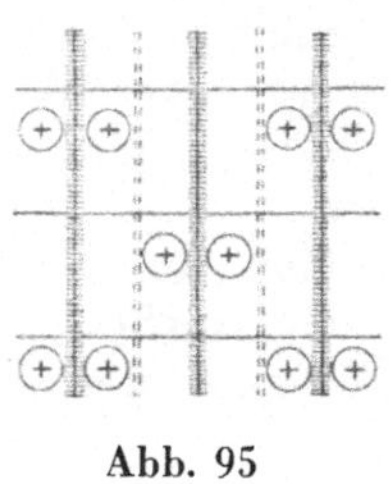

Abb. 95

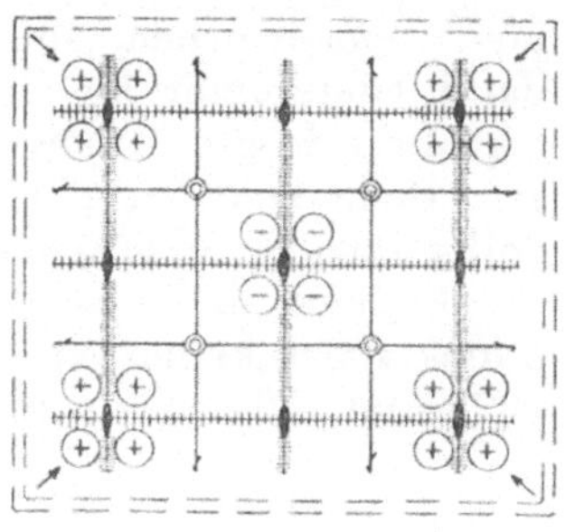

Abb. 96

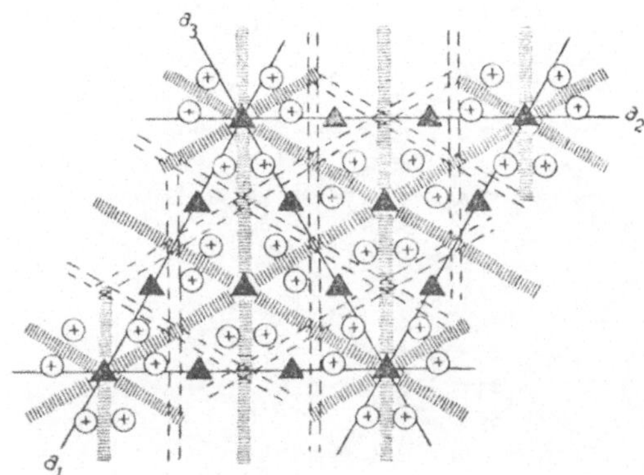

Abb. 97

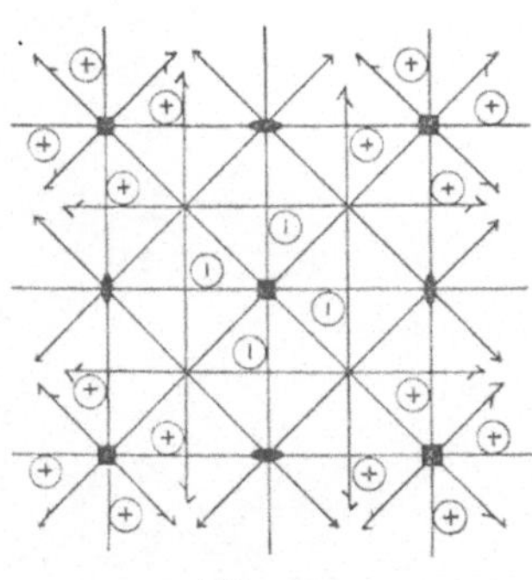

Abb. 98

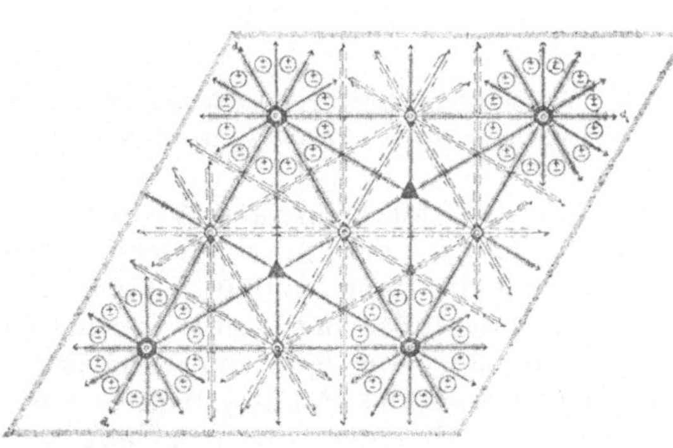

Abb. 99

Abb. 94. Trikline Raumgruppe C_i^1: Symmetriezentren ◎ in der Höhe 0 und $^1/_2$ c

Abb. 95. Monokline Raumgruppe C_s^3: Spiegelebenen und Gleitspiegelebenen ‖ (010)

Abb. 96. Rhombische Raumgruppe V_h^{13}: Vertikale Spiegelebenen, horizontale Gleitspiegelebenen (in 0 und $^1/_2$ c Höhe) mit diagonaler Gleitkomponente; zweizählige Deck- und Schraubenachsen sowie Symmetriezentren

Abb. 97. Trigonale Raumgruppe C_{3v}^2: Vertikale dreizählige Deckachsen ▲, Spiegelebenen und Gleitspiegelebenen

Abb. 98. Tetragonale Raumgruppe D_4^2: Lediglich Deckachsen und Schraubenachsen

Abb. 99. Hexagonale Raumgruppe D_{6h}^1: Vertikale Deckachsen, darunter sechszählige; zweizählige horizontale Deck- und Schraubenachsen; Spiegelebenen und Gleitspiegelebenen sowie Symmetriezentren

die vermeintlichen Moleküle (Radikale oder Atomgruppen), die
dann enantiomorphe Gebilde ergeben, lösen sich ja ohnedies in
eigenberechtigte Atome auf. Es verlieren daher die oben erwähnten Bedenken bezüglich der Notwendigkeit *zweier* Molekelsorten
völlig ihre Stichhältigkeit.

Obgleich diese Einsicht zur Zeit des Sohnckeschen Struktur-
bildes noch keineswegs in dieser Klarheit vorhanden war, haben
1890 und 1891 zwei namhafte Forscher, der russische Kristallograph

Abb. 100. Kubische Raumgruppe O_h^5. Verschiedene Arten von Deck- und Schraubenachsen, Spiegelebenen und Gleitspiegelebenen; außerdem Symmetriezentren

E. von Federow und der deutsche Mathematiker A. Schoeu-
flies, unabhängig voneinander, u. zw. auf ganz verschiedenem
Wege die Strukturtheorie zur Vollendung geführt. Nach der
Schoenfliesschen Ableitung kommt außer den früher genannten
Symmetrieelementen des Feinbaues noch die Spiegelung und damit
auch die Gleitspiegelung für den Aufbau des Punktsystems in unserer bisherigen Form zur Anwendung. Bei der Gleitspiegelung handelt es sich um einen analogen Vorgang der Koppelung zweier
Symmetrieoperationen wie bei den Schraubenachsen. Es tritt zur
Spiegelung eine Gleitung parallel der Spiegelebene hinzu, ehe der
betreffende Punkt realisiert ist; Abb. 93 a, b möge die Wirkungs-
weise einer Gleitspiegelebene vor Augen führen und sie mit jener
einer echten Spiegelebene im Feinbau vergleichen.

Durch die Heranziehung von Spiegelebene und Gleitspiegelebene
zum Symmetriegerüst des Feinbaues erhöht sich die *Anzahl der Mög-*

lichen Kombinationen kristallographisch zulässiger Symmetrieelemente auf 230. Diese 230 Symmetriesysteme nennt man „*Raumgruppen*".

Eine Raumgruppe ist nach dem Gesagten gekennzeichnet als eine Kombination von Symmetrieelementen des Feinbaues, die die jeweils zulässigen Symmetrieoperationen bestimmt. So lösen sich die 32 Kristallklassen, die die morphologische Kristallographie kennt, in 230 Raumgruppen auf, indem zu den Symmetrieelementen des makroskopischen Kristallbaues noch die Translation (=Deckschiebung) für die feinbaulichen Teilchen hinzutritt: somit zur Drehung die Schraubung, zur Spiegelung die Gleitspiegelung. Durch Wegfall dieser sich nur im Mikrokosmos auswirkenden zusätzlichen Translationen gelangt man jeweils auf die Symmetrie der betreffenden Kristallklasse.

Zur Illustrierung mögen noch einige solche Symmetriegerüste von Raumgruppen wiedergegeben werden, um daraus zu ersehen, wie mannigfaltig sich bereits ein einziger konstituierender Punkt (der in allgemeinster Lage angenommen wird) durch die Wirksamkeit der Raumgruppensymmetrie innerhalb der Elementarzelle wiederholt (s. Abb. 94 bis 100).

Mit der Entwicklung einer vollendeten, restlos befriedigenden Strukturtheorie war eine enorme Gedankenarbeit geleistet, die — nach einer zwanzigjährigen Pause — dann die schönsten Früchte zeitigen sollte: Es war die exakte Grundlage geschaffen, auf der die dann einsetzende experimentelle Forschung mit Sicherheit aufbauen konnte.

VII. Kristalle und Röntgenstrahlen

Durch die bisherigen Darlegungen sind wir darauf vorbereitet, die Erfüllung unserer Sehnsucht nach Einblick in die inneren Zusammenhänge im Aufbau der Kristallverbindungen zu erwarten.

Das große Ereignis, das die erste Bestätigung der langgehegten Vermutung brachte, war die geniale Konzeption des jungen Münchner Physikers Max v. Laue 1912 und der auf dessen Anregung hin unternommene Versuch seiner Mitarbeiter W. Friedrich und P. Knipping über die Beugung der Röntgenstrahlen an der Kristallsubstanz. Schon im Jahre 1895 waren von W. C. Röntgen neuartige Strahlen entdeckt worden, die er X-Strahlen nannte. Sie entstanden, wenn im Hochspannungsfelde hoch evakuierter Röhren rasch bewegte Elektronen (Kathodenstrahlen) auf ihrem Wege plötzlich gebremst wurden; dies geschah in zweckmäßiger Weise durch Entgegenstellung einer Metallplatte, z. B. aus Platin, der sogenannten Antikathode. Die Energie des aufprallenden Elektronenstroms wurde außer in Wärme zu einem (allerdings nur geringfügigen) Teil in diese neue Energieart umgewandelt, welche von der Auftreffstelle des Kathodenstromes ausging und die Röntgen mit Rücksicht auf die Unbestimmbarkeit ihrer physikalischen Natur eben als X-Strahlen bezeichnete; in der deutschen Fachliteratur wurden sie fortan, dem Entdecker zu Ehren, „Röntgenstrahlen" genannt.

Wohl kannte man bald die wesentlichen Eigenschaften dieser neuen Strahlen: daß sie imstande waren, feste Körper in weitgehendem Maße zu durchdringen, daß sie geeignete Körper zum Fluoreszieren brachten und die photographische Schichte in gleicher Weise wie die Lichtstrahlen beeinflußten, also nach der Entwicklung zu schwärzen vermochten, wiewohl sie dem Auge selbst unsichtbar waren; auch daß sie durchstrahlte Gase infolge Ionisierung leitend machten. Sie konnten im magnetischen Felde nicht abgelenkt werden, zeigten nicht die Erscheinung der Brechung, sondern wurden nur diffus zerstreut. Es lag nahe, in diesen Strahlen elektromagnetische Wellen zu vermuten, doch war es nicht möglich, den Beweis transversaler Wellennatur mittels des Beugungsversuches zu erbringen.

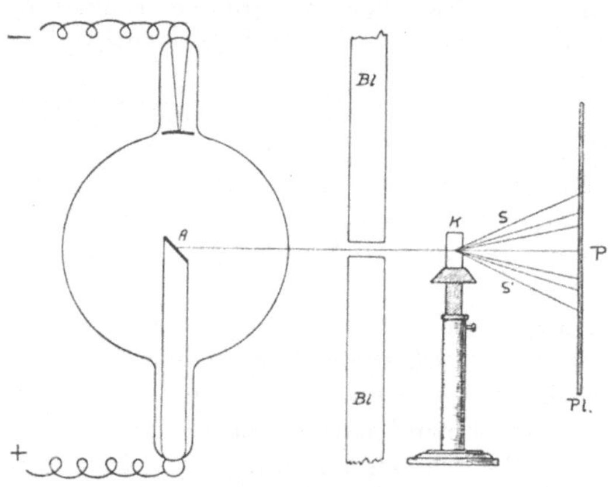

Abb. 101. Laue-Apparatur. (Nach P. P. Ewald.)
A Antikathode; *Bl* Blende; *K* Kristall; *Pl* photographische Platte; *P* Primärstrahl: *S, S'* Sekundärstrahlen

Nach allen bis 1912 gemachten Feststellungen war zu erwarten, daß die Wellenlänge dieser Strahlen — falls es sich in der Tat um eine Wellenbewegung handelte — in der Größenordnung von 10^{-9} bis 10^{-8} cm liegen müsse. Aber auch die Gitterabstände nach der von den Kristallographen ersonnenen Strukturtheorie sollten sich, wie wir gehört, in solchen Dimensionen bewegen (10^{-8} cm).

Daß Max v. Laue auf den Gedanken kam, natürliche Kristalle als geeignete Beugungsgitter für Röntgenstrahlen zu verwenden, ist die überraschende Intuition. Wie immer bei solchen Großtaten des Geistes, eine verblüffende Lösung unüberwindlich erscheinender Schwierigkeiten — das „Ei des Kolumbus"! Denn sonst wäre es wohl vergeblich gewesen, Beugungsgitter von solch extrem kleinen Dimensionen herzustellen.

Bei dem klassischen Versuch von Friedrich und Knipping ließ man ein fein ausgeblendetes Bündel von Röntgenstrahlen auf einen Zinkblendekristall auffallen und erhielt tatsächlich außer dem durchgehenden Primärstrahl die vorausgesagte Abbeugung desselben auf der photographischen Platte. Die Versuchsanordnung war schematisch die der Abb. 101. Die Abb. 102 a, b stellt das an Zinkblende erzielte Interferenzmuster dar, wenn der Kristall in der

Richtung einer Würfelkante bzw. einer Raumdiagonale durchstrahlt wird. Gleichzeitig mit der Veröffentlichung der Versuchsergebnisse konnte Max v. Laue auch bereits rechnerisch die Theorie dieses Interferenzphänomens geben. Damit war einerseits die Wellennatur der Röntgenstrahlen erwiesen, anderseits aber die Richtigkeit der Kristallstrukturtheorie, die den Kristall als ein dreidimensional-periodisches Diskontinuum von Massenteilchen (Atomen) ansieht, experimentell erhärtet.

Von diesem Zeitpunkt an setzt eine überaus rege Forschertätigkeit ein, die einen ungeahnten Siegeslauf in physikalisch-kristallographischer Richtung kennzeichnet. Was in den 40 Jahren seit diesem bahnbrechenden Versuche an Erkenntnissen vom Feinbau der Materie gefördert wurde, ist kaum zu überblicken, und hat so völlig neue Gesichtspunkte in die Bewertung der kristallisierten Substanz gebracht, daß die Welt der Kristalle wie ein Wundermärchen erscheint.

Ein Dichter, der die innerste Wesenheit des Kristalls in erstaunlich treffender Weise erfaßt hat, ist F. K. Ginzkey; er kündet es in folgenden Versen:

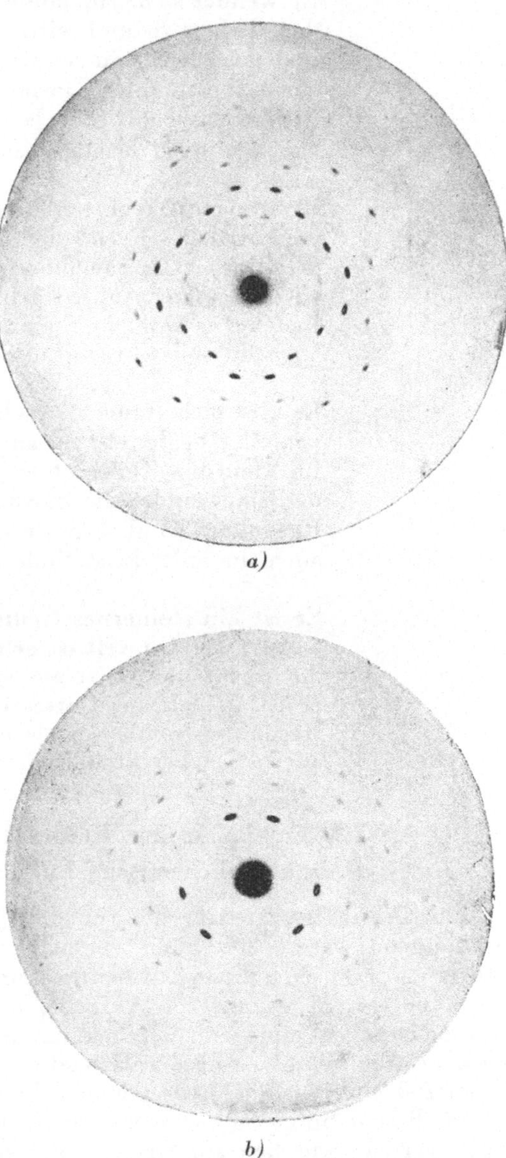

Abb. 102. Laue-Diagramm von Zinkblende. *a)* in Richtung einer Würfelkante durchstrahlt (vierzählig); *b)* dreizähliges Interferenzmuster

Vom Wesen des Kristalls

Er wendet sich, jahrtausendalt,
dem Leben zu und wird Gestalt,
und jeden ruft ein sondres Wie
zur artbestimmten Harmonie.
Bedenk es wohl, o Seele mein,
auch du sollst kristallinisch sein.

Gestreng ins rechte Maß gefügt
baut sich die Form, die sich genügt.
Was als Gesetz von innen mahnt,
wird klar zur Außentracht gebahnt.
Bedenk es wohl, o Seele mein,
auch du sollst kristallinisch sein.

Er gibt sich Raum, ist selbst sich Licht,
von Zeit begleitet und auch nicht.
Im kleinsten Teil gibt er sich ganz
und überwindet die Substanz.
Bedenk es wohl, o Seele mein,
auch du sollst kristallinisch sein.

Er ist ein steinernes Gedicht.
Geburt der Umwelt ist er nicht,
ihn formt der Geist aus sich heraus,
er ist Gestalt aus Gottes Haus.
Bedenk es wohl, o Seele mein,
auch du sollst kristallinisch sein.

VIII. Ergebnisse der Kristallstrukturforschung
(Der kristallchemische Aufbau der Silikate)

Den Absichten gemäß, die für diese Sammlung von Aufsätzen bestimmend waren, soll nicht versucht werden, die Methodik der röntgenographischen Feinstrukturforschung näher zu erörtern. Hingegen entspricht es unserer Aufgabe, mit den Ergebnissen dieser Untersuchungen einigermaßen bekannt zu machen, um jenen Einblick in „die Wunderwelt der Kristalle" zu vermitteln, der uns als Hauptziel unseres Bemühens vorschwebte.

In diesem Sinne soll zunächst an einem konkreten Beispiel gezeigt werden, wie sich auf Grund einer röntgenographisch ermittelten Raumgruppe die Struktur, d. h. die Atomlagerung in einem Kristallkörper, ergibt. Da wir mithin auf eine methodische Durcharbeitung verzichten, scheint es unserem Zwecke angemessen zu sein, gleich eine kompliziertere Kristallstruktur in ihrem Aufbau zu diskutieren. Wir wählen dazu die Struktur des Hardystonits, des Kalk-Zink-Silikates $Ca_2 Zn Si_2 O_7$.

Raumgruppe ist D_{2d}^3 — das bedeutet die Raumgruppe Nr. 3 in der Raumsystemklasse D_{2d} (oder V_d)[14] des tetragonalen Systems. Das Symmetriegerüst sei in Abb. 103 im Grundriß zur Darstellung gebracht. Wir bemerken das Vorhandensein vierzähliger Drehspiegelachsen ◉ und zweizähliger Deckachsen ◖ in vertikaler Lage sowie horizontale zweizählige Schraubenachsen ⟵⟶ ($\|$[100] und $\|$[010]) in den Basisflächen und ebensolche in halber Höhe des Elementarkörpers. Spiegelebenen sind vorhanden diagonal durch die Viertelquadrate und Gleitspiegelebenen diagonal durch die Mitte der Grund-

zelle. Das Symmetrieschema dieser Raumgruppe zeigt einen figurativen Punkt in allgemeinster Lage, d. i. frei im Raume, ohne auf einem der vorhandenen Symmetrieelemente zu liegen. Die Abbildung demonstriert nun, wie ein solcher, zunächst *singulär* eingesetzter Punkt durch die vorgegebenen Symmetrieoperationen vervielfältigt und dadurch „gleichwertig" wiederholt wird. Die Kennzeichnung der Punkte durch eingetragene Plus- und Minuszeichen verweist auf einen Höhenunterschied in der Lage

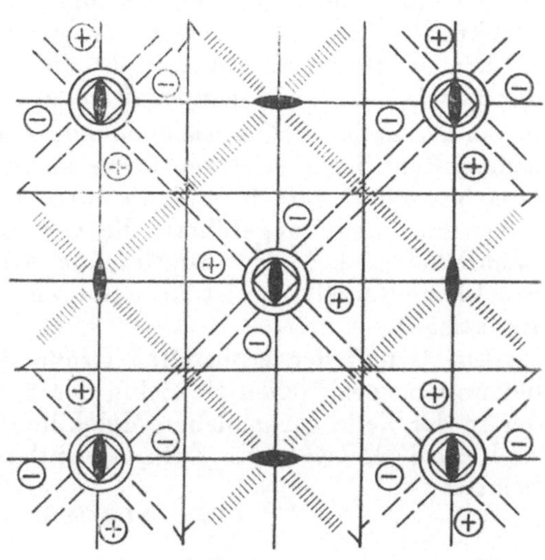

Abb. 103. Symmetriegerüst der tetragonalen Raumgruppe D_{2d}^3 (im Grundriß)

derselben, wobei die ⊕-Punkte oberhalb einer gewissen Niveaufläche (Netzebenen der unteren und oberen Basisfläche des Elementarkörpers) liegen, die ⊖-Punkte unter der betreffenden Niveaufläche aufscheinen.

Die Abb. 103 stellt die Sachlage dar, wenn ein einziger Punkt (*ein* Atom) in „allgemeinster Lage" eingesetzt wird; es ist offensichtlich, daß in einer Lage mit drei Freiheitsgraden[15] mehrere (also strukturell ungleichwertige) Punkte eingesetzt werden können, solange und insoweit die Raumerfüllungsverhältnisse dies zulassen. Somit hat der in dem Raumgruppenschema dargestellte Punkt nur symbolische Bedeutung. Andrerseits kann der Punkt — unter Herabminderung seiner Freiheitsgrade — auch auf eine Symmetrieebene zu liegen kommen (dann besitzt er bezüglich seiner Verschiebungsmöglichkeit nur noch zwei Freiheitsgrade!) oder auf einer

---

[14] Schoenfliessche Symbole der Kristallklassen. Nach Tschermak-Rinne wird die Kristallklasse D_{2d} als tetragonal IV a bezeichnet.

[15] Drei festzulegende Koordinaten x, y, z!

Drehungsachse postiert sein (mit einem Freiheitsgrad) oder schließlich gar in einem Fixpunkt (z. B. den Eckpunkten der Zelle als Zentralpunkten von Drehspiegelachsen) festliegen (ohne Freiheitsgrad!).

Demgemäß enthält jede Raumgruppe ihre festbestimmte Art von Punktlagen, die für die Einordnung der materiellen Bausteine von vornherein gegeben sind. Es ist dann gleichwohl noch völlig offenbleibend, ob die möglichen Punktlagen im konkreten Fall besetzt sind oder nicht, und in welcher Art diese Besetzung zustande kommt (Bestimmung der Koordinaten, der sogenannten „Parameter der Struktur", bei Vorhandensein von Freiheitsgraden).

Die nachfolgende Tabelle gibt die Übersicht der Punktlagen in der zur Diskussion stehenden Raumgruppe D_{2d}^3, soweit sie im vorliegenden Falle auch tatsächlich mit Atomen besetzt sind. Die einzelnen Punktlagen sind der Reihe nach mit Buchstaben des Alphabets bezeichnet (die b- und die d-Lage ist unbesetzt geblieben und daher hier nicht angeführt); die vorangesetzte Ziffer bedeutet die „Zähligkeit", d. i. die resultierende Anzahl gleichwertiger Punkte pro Elementarzelle: so ist 2 a eine zweizählige[16], 8 f eine achtzählige Punktlage.

Auf Grund der ermittelten Größe der Elementarzelle und des bekannten spezifischen Gewichts der Substanz läßt sich die Anzahl der in der Zelle vorhandenen Moleküle berechnen: in unserem Falle sind *zwei Moleküle* $Ca_2 Zn Si_2 O_7$ enthalten. Also waren unterzubringen:

$$2\,Zn, \quad 4\,Ca, \quad 4\,Si, \quad 14\,O.$$

Zn nimmt die zweizählige 2-a-Lage ein. 4 Si sowohl als auch 4 Ca kommen auf die Symmetrieebenen der 4-e-Lage zu liegen, natürlich auf verschiedene Stellen, wie die in der Tabelle angegebenen Koordinaten erkennen lassen. Die 14 O-Atome sind auf verschiedenwertige Punktlagen verteilt (eine 14-zählige Punktlage existiert hier überhaupt nicht!):

2 O-Atome befinden sich auf der 2-c-Lage,

4 O-Atome finden noch auf der 4-e-Lage ihren Platz;

und schließlich ist die 8-f-Lage mit den restlichen O-Atomen besetzt. So ist denn die zu beschreibende Struktur durch die in der Tabelle angeführten Parameterwerte (x, y, z) eindeutig festgelegt. Die resultierende Konfiguration der eingebauten Atome ist in Abb. 104 zur Darstellung gebracht.

Bei Betrachtung dieses Grundrisses der Struktur fallen gewisse Atomgruppen auf, die allenthalben in der der Symmetrie der Raum-

---

[16] Punktlage 2 a bedeutet hier die Besetzung aller acht Eckpunkte des tetragonalen Parallelepipeds sowie der Mitten der Basisflächen: infolge der lückenlosen Aneinanderreihung kongruenter Elementarzellen zählt ein Eckpunkt-Atom pro Zelle nur mit $^1/_8$ (dieser Punkt gehört gleichzeitig acht Zellen an!), ein Punkt in der Basismitte zählt zur Hälfte für jede der aneinanderstoßenden Zellen, somit $8 \cdot {}^1/_8 + 2 \cdot {}^1/_2 = 2$ Atome im Elementarkörper.

Tabelle der Parameter

Atom	Lage	x	y	z
Zn...................	2 a	—	—	—
Si	4 e	0,36	—	0,05
Ca...................	4 e	0,17	—	0,49
O	2 c	—	—	— 0,19
	4 e	0,36	—	— 0,26
	8 f	0,18	0,08	0,19

gruppe entsprechenden Stellung wiederkehren: es sind die für Silikatstrukturen typischen Tetraederverbände von Si mit 4 O. Das Siliziumatom sitzt in der Mitte eines Tetraeders, dessen vier Ecken

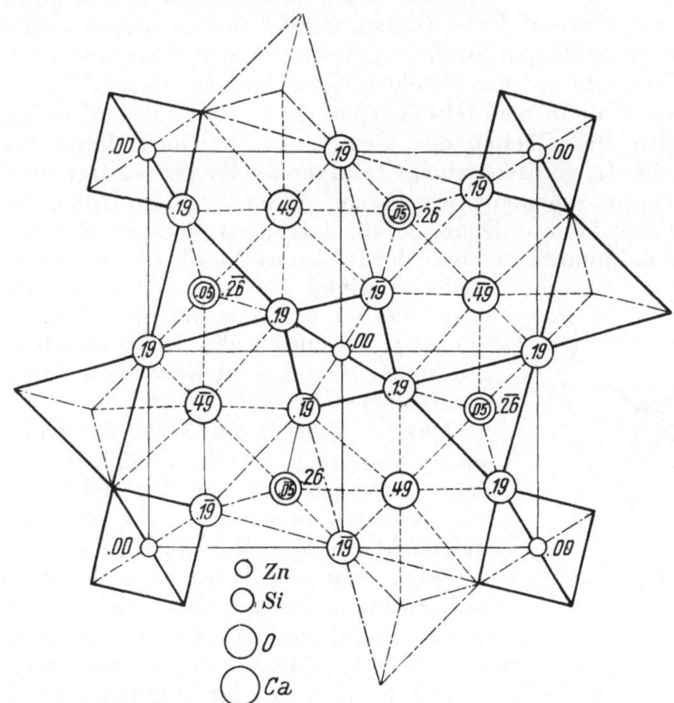

Abb. 104. Grundriß der Hardystonit-Struktur. (Die Ziffern bei den Atompositionen bedeuten die z-Koordinaten in Hundertsteln von c_0)

von den Sauerstoffatomen eingenommen werden. Um die kristall-chemischen Verbandsverhältnisse aufzuzeigen, ist an den betreffen-den Stellen die Struktur über den eigentlichen Bereich des Elementarkörpers hinaus erweitert worden. Auf diese Weise ist erkennbar, daß je zwei Si-Tetraeder durch ein ihnen gemeinsames O-Atom (also über eine Tetraederecke hinweg) zu Zweiergruppen verbunden sind: das ergibt die dieser Struktur zugrunde liegende Baugruppe $[Si_2 O_7]^{-6}$. Der Überschuß von sechs negativen Ladungen ist zur Bindung von drei zweiwertigen Kationen (2 Ca, 1 Zn) befähigt, wie die Strukturformel $Ca_2^{II} Zn^{II} [Si_2 O_7]^{-6}$ zeigt[17].

Wie die Zeichnung unserer Struktur im Grundriß (Abb. 104) hervorhebt, ist die Hälfte der Siliziumtetraeder mit der einen Ecke (Pyramidenspitze) nach unten gerichtet eingebaut (es sind die voll ausgezogen gezeichneten Dreiecke), die andere Hälfte dieser Tetraeder mit der Spitze nach oben (die strichpunktiert gezeichneten); eine der Tetraederflächen liegt in beiden Fällen horizontal, $0{,}19\,c_0$ über bzw. unter der Basis ($.19$ bzw. $.\overline{19}$).

Aber auch das Zn (in der 2-a-Lage) ist tetraedisch von vier Sauerstoffionen umgeben, befindet sich also ebenfalls „in Viererkoordination"; hier liegen die tetraedrischen Baugruppen in der gewohnten kristallographischen Lage (entsprechend den Symmetrieverhältnissen einer vierzähligen Drehspiegelachse!), so daß sie sich im Grundriß als Quadrate mit den Flächendiagonalen projizieren. Wiewohl das Zn seinen Platz in den acht Körperecken und in den Mittelpunkten der beiden Basisflächen der Grundzelle hat, liegt dieser Struktur doch nicht das basiszentrierte tetragonale Bravaisgitter als Translationsgruppe zugrunde, wie es auf Grund der Zn-Lagen den Anschein haben könnte. Denn es fällt sofort auf, daß sich die Zn-Tetraeder der Eckpunkte und jene der Basismittelpunkte keineswegs in paralleler Stellung befinden: sie liegen vielmehr *spiegelbildlich* in bezug auf die mit ihren Spuren diagonal durch die Viertelquadrate verlaufenden, vertikal stehenden, echten Symmetrieebenen ||||||||||||||||||||||||||||||||.

Das Ca liegt in der Mitte des frei gebliebenen Raumes (ungefähr in halber Höhe der Zelle) zwischen den von Tetraedern gebildeten Schichten und hat je acht nächste Sauerstoffnachbarn (8er Koordination!).

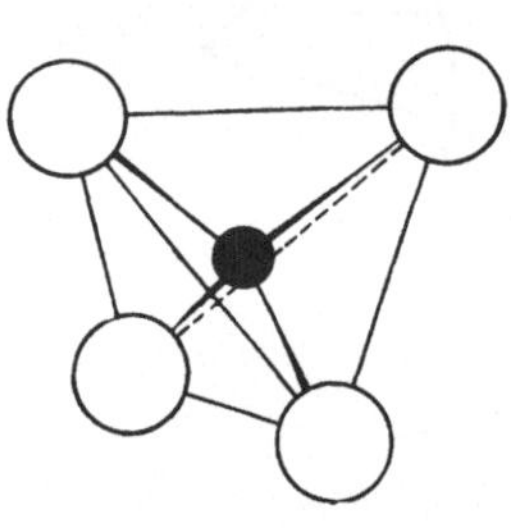

Abb. 105. $[SiO_4]^{-4}$-Tetraeder

Wenn man die Tetraederverbände der Si- und Zn-Ionen in der Gesamtheit betrachtet, so ist ersichtlich, daß sie ein zusammenhängendes, schichtenförmiges Gerüst bilden; lediglich von den Si-Tetraedern ist je ein O frei (die nach oben oder unten ragende Spitze), alle anderen Sauerstoffatome gehören jeweils zwei Tetraedern an. Eine solche Bauart von parallelen, flächenhaft sich ausbreitenden Atomverbänden, die in sich einen geschlossenen Zusammenhalt fin-

---

[17] Die hier beschriebene Hardystonit-Struktur ist völlig analog jener der Melilithe, einer Mineralgruppe gesteinsbildender Silikate von der Zusammensetzung eines Mischkristalls der Form $(Ca, Na)_2 (Mg, Al, Fe, Zn) [(Si, Al)_2 O_7]$.

den, bezeichnet man als *Schichtstruktur*[18]; Beispiele noch ausgeprägterer Schichtstrukturen liefern die Glimmerminerale. Solche Bauverbände sind durch eine vollkommene Spaltbarkeit parallel den Strukturschichten gekennzeichnet!

Wenn wir nach dieser einleitenden Besprechung einer herausgegriffenen Silikatstruktur nun versuchen wollen, uns einen flüchtigen Überblick über die kristallchemischen Verhältnisse der Silikate zu verschaffen, so müssen wir noch eine einfachere Bauart nachtragen, eine solche nämlich, wo selbständige SiO_4-Tetraeder „inselförmig" isoliert vorkommen. Nach diesem *I. Strukturtypus* ist das rhombische Silikat *Olivin* gebaut, eine isomorphe Mischung der beiden Orthosilikate Mg_2SiO_4 und Fe_2SiO_4.

Die Baugruppe SiO_4 hat einen Überschuß von vier negativen Ladungen:

$$Si \ldots \ldots 4+$$
$$4\,O \ldots \ldots 8-$$
$$\overline{\text{Überschuß} \ldots \ldots 4-}$$

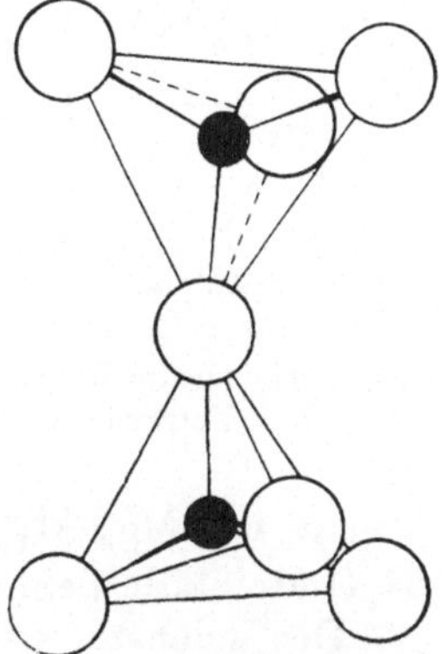

Abb. 106. Zweier-Gruppe von SiO_4-Tetraedern

somit können zwei zweiwertige Kationen (Mg^{II} oder Fe^{II}) gebunden werden (s. Abb. 105).
Der atomare Ersatz des einen Elements durch das andere wird durch Zusammenschluß in runder Klammer (die sich substituierenden Atome durch Beistriche getrennt) zum Ausdruck gebracht[19]:

Strukturformel des Olivins . . . . $(Mg^{II}, Fe^{II})_2 [SiO_4]^{-4}$.

Diesem *I. Strukturtypus* (Orthosilikate) gehören auch die Minerale der *Granatgruppe* an, die eine sehr große Variationsmöglichkeit besitzen. Um die Bindungsverhältnisse dieser komplizierten Mineralgruppe zu übersehen, müssen wir in der Strukturformel die SiO_4-Gruppe dreifach nehmen: $[SiO_4]_3^{-12}$. Dann zeigt uns die Strukturformel $(Ca, Mg, Fe, Mn)_3 (Al, Fe, Ti)_2 [SiO_4]_3$ die ganze Variationsbreite an, die die chemische Vielgestaltigkeit dieser Mineralgruppe kennzeichnet.

Ein *II. Strukturtypus der Silikate* weist größere, selbständige Tetraedergruppen auf: Zweier-, Dreier- und Sechsergruppen. Das Auftreten von Zweiergruppen $[Si_2O_7]^{-6}$ (s. Abb. 106) haben wir bereits kennengelernt bei der eingangs diskutierten Struktur des

---

[18] Da in unserem Falle nicht einerlei, sondern zweierlei Koordinationspolyeder — die Si- und die Zn-Tetraeder — den schichtenförmigen Bauverband schaffen, handelt es sich um einen sogenannten „polymikten" Verband, zum Unterschied von einem monomikten.

[19] Für die Beurteilung der Valenzabsättigung darf dann natürlich nur eines der durch Beistriche getrennten Elemente herangezogen werden.

Hardystonits und den Melilithen, die als Gesteinsgemengteile kieselsäurearmer Ergußgesteine eine Rolle spielen.

Dreiergruppen in Form von Ringen (s. Abb. 107) finden wir bei dem kristallographisch interessanten Mineral Benitoit, das der Kristallklasse hexagonal IV a [20] oder D_{3h} (nach Schoenflies) angehört:

$$Ba^{II} Ti^{IV} [Si_3 O_9]^{-6}.$$

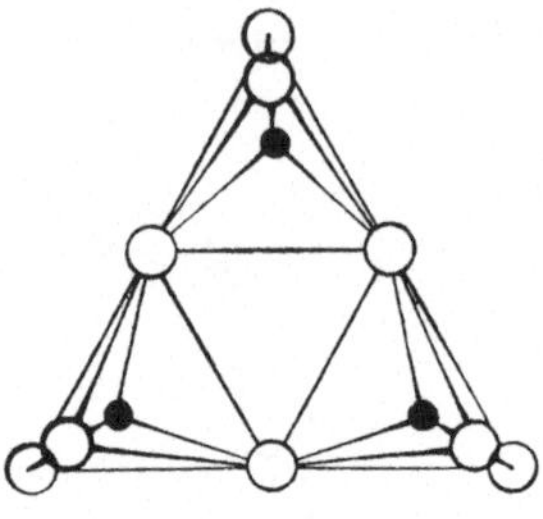

Hieher gehört auch das Mineral Wollastonit $Ca_3^{II} [Si_3 O_9]^{-6}$, das hauptsächlich als Kontaktbildung auftritt[21].

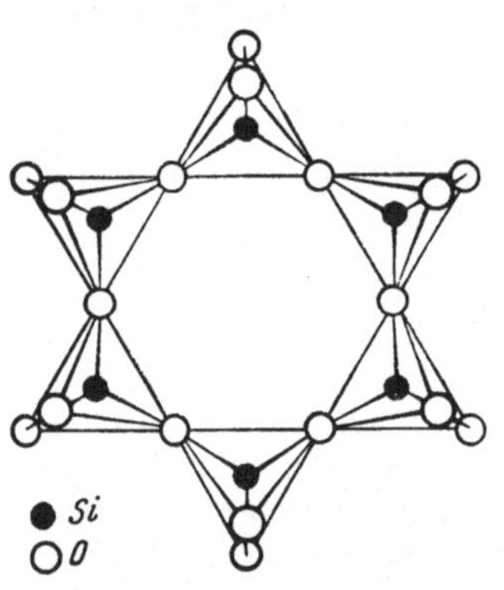

Abb. 107. Dreier-Ring von SiO₄-Tetraedern

Sechserringe (s. Abb. 108) enthält die Struktur des hexagonalen Beryll $Al_2 Be_3 [Si_6 O_{18}]^{-12}$ und des rhombisch (pseudohexagonal) kristallisierenden Cordierit, in welchem ein Sechstel des Si durch Al ersetzt ist: $Mg_2^{II} Al_3^{III} [Si_5^{IV} Al^{III} O_{18}]^{-13}$; beide Silikate enthalten auch H₂O-Moleküle gebunden.

Der nächste, wichtige Strukturtypus der Silikate ist jener mit *Kettenverbänden* von Silizium-Tetraedern (Abb. 109). Hier ergibt sich erstmalig ein nach *einer* Dimension ununterbrochener Verband von SiO₄-Gruppen, die nach beiden Richtungen hin durch je ein O-Atom mit dem Nachbartetraeder gekoppelt sind. Zu jedem Si gehören jetzt 2 O zur Gänze, die Sauerstoffionen an den Verbindungsecken zählen naturgemäß pro Si-Ion nur zur Hälfte: pro Tetraeder also $SiO_2 + 2 \cdot {}^1/_2 O = [SiO_3]^{-2}$. Die für den Aufbau der Gesteine wichtige Mineralgruppe der Pyroxene (Augitgruppe) sind nach dieser Art gebaut (Abb. 109).

Die rhombischen Pyroxene der Bronzitreihe mit den Endgliedern Enstatit und Hypersthen entsprechen der Formel $\overset{1}{\infty} (Mg^{II}, Fe^{II})_2 [Si_2 O_6]^{-4}$ [22]. Das Zeichen $\overset{1}{\infty}$ vor der Formel weist auf den sich nach einer Dimension ins Unendliche erstreckenden Bauverband der Kette hin.

Abb. 108. Sechser-Ring von SiO₄-Tetraedern

Bei den Amphibolen (Hornblendegruppe) handelt es sich um *Doppelketten* — Bänder — als charakteristisches Bauelement

---

[20] Bezeichnung nach Tschermak-Rinne (s. Raaz-Tertsch: Geometrische Kristallographie und Kristalloptik. Wien: Springer-Verlag.)

[21] In Kalksteinen, die durch aufdringende Schmelzflüsse kontaktmetamorph verändert wurden.

[22] Die charakteristische Baugruppe $[SiO_3]^{-2}$ muß zur Absättigung der Kationen verdoppelt werden: $[Si_2 O_6]^{-4}$.

(s. Abb. 110). Nun ist jedes zweite Tetraeder der Kette mit der Nachbarkette über ein „Sauerstoff-Eck" verbunden, so daß auf je vier Si-Tetraeder ein weiteres O-Atom zwei Tetraedern gemeinsam ist. Dementsprechend müssen wir die Kettenformel der Pyroxene auf vier Si-Atome beziehen: das ergibt bei $Si_4 O_{12} \ldots 12\,O - 2 \cdot {}^1/_2\,O =$ $= 11\,O$, also die Strukturformel $\overset{1}{\infty} [Si_4 O_{11}]^{-6}$ (s. Abb. 110).

Als rhombischen Vertreter der Hornblenden nennen wir den *Anthophyllit:* $\overset{1}{\infty} (Mg^{II}, Fe^{II})_7 (OH^{-1}, F^{-1})_2 [Si_8 O_{22}]^{-12}$.

Wir sehen, daß dieses Silikat auch noch negativ einwertige Ionen enthält: die Hydroxylgruppe OH^{-1} bzw. das Fluor F^{-1}, u. zw. in der Zweizahl auftretend. Erst infolge dieser zwei zusätzlichen negativen Ladungen ist der elektrostatische Valenzausgleich geschaffen; denn die isomorph sich vertretenden zweiwertigen Kationen Mg^{+2}, Fe^{+2} (in der Siebenzahl auftretend) ergeben 14 positive Ladungen, die durch die 12 negativen der Konstitutionsgruppe der Si-Tetraederbänder allein nicht ausgeglichen wären.

Für die monoklinen Glieder der Hornblenden führen wir den *Tremolit* an: $\overset{1}{\infty} Ca_2 Mg_5$ $\cdot (OH^{-1}, F^{-1})_2 [Si_8 O_{22}]^{-12}$.

Der nächste Schritt ist, daß sich die Tetraederverbände nach *zwei* Dimensionen — also flächenhaft — ins Unendliche erstrekken. Wir erreichen das ganz einfach dadurch, daß wir Bänder

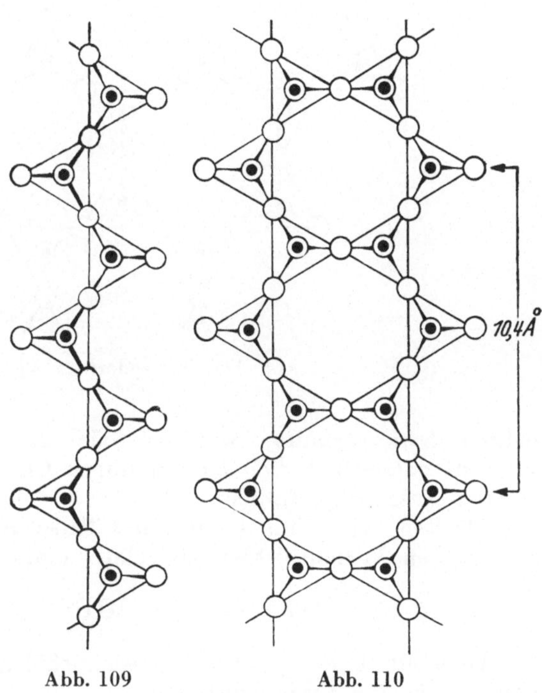

Abb. 109   Abb. 110

Abb. 109. Tetraederkette $\overset{1}{\infty} [SiO_3]^{-2}$. — Abb. 110. Doppelkette von SiO_4-Tetraedern

(oder Ketten) vorgenannter Art (Abb. 109 u. 110) in unbeschränkter Anzahl parallel aneinanderlegen, u. zw. derart, daß die seitlich noch freien O-Atome die Verbindung zu den Nachbarketten herstellen, wie das Abb. 111 zeigt[23]. In einer solchen netzförmigen Schicht von SiO_4-Tetraedern gehören alle drei Sauerstoffatome der in der Bildebene liegenden Tetraederfläche je zwei Tetraedern gleichzeitig an,

---

[23] Der Verlauf der parallelliegenden, konstituierenden Ketten bzw. Bänder ist in der Abbildung an den durchgehenden Linienscharen erkennbar, also horizontal oder unter 60° dazu geneigt.

zählen also für jedes Si nur zur Hälfte; die nach oben oder nach unten ragende Spitze der Tetraeder ist frei, und so zählt das vierte Sauerstoffatom für das jeweilige Si-Zentralatom zur Gänze: pro 1 Si . . . . $^3/_2 O + 1 O = ^5/_2 O$, also kommen auf 2 Si dann 5 O; nach der Bauverbandsformel $^2_\infty [Si_2 O_5]^{-2}$. Das ist die Konfiguration einer

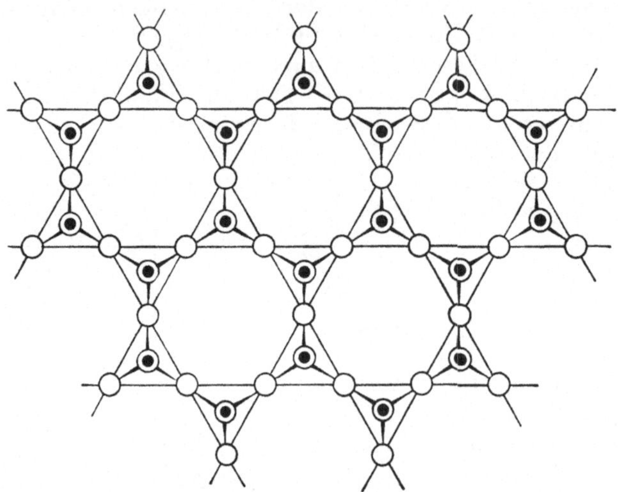

Abb. 111. Tetraedernetz $^2_\infty [Si_2 O_5]^{-2}$

echten *Schichtstruktur,* wie wir sie als charakteristisches Bauelement namentlich bei den Glimmern, Chloriten und ähnlichen Mineralen ausgeprägt finden.

Als Beispiel sei die Formel des Talks angeführt, wo die kristallchemischen Verhältnisse noch relativ einfach liegen:

$$Talk \ . . . \ ^2_\infty Mg_3^{II} (O H^{-1})_2 [Si_4 O_{10}]^{-4}.$$

Auch die Tonmineralien — wasserhältige Aluminiumsilikate — gehören zu den Schichtsilikaten.

Sie alle zeigen eine ausgezeichnete Spaltbarkeit nach der Schichtebene oder weisen eine blättrige bis schuppige Ausbildung auf.

Diesen wichtigen Typus der Schichtstrukturen hatten wir bereits durch die Besprechung der *Hardystonit*-Struktur dem Leser näher gebracht. Handelte es sich dort um einen gemischten („polymikten") Netzverband von Tetraedern, so liegt in den hier dargestellten Schichtgittern von Si-Tetraedernetzen ein „monomikter Bauverband" vor.

Als letzten Haupttypus von Silikatstrukturen sind die Gerüstgitter zu behandeln, bei denen nun in dreidimensionaler Anordnung sämtliche Si-Tetraeder mit allen vier Ecken untereinander gekoppelt sind, so daß auf jedes Si-Atom nur vier halbe, also zwei O-Atome

kommen; das entspricht der Strukturformel $\overset{3}{\infty}$ [SiO_2]. Das aber ist
die Formel des Quarzes, der also keine freien Valenzen mehr besitzt.
Abb. 112 soll die Struktur des trigonalen (Tieftemperatur-)Quarzes
vor Augen führen. In allen Ge-
rüsten dieser Art kommt ein
deutlicher Wabencharakter
zum Ausdruck: es handelt sich
um mehr oder weniger aufge-
lockerte dreidimensionale Ge-
rüste von SiO_4-Tetraedern, in
deren großen Lücken entsprechend große Kationen wie
K^{+1}, Na^{+1}, Ca^{+2}, Sr^{+2} Platz
finden könnten, wenn — ja
wenn noch Bindungskräfte
frei wären!

Sind wie beim Quarz alle
Tetraedermitten mit Si besetzt,
dann ist alles abgesättigt. Nun
ist aber in den hierher gehö-
renden Strukturen der Alumo-
silikate ein Teil der Tetraeder
statt mit Si^{+4} mit Al^{+3} besetzt,
so daß sich ein entsprechen-
der Valenzüberschuß an negativen Ladungen einstellt.

Nach diesem Prinzip sind
nun die Feldspate — jene besonders wichtige Gruppe gesteinsbildender Minerale — ge-
baut. Wir unterscheiden die monoklinen Feldspate, Orthoklase, von
den triklinen Plagioklasen, einer isomorphen Mischungsreihe von
Albit zum Anorthit. Ihre Strukturformeln sind:

Abb. 112. Quarzstruktur: Dreidimensionales
Gerüst von SiO_4-Tetraedern

$$\overset{3}{\infty} Na^{I} [Al^{III} Si_3^{IV} O_8]^{-1} \ \ldots \ \textit{Albit,}$$
$$\overset{3}{\infty} Ca^{II} [Al_2^{III} Si_2^{IV} O_8]^{-2} \ \ldots \ \textit{Anorthit.}$$

Wir sehen, daß in dem einen Fall ein Viertel der Si-Atome der Aus-
gangsformel SiO_2 durch Al ersetzt ist, im andern Fall sogar die Hälfte.
Der Kalifeldspat oder Orthoklas ist analog dem Albit gebaut,
indem an Stelle von Na das K tritt:

$$K^{I} [Al Si_3 O_8]^{-1} \ \ldots \ \textit{Orthoklas.}$$

Auch die Feldspatvertreter Leucit und Nephelin — kieselsäureärmere Verbindungen als der entsprechende K- bzw. Na-Feldspat —
sind nach dem gleichen kristallchemischen Prinzip gebaut:

$$\textit{Leucit} \ \ldots \ K [Al Si_2 O_6]^{-1}; \quad \textit{Nephelin} \ \ldots \ Na [Al Si O_4]^{-1};$$

dabei sinkt im Nephelin der Kieselsäuregehalt auf 50 Molekularprozent[24] — wie im Anorthit, dem basischen Endgliede der Plagioklase.

IX. Chemismus und Kristallgestalt
Isomorphie — Polymorphie

Es entsprach den älteren Ansichten zu Zeiten eines Haüy, daß einer bestimmten chemischen Substanz auch eine nur ihr eigentümliche Kristallgestalt zukommen müsse, insofern diese durch das Rationalität- und Symmetriegesetz sowie durch die besondere Metrik bedingt ist. Aber schon den alten Mineralogen ist die merkwürdige Tatsache aufgefallen, daß zuweilen chemisch und physikalisch verschiedenartige Verbindungen ganz ähnliche Kristallgestalten aufweisen, so z. B. die rhombisch kristallisierenden Karbonate des Kalziums, Strontiums, Bleis und Bariums, die unter den Namen Aragonit, Strontianit, Cerussit und Witherit bekannt sind. Nicht nur, daß alle die genannten Kristallkörper eine gleichartige Spaltbarkeit (wenn auch nicht durchwegs von gleicher Güte) sowohl nach dem aufrechten Prisma (110) als auch nach der Längsfläche (010) aufweisen, ergab der Vergleich der gemessenen Winkelgrößen zwischen je zwei aufrechten Prismenflächen (links und rechts) bzw. zwischen den Längsprismen (011) und (0$\bar{1}$1) eine weitgehende Übereinstimmung.

Mitscherlich hat um das Jahr 1820 diese Erscheinung der Formgleichheit an phosphorsauren und arsensauren Salzen des Kaliums und Natriums genauer studiert und sie als *Isomorphismus* bezeichnet. Die primären phosphor- und arsensauren Salze des Kaliums KH_2PO_4 und KH_2AsO_4 kristallisieren im tetragonalen System — allerdings in jener hemiedrischen Klasse mit vierzähliger Drehspiegelachse (s. S. 14, Abb. 22) — und zeigen fast genau das gleiche Achsenverhältnis, ebenso die übereinstimmenden Winkelgrößen. Auf Grund der Fundamentalmessungen ergibt sich:

	KH_2PO_4	KH_2AsO_4
Achsenverhältnis	1 : 0,939	1 : 0,938
$\sphericalangle$ 101 : 10$\bar{1}$	93° 36′	93° 40′
$\sphericalangle$ 101 : 011	57° 54′	57° 52′

Aus diesen Angaben ist zu ersehen, daß die Abweichungen voneinander so gering sind, daß die beiden Kristalle — rein morphologisch gesehen — als ein und dieselbe Kristallart erscheinen könnten, wiewohl sie in Wirklichkeit doch physikalisch und chemisch verschiedene Kristallkörper darstellen.

---

[24] Die Formel des Nephelin verdoppelt, ergibt — in Oxydform geschrieben — $Na_2O . Al_2O_3 . 2SiO_2$; der Anorthit, in Oxydform ausgedrückt, lautet $CaO . Al_2O_3 . 2SiO_2$. Bei jeder der beiden Verbindungen sind bei einer Zusammensetzung aus vier Molekülen zwei Moleküle SiO_2.

Wir haben einleitend die rhombischen Karbonate genannt. Auch unter den rhomboedrisch (trigonal) kristallisierenden Karbonaten finden wir eine ganze Reihe von Verbindungen, die einen sehr ähnlichen Flächenwinkel des Grundrhomboeders aufweisen, jener Kristallform (s. Abb. 21 b), nach der in allen Fällen eine vollkommene Spaltbarkeit auftritt; die betreffenden Winkel weichen nur um geringe Beträge von einander ab.

Kalkspat $(CaCO_3)$	Rhomboederwinkel	$74^\circ 55'$
Manganspat $(MnCO_3)$	„	$73^\circ 09'$
Eisenspat $(FeCO_3)$	„	$73^\circ 00'$
Magnesit $(MgCO_3)$	„	$72^\circ 40'$
Zinkspat $(ZnCO_3)$	„	$72^\circ 20'$

Sogar der Dolomit $(CaMg[CO_3]_2)$ schließt sich bezüglich der Winkelverhältnisse dieser Reihe an (mit einem Rhomboederwinkel von $73^\circ 45'$), obzwar der Dolomit in seiner Symmetrie vermindert ist; er gehört der Stufe II des trigonalen Systems an (es fehlen ihm die in der Vollform der Stufe V vorhandenen drei vertikalen Symmetrieebenen — nur die dreizählige Hauptachse und das Symmetriezentrum treten auf[25]).

Die Betrachtung einer solchen isomorphen Reihe wie z. B. der rhomboedrischen Karbonate erweckt den Eindruck, daß die morphologische Verwandtschaft, die in einer gleichen oder weitgehend ähnlichen Metrik der Kristallgestalt, aber auch in den Kohäsionsverhältnissen (s. Spaltbarkeit) ihren Ausdruck findet, durch ein analoges Verhalten der wechselnden Metallatome (Kationen) bedingt ist, man spricht daher von „isomorphen Elementen", z. B. Mg^{+2} und Fe^{+2} im Magnesit und Eisenspat. Freilich sind nicht diese an sich als isomorph aufzufassen, sondern die Isomorphiebeziehung macht sich erst in der betreffenden Verbindung geltend.

Umfangreiche Untersuchungen hat Tutton an den rhombisch kristallisierenden Sulfaten und Selenaten einwertiger Elemente (K, Rb, Cs, Tl) sowie an der großen isomorphen Gruppe monokliner wasserhältiger Sulfate und Selenate mit ein- und zweiwertigen Kationen vom Typus $R_2^I R^{II}(SO_4)_2 \cdot 6\,H_2O$ und $R_2^I R^{II}(SeO_4)_2 \cdot 6\,H_2O$ durchgeführt[26]. Es sei aus dieser Gruppe zur Illustrierung der Verhältnisse die Tabelle gewisser Flächenwinkel bei den Salzen des einwertigen Alkalimetalles Rubidium (Rb^I) mit den sich gegenseitig vertretenden zweiwertigen Kationen (R^{II}) des Zn, Co, Mg, Mn, Fe und zum Vergleich noch des Cu wiedergegeben:

---

[25] Es ist die nämliche Symmetriestufe, die wir auf Seite 13, Fußnote 4, mit Hilfe einer sechszähligen Drehspiegelachse abgeleitet haben. Die Symmetrieverminderung ist S. 81 mit Hilfe der Ätzfiguren demonstriert.

[26] Der Buchstabe R gilt nur als allgemeines Symbol der entsprechenden Elemente!

Tuttonsche Salze. Rubidiumsalze

Sulfate	$110 : 1\bar{1}0$	$110 : 001$	$011 : 001$
Zn	$70^\circ\,44'$	$77^\circ\,06'$	$25^\circ\,44'$
Co	$70^\circ\,42'$	$77^\circ\,00'$	$25^\circ\,43'$
Mg	$70^\circ\,51'$	$77^\circ\,02'$	$25^\circ\,35'$
Mn	$70^\circ\,40'$	$77^\circ\,03'$	$25^\circ\,30'$
Fe	$70^\circ\,46'$	$77^\circ\,14'$	$25^\circ\,43'$
Cu	$70^\circ\,44'$	$77^\circ\,39'$	$25^\circ\,54'$
Selenate			
Zn	$71^\circ\,15'$	$77^\circ\,39'$	$25^\circ\,50'$
Co	$71^\circ\,16'$	$77^\circ\,40'$	$25^\circ\,50'$
Mg	$71^\circ\,17'$	$77^\circ\,40'$	$25^\circ\,47'$
Mn	$71^\circ\,19'$	$77^\circ\,44'$	$25^\circ\,48'$
Fe	$71^\circ\,18'$	$77^\circ\,54'$	$25^\circ\,47'$
Cu	$71^\circ\,54'$	$78^\circ\,07'$	$26^\circ\,06'$

Aus den verzeichneten Winkelwerten ist zu ersehen, daß die Abweichungen (in den Minuten) nahezu innerhalb der Fehlergrenzen selbst gut ausgebildeter Kristalle derselben Art liegen. Die kristallographischen Konstanten für die Zn- bis Fe-Sulfate schwanken nur geringfügig um die Werte $a = 0{,}737$, $c = 0{,}498$, kristallographischer Achsenwinkel $\beta = 105^\circ\,8'$. Für das Rb-Cu-Sulfat weichen die Winkelwerte etwas stärker von den vorhergenannten Verbindungen ab, so daß sich seine kristallographischen Konstanten zu $a = 0{,}749$, $c = 0{,}503$ und $\beta = 105^\circ\,3'$ ergeben.

So folgt aus den aufgezeigten Tatsachen der Schluß, daß es vielfach chemisch verschiedene Kristallverbindungen gibt, die sich morphologisch auf Grund goniometrischer Messungen nicht voneinander unterscheiden lassen. In anderen Fällen nahe verwandter Kristallverbindungen zeigt sich allerdings ein geringfügiger Unterschied in der Metrik. Die hier auftretenden kleinen Veränderungen in den Kristallwinkelverhältnissen geben dann einen Einblick in die Abhängigkeit der Gestaltsverhältnisse von der Natur der sich ersetzenden chemischen Elemente, welche Erscheinung als *Morphotropie* bezeichnet wurde.

Vom strukturellen Gesichtspunkt aus betrachtet wird diese Erscheinung ohne weiteres einleuchten. Wenn bei morphologisch sich so nahestehenden Kristallverbindungen, in welchen — rein formal betrachtet — die „isomorphen" Ionen eine ähnliche Raumbeanspruchung aufweisen, kann es nicht wundernehmen, daß sie ein Kristallgebäude vom selben strukturellen und damit auch vom gesamtmorphologischen Typ ergeben. Dabei waren in den bisher behandelten Fällen auch die chemischen Analogien in bezug auf die stöchiometrischen Verhältnisse so weitgehende, daß der aufgezeigte Sachverhalt ohne weiteres verständlich erscheint. Freilich gibt es auch

Kristallisationen vom selben *morphologischen Typus* und ganz ähnlicher Metrik, bei denen hinsichtlich der chemischen Verwandtschaft eine offensichtliche Beziehung nicht zu konstatieren ist.

Von W. L. Bragg und dann namentlich von V. M. Goldschmidt wurde die Raumbeanspruchung der Atome bzw. Ionen systematisch erkundet und unter dem Begriff der *„scheinbaren Ionenradien"* festgelegt. Eine interessante Beziehung stellt sich da bei der Betrachtung der Karbonate verschiedener zweiwertiger Kationen heraus. Wir greifen hierbei nochmals auf die eingangs erwähnten rhombischen und trigonalen Karbonate zurück. Sowohl in der trigonalen wie auch in der rhombischen Reihe dieser Verbindungen hatten wir ausgesprochene Isomorphie-Reihen kennengelernt. Verfolgen wir sie nun vom Gesichtspunkt der ermittelten Ionenradien der in Betracht kommenden Elemente, so zeigt sich folgendes überraschende Bild:

Magnesit . . . . Mg 0,78	Kalzit bzw. Aragonit . . Ca 1,08
Zinkspat . . . . Zn 0,83	Strontianit . . . . Sr 1,27
Eisenspat . . . . Fe 0,83	Cerussit . . . . Pb 1,32
Manganspat . . . . Mn 0,91	Witherit . . . . Ba 1,43

Der Anstieg der Ionenradien vom Mg 0,78 Å zum Mn 0,91 Å ist mit der trigonalen Karbonatstruktur durchaus verträglich. Der Eintritt des Ca mit seinem größeren Ionenradius von 1,08 Å stellt dann gewissermaßen das Maximum dessen dar, was noch zur Bildung einer trigonal-rhomboedrischen Struktur führen kann. Gleichzeitig gibt es aber hier bereits physikalisch-chemische Geltungsbereiche, bei denen das Kalziumkarbonat spontan einen anderen Strukturtyp, nämlich den der rhombischen Karbonate aufweist; es ist also hier bzgl. des Kalzium-Ions jene Grenze im Raumbeanspruchungsvermögen erreicht, die ein „Umschnappen" von dem einen in den anderen Strukturtypus bewirkt. Die Milieu-Faktoren, wie Temperatur, Druck sowie Konzentrationsverhältnisse der Mutterlauge, werden dafür ausschlaggebend sein, welche der beiden kristallinen „Modifikationen" gebildet wird.

Die Tatsache stellt somit ein neues Moment in den Beziehungen zwischen Chemismus und Kristallstruktur dar, das wir — phänomenologisch, gestaltlich bezogen — als *Polymorphie* bezeichnen. In unserem Falle, wo es sich nur um zweierlei Kristallgestalten ein und derselben chemischen Verbindung handelt, spricht man von *Dimorphie*. Der Einbau noch größerer Ionen — so Sr 1,27 Å, Pb 1,32 Å und Ba 1,43 Å — ergibt wieder eine strukturell konstante Reihe isomorpher, und zwar rhombischer Karbonate.

Aus unserer Betrachtung folgt daher: ist der Atom- oder Ionenradius annähernd gleich, so wird die Möglichkeit der isomorphen Vertretung vorliegen. Der Grad der Isomorphie wird umso größer sein, je ähnlicher speziell der individuelle Bau des Atoms selbst, nämlich die Konfiguration seiner äußeren Elektronenschale ist.

Aus diesem Gesichtspunkte heraus läßt sich der Begriff der „chemischen Analogie" schärfer fassen.

Nach all dem Gesagten ist einleuchtend, daß isomorphe Substanzen zur Bildung von Mischkristallen prädestiniert erscheinen. Das kann uns nicht wundernehmen. Wenn zwei Körper in ihrem inneren Aufbau (und demzufolge auch in ihrer Kristallform) so große Übereinstimmung zeigen, dann kann man auch erwarten, daß sie sich gegenseitig durchdringen, besser gesagt, daß diese Verbindungen im festen (kristallisierten) Zustande gewissermaßen verschmelzen können: es ist dies die Erscheinung der *Mischkristallbildung*. Wir sprechen in diesen Fällen von *isomorphen Mischkristallen*, wie wir solche in dem Kapitel über den kristallchemischen Aufbau der Silikate,

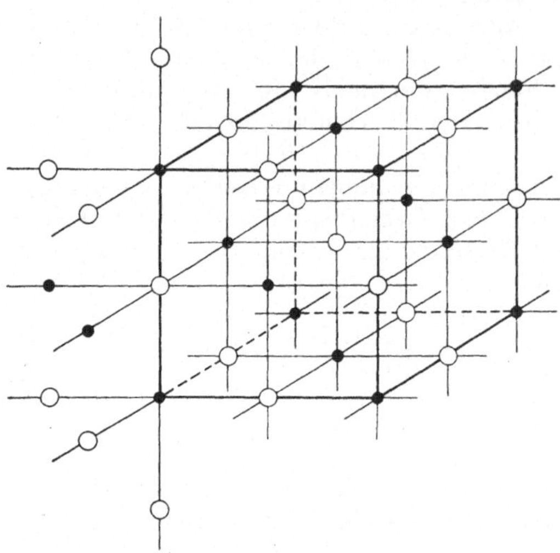

Abb. 113. Steinsalzgitter. (Nach F. Machatschki, Mineralische Rohstoffe)

beispielsweise bei den triklinen Feldspaten, kennengelernt haben. Wir haben ja, gerade vom Standpunkt der Feinbaulehre aus, einen Einblick gewonnen, wie man solche isomorphe Mischungen zu deuten hat.

Betrachten wir jetzt der Einfachheit halber z. B. das Steinsalzgitter (Abb. 113). Es ist leicht einzusehen, daß in diesem Kristallgitter ein Teil der Bausteine durch andere (chemisch analoge) ersetzt sein können, wenn die Raumerfüllungsverhältnisse der sich substituierenden Bausteine (Ionen) dies zulassen. Solange die sich ersetzenden Elemente — was ihre Wirkungssphäre anbelangt — in das Gitter passen, wird eine solche Vertretbarkeit ähnlicher Bausteine möglich sein. Dem NaCl und KCl kommt das nämliche Kristallgitter zu, abgesehen natürlich von den Dimensionen. NaCl kristallisiert in der holoedrischen Klasse des kubischen Systems, KCl dagegen in einer mindersymmetrischen Klasse (Stufe III). Das K-Ion hat auch einen erheblich größeren Wirkungsradius (1,33 Å), während das Na nur einen solchen von 0,98 Å bewirkt. Tatsächlich beobachten wir beim Eindampfen einer Lösung von KCl und NaCl, daß sich von einem gewissen Punkt ab zunächst das schwerer lösliche Kochsalz ausscheidet bis die Lösung auch an Kaliumchlorid gesättigt ist, und nunmehr beide Salze nebeneinander auskristallisieren. Sie bilden also bei gewöhnlicher Temperatur keine Mischkristalle. Solche entstehen jedoch aus der gemischten Schmelze oberhalb 500° trotz der Größenverschiedenheit der Kationenradien, wobei aber mit sinkender Temperatur wieder Entmischung eintritt. Zum Unterschied von diesem Verhalten des NaCl und KCl können sich Chlor und Brom in den Halogeniden auch bei gewöhnlicher Temperatur isomorph vertreten. Hier scheiden sich in einer Lösung von KCl und KBr unter allen Umständen, auch wenn die Lösung an einem der zwei Salze noch nicht gesättigt ist, Mischkristalle aus: „Mischkristalle mit *Atomsubstitution*".

Es sind auch genügend Fälle bekannt, wo an Stelle einzelner Atome ganze Atomgruppen (Radikale), z. B. NH_4 oder OH als Substituenten auftreten: „Mischkristalle mit *Radikalsubstitution*". Ein besonders wichtiger Fall bei der Mineralbildung ist die isomorphe Vertretbarkeit von Fluor (F) und der Hydroxylgruppe (OH), beispielsweise beim Topas oder in den Glimmern.

In komplizierter gebauten Gittern kommt es nicht einmal so sehr auf die Wertigkeit der „isomorphen Atome" als vor allem auf die Ionengröße an; nur müssen sich die Wertigkeiten (d. s., strukturell gesehen, die elektrischen Ladungen) im ganzen irgendwie ausgleichen. Solche Fälle komplizierter Durchmischung haben wir beim Aufbau der gesteinsbildenden Silikate zur Genüge kennengelernt. Man spricht dann wohl auch von „*Massenisomorphismus*" (s. diesbezüglich die Minerale der Granatgruppe).

Ein allbekanntes Beispiel isomorpher Mischung bieten die verschiedenen, in Oktaedern kristallisierenden Alaune dar, so beispielsweise der dunkelviolette Kaliumchromalaun $KCr(SO_4)_2 \cdot 12H_2O$ und der farblose Kaliumaluminiumalaun, schlechtweg „Alaun" genannt. Ein dunkelviolettes Oktaeder des ersteren wächst auch in einer verdunstenden Lösung des letzteren mit paralleler Schichtenanordnung weiter, auf welchen Umstand hinsichtlich des Wachstumsmechanismus auf S. 105 hingewiesen wird.

Mit Rücksicht auf die Bedeutung der Fähigkeit zur Mischkristallbildung für die Beurteilung der Isomorphie-Beziehungen erweist sich die Unterscheidung zwischen *Isomorphie im engeren Sinne* und solche im *weiteren Sinne* als angebracht und zweckmäßig, wenn auch die Abgrenzung aus verschiedenen Gründen nicht immer streng durchführbar ist. Erstere wird dann gegeben sein, wenn isomorphe Kristallverbindungen auch Mischkristalle bilden können. Der vollkommenste Grad der Isomorphie äußert sich in der Fähigkeit zur Bildung von Mischkristallen in allen Mischungsverhältnissen: „lückenlose Mischkristallbildung"; doch ist eine solche nicht allzu häufig.

Im Zusammenhang mit der Mischkristallbildung ist noch eine Erscheinung von großer Bedeutung, die V. M. Goldschmidt als *Tarnung* bezeichnet hat. Auch hierbei handelt es sich nur um einen isomorphen Ersatz gewisser Elemente durch andere, ungefähr gleich große, obwohl man nach dem chemischen Aufbau der in Betracht kommenden Verbindungen die betreffenden homologen Bau-

steine dort gar nicht vermuten würde. Diese Tarnung ist für die
geochemischen Verteilungsgesetze seltener Elemente von maßgeblicher Wichtigkeit. Das seltene Element versteckt sich gewissermaßen
hinter anderen häufiger vorkommenden und ist auch oft nur schwer
chemisch zu fassen, da seine Eigenschaften sehr ähnliche sind. So
verbergen sich die dreiwertigen Ionen des Yttriums (Y^{+3}) und Seltener Erden, wie Cer (Ce^{+3}) oder Thorium (Th^{+4}) in Kalksalzen als
Ersatz des Kalziums (Ca^{+2}); auch das ziemlich seltene Element
Beryllium (Be^{+2}) tritt wegen seiner Ähnlichkeit im Ionenradius
häufig für das vierwertige Silizium (Si) in Silikaten ein — einzelne verraten sich durch eine eigentümliche Färbung, z. B. durch die Violettfärbung von Apatiten und Kalkspatkristallen durch Neodym.

Wenn wir uns in den früher betrachteten Beispielen vor allem
mit kubisch kristallisierenden Substanzen beschäftigt haben, so soll
bei dieser Gelegenheit ein wichtiger Umstand für das Zutreffen von
Isomorphie-Erscheinungen noch besonders beleuchtet werden. Nach
dem ersten Teil unserer Darlegungen über dieses Kapitel konnte es
den Anschein erwecken, als ob die übereinstimmende Kristallgestalt,
also die Winkelverhältnisse bzw. die Metrik die allein ausschlaggebende Rolle für die Frage einer vorliegenden Isomorphie darstelle.
Nun aber sind doch im kubischen System gemäß der Gleichwertigkeit der drei kristallographischen Achsen sämtliche möglichen Kristallformen eo ipso identisch, also die in Betracht kommenden Flächenwinkel naturnotwendig von derselben Größe. Trotzdem wird es
niemandem einfallen, sämtliche kubisch kristallisierenden Substanzen als untereinander isomorph zu bezeichnen. Wir konnten ja gar
nicht auf diesen Gedanken kommen, da wir bei der gegenständlichen
Betrachtung bereits den atomaren Innenaufbau — die Struktur —
in den Vordergrund des Interesses gestellt hatten.

Es ist daher nur notwendig, mit gebührendem Nachdruck zu betonen, daß die äußere Gestaltlichkeit allein noch keineswegs Isomorphie bedingen muß. Wenn wir vorerst dieses Kriterium besonders
herausgehoben haben, so ist nicht zu verabsäumen, daß daneben auch vor allem den
äußerlich erkennbaren physikalischen Merkmalen, so den Kohäsionsverhältnissen und
hier namentlich der Spaltbarkeit, ein besonderes Augenmerk zuzuwenden ist.

NaCl — das Steinsalz — kristallisiert in
Würfeln; der Flußspat CaF_2 vielfach desgleichen. Diese beiden Substanzen sind aber keineswegs isomorph. Die Vergegenwärtigung des
Innenbaues zeigt das offenkundig; vgl. das in
Abb. 114 dargestellte Flußspatgitter mit jenem
des Steinsalzes. Isomorphie wäre auch schon

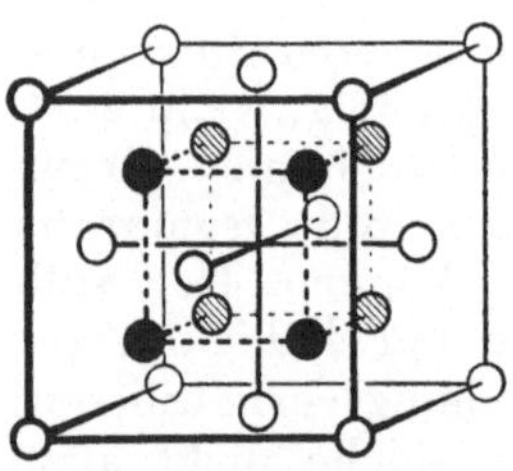

Abb. 114. Flußspatgitter
CaF_2.

○ Ca-Atome; ● F-Atome

in Ansehung der beiderseitigen Formelbilder nicht zu erwarten; die
beiden Substanzen haben keinen analogen chemischen Bau! Fragen
wir nun noch nach der Spaltbarkeit: NaCl spaltet nach den Flächen

des Würfels (der hier die äußere Kristallform darstellt), $CaFe_2$ hingegen nach dem Oktaeder.

Nach dieser Klarstellung wollen wir uns nur noch der Erscheinung der *Polymorphie* zuwenden, die wir bereits oben gelegentlich der Erwähnung des Kalziumkarbonates in zwei dimorphen Modifikationen (Kalzit und Aragonit) gestreift haben. Nun ist aber die Erscheinung der Polymorphie durchaus nicht so selten, wie man das früher mangels genauerer Kenntnis der anorganischen Stoffe (darunter auch der technisch bedeutsamen Werkstoffe, wie z. B. des Eisens) annahm. Wir kennen in der Natur eine Reihe wichtiger Minerale, die uns als polymorphe Modifikationen entgegentreten.

So kennen wir eine Trimorphie beim Aluminiumsilikat (Al_2SiO_5): der als Kontaktmineral bekannte *Andalusit* (rhombisch), der in kristallinen Schiefern häufige *Sillimanit* (ebenfalls rhombisch, jedoch kristallographisch und feinbaulich etwas ganz anderes) und schließlich der trikline *Disthen* (in seiner blauen Abart Cyanit genannt). Der Disthen hat die dichteste Atomlagerung und kommt demnach in jenen Gesteinen vor, die unter großem Druck gebildet worden sind, in der Regel also in hochmetamorphen, kristallinen Schiefern (s. S. 97).

Unter den verbreitetsten Mineralen ist als kristallisierte Kieselsäure der *Quarz* allgemein bekannt: es gibt aber noch zwei andere Modifikationen, den *Tridymit* und den *Cristobalit*. Beim Quarz selbst unterscheiden wir wieder zwei Modifikationen, den über 575^0 gebildeten Hochtemperaturquarz (hexagonal), der in manchen Porphyrgesteinen in deutlicher Kristallform vorkommt, und den unter 575^0 beständigen Tieftemperaturquarz, den wir z. B. als Bergkristall kennen (trigonal).

Ferner ist die Trimorphie des Titanoxydes (TiO_2) bekannt: *Rutil* (tetragonal) (s. Abb. 36), *Anatas* (ebenfalls tetragonal) und *Brookit* (rhombisch).

Ein weiteres interessantes Beispiel sei erwähnt: der kristallisierte Kohlenstoff als *Diamant* und als *Graphit*. Wie verschieden erweisen sich diese beiden kristallisierten Körper desselben chemischen Elementes in allen ihren kristallographischen und physikalischen Eigenschaften! Das hängt u. a. mit der Atomlagerung in der Feinstruktur zusammen. Den Elementarkörper des Diamant können wir als flächenzentrierten Würfel aus C-Atomen beschreiben, dem ein zweites kongruentes Gitter aus C-Atomen eingeschaltet ist mit einer Verschiebung des Anfangspunktes um ein Viertel der Körperdiagonale[27]. Den begrenzten Ausschnitt eines einzigen Elementarkörpers betrachtend (s. Abb. 115), macht es den Eindruck, als sei dem flächenzentrierten Würfel ein kleineres Tetraeder eingebaut, indem die Mitten der Achtelwürfel abwechselnd mit weiteren C-Atomen besetzt sind. Es ist dies die gleiche Struktur wie bei der

---

[27] Beim Steinsalzgitter waren die beiden flächenzentrierten Würfelgitter einerseits aus Na-, anderseits aus Cl-Atomen um eine halbe Körperdiagonale verschoben ineinandergestellt.

kubisch kristallisierenden Zinkblende (ZnS); nur ist in diesem Falle das eine Gitter aus Zn-Ionen, das andere aus S-Ionen aufgebaut.

Aus dieser Diamantstruktur läßt sich das Graphitgitter, das trigonal ist, äußerlich dadurch ableiten, daß wir den Elementarkörper des Diamanten mit der Körperdiagonale senkrecht stellen und nun eine Streckung im Sinne dieser dreizähligen Hauptachse vornehmen: so erreichen wir die Atomanordnung des Graphits. Die Abbildungen 116 a und b sollen diesen Übergang versinnbildlichen. In Abb. 117 ist nun dieses Graphitgitter in anderem Ausschnitt wiedergegeben, der die sechsseitige Wabenstruktur des Graphits deutlich erkennen läßt.

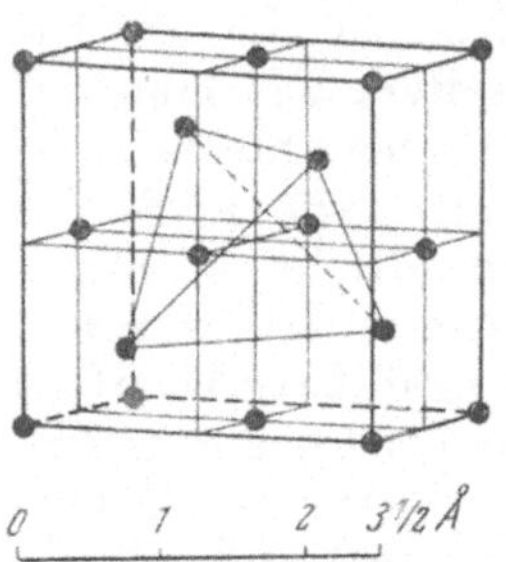

Abb. 115. Diamantstruktur (auch Zinkblende ZnS)

Hatten wir es bei den früher besprochenen Strukturbeispielen mit Ionengittern zu tun, deren innerer Zusammenhalt infolge entgegengesetzt aufgeladener Atomsorten (Kationen positiv, Anionen negativ) durch elektrostatische Kraftwirkungen verständlich erscheinen könnte, so stehen wir im Falle kristallisierter Elemente — wie hier beim Diamanten und Graphit — vor einer neuen Schwierigkeit hinsichtlich der Erklärung der hier wirkenden Kohäsionskräfte. Aber gerade der Diamant ist doch das härteste unter allen bekannten Mineralen! Zum Unterschied von der *heteropolaren* Bindung in den sogenannten Ionen-Koordinationsgittern obenbezeichneter Art handelt es sich in vorliegendem Falle um Atom-Koordinationsgitter mit *homöopolarer* Bindung. Hier bewerkstelligen irgendwie gewisse Elektronen der äußeren Atomschale die gegenseitige Verkettung. Ein solcher Fall liegt bei der Diamantstruktur vor. In Abb. 118 ist das Diamantgitter nochmals — aber im Gegensatz zu dem würfelförmigen Elementarkörper der Abb. 115 — in andersartigem Ausschnitt wieder-

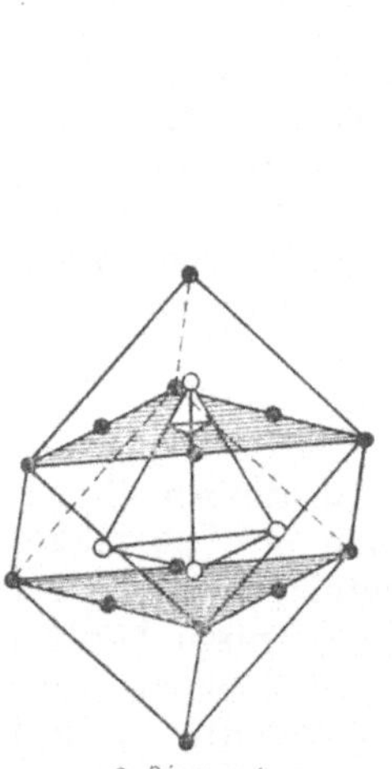

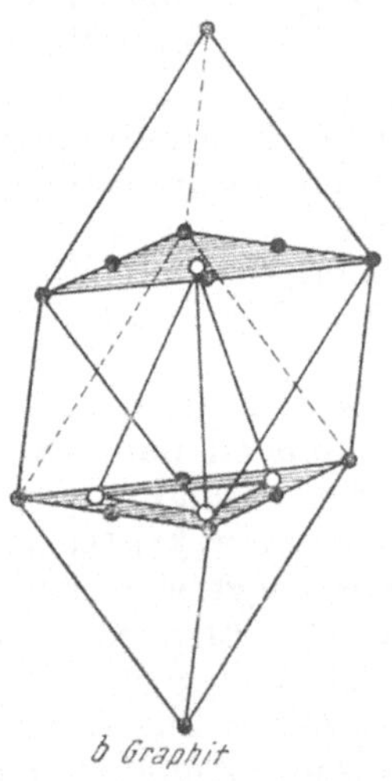

Abb. 116. Vergleich der Elementarkörper von Diamant und Graphit

gegeben, wobei sich die schon in Abb. 116 a ersichtlich gemachten Oktaeder-Strukturebenen, nach denen die Kristalle
eine ausgezeichnete Spaltbarkeit aufweisen, wieder in horizontaler Lage befinden. Die Atomlagerung ist
im Diamant eine äußerst kompakte, die Ab-
stände von einem Atom zum nächstgelegenen
betragen nur 1,54 Å.

Beim Graphit hingegen, der den Typus
eines ausgezeichneten Schichtgitters aufweist
(s. Abb. 117), liegen die Atome in den Sech-
serringen der Schichten zwar noch näher aneinander (1,42 Å), die Schichtabstände jedoch
sind im Vergleich dazu außergewöhnlich groß
(3,40 Å). Innerhalb der Schichtebenen besteht
auch hier eine homöopolare Bindung, der Zusammenhalt der Schichten untereinander ist
hingegen in Form sogenannter *metallischer*

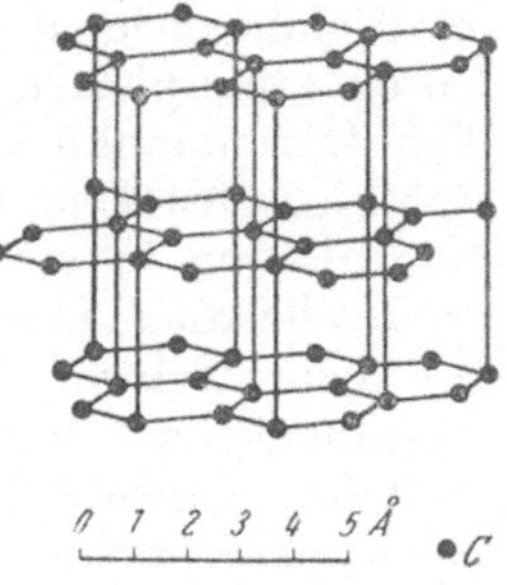

Abb. 117. Schichtgitter
Graphit

Bindung verwirklicht, indem das vierte Elektron der äußeren
Atomschale — das sogenannte Valenzelektron — wie in den Metallen offenbar auch hier frei beweglich ist und dadurch die Bindung
der Schichten untereinander vollzieht.
Diese Bindung ist aber beim Graphit
eine relativ schwache, wodurch die
hervorragend gute Spaltbarkeit nach
den Schichtebenen verständlich wird.
Dies bedingt ja jene bezeichnenden
Eigenschaften des Graphits, die zufolge der leichten Ablösbarkeit nach
der Schichtebene diese Substanz zur
Bleistiftfabrikation und als Schmier-
mittel so besonders geeignet erscheinen läßt. Auch die übrigen Eigenschaften des Graphits, seine Undurch-
sichtigkeit und sein metallischer Glanz,
sein gutes Leitvermögen für Wärme
und Elektrizität sind aus der Tatsache der metallischen Bindung der
Schichtebenen untereinander verständlich. Denn — wie bei Metallen die
Kationen — sind hier die ionisierten

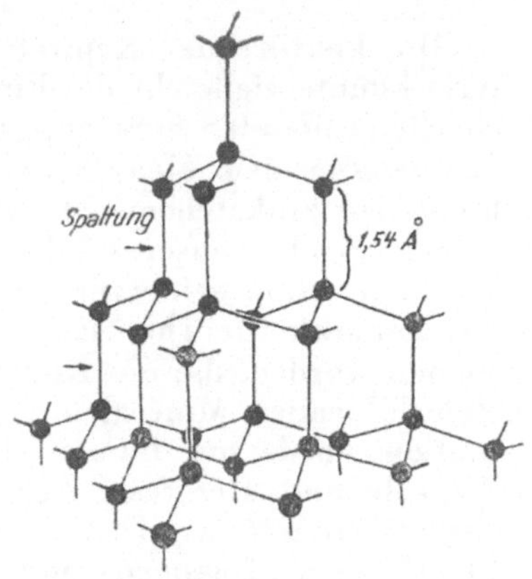

Abb. 118. Diamantgitter. Spalt-
ebenen hier horizontal mit einem
Abstand von 1,54 Å (größer als
alle sonstigen Netzebenenabstände)

zweidimensional unendlichen Moleküle der Gitterschichten gewissermaßen in einem beweglichen Elektronenbrei suspendiert.
Noch ein letztes Beispiel für Polymorphie sei angeführt, nämlich
die Dimorphie des Schwefels. Dieser kristallisiert je nach der Bildungstemperatur entweder rhombisch, wie wir ihn in den in der
Natur vorkommenden Kristallen kennen, oder monoklin. Das Beispiel des Schwefels ist auch deshalb von kristallchemischem Inter-

esse, weil wir es hier — was bei anorganischen Stoffen selten vorkommt — mit einem sogenannten *Molekülgitter* zu tun haben; Ringförmige Komplexe von je acht Atomen bilden in den Kristallen sowohl des rhombischen wie des monoklinen Schwefels die Bausteine im dreidimensional periodischen Diskontinuums des Kristallgitters. Unter Atmosphärendruck wandelt sich der rhombische Schwefel bei 95,3° C in monoklinen um, der in diesem höheren Temperaturbereich stabil ist. Den Temperaturpunkt der eintretenden Umwandlung einer Modifikation in eine andere nennt man daher *Umwandlungspunkt*; er ist allerdings von den herrschenden Druckverhältnissen abhängig. Die beim Schwefel genannte Temperatur von 95,3° ist der Umwandlungspunkt bei Atmosphärendruck; bei höheren Drucken liegt er höher. Obwohl über den einschlägigen Gegenstand noch viel zu sagen wäre, mögen die hier gebrachten skizzenhaften Darlegungen genügen, um von der Bedeutung dieser Erscheinung im physikalisch-chemischen Sinne wie auch hinsichtlich ihrer Auswirkung bei den Verhältnissen der Mineralbildung in der Natur einen Eindruck zu vermitteln.

X. Die zentrale Stellung der Kristallchemie in Mineralogie und Geochemie

Die Lektüre der Kapitel über das feinbauliche Wesen der Materie konnte vielleicht die Einsicht vermitteln, daß es sich dabei um ein tiefgreifendes Forschungsgebiet handelt, das noch vor wenigen Jahrzehnten dem Menschengeiste gänzlich verschlossen war. Im Gebiete der Silikatchemie tappte man sogar noch in der Mitte der Zwanzigerjahre unseres Jahrhunderts völlig im Dunkeln. Was waren da nicht schon seinerzeit von dem führenden Mineralogen Gustav Tschermak für Theorien über die verschiedenen Kieselsäuren ersonnen worden, die die Konstitution der Silikate, wie sie in den gesteinsbildenden Mineralen vorliegen, erklären sollten! Aber die Situation wurde nur immer verworrener, da man sich auf falschem Wege befand. Der feste Aggregatzustand — der Kristall — konnte eben nicht mit den Denkmitteln bewältigt werden, die sich in der Chemie der flüssigen und gasförmigen Körper bewährten. Es mußte ein grundsätzlich anderer Weg eingeschlagen werden!

Die Kristallographie ist eben ganz und gar eine *morphologische* Wissenschaft: die Gestalt ist hier das bezeichnende und maßgebliche. Davon konnten demnach auch die chemischen Gegebenheiten bei der kristallisierten Substanz nicht unberührt sein.

Bei den physikalischen Eigenschaften hat man die entsprechenden Zusammenhänge ja frühzeitig erkannt; und das Studium war ständig darauf gerichtet, die Beziehungen zwischen Kristallform und physikalischem Verhalten klarzustellen, wie es im Abschnitt „Die physikalischen Erscheinungen in Abhängigkeit vom Kristallbau" hervorgehoben werden wird.

Erst die Röntgenanalyse der Kristalle konnte den Weg freimachen, auch die feinbaulichen Gliederungen vom symmetriebedingten, gestaltlichgeometrischen Gesichtspunkt aus zu betrachten. So sehen wir von dem Augenblick an, wo die Röntgenforschung im Gebiete der Kristallkunde einsetzte, einen völligen Wandel in der kristallchemischen Forschungsrichtung eintreten. Die ältere Kristallchemie war rein energetisch, physikalisch-chemisch orientiert; die moderne Kristallchemie hingegen ist das Ergebnis der röntgenographischen Strukturlehre.

Durch die erstaunlichen Erfolge dieser neuen Forschungsrichtung ist nicht nur die theoretische Seite der Mineralogie, die sogenannte Allgemeine Mineralogie, von einem neuen Geiste durchglüht, auch das ehemals mehr beschreibende Gebiet der speziellen (systematischen) Mineralogie ist durch die Hervorkehrung kristallchemischer Gesichtspunkte in ein neues Licht gerückt worden. Was früher vielfach zusammenhanglos als Einzeltatsache registriert werden mußte, gliedert sich nun wohlgeordnet in das beherrschende System unserer kristallchemischen Vorstellungswelt ein. So kann man mit Fug und Recht sagen, daß die Kristallchemie für das Gesamtgebiet der Mineralogie von entscheidender Bedeutung geworden ist.

Sowohl im Kapitel „Isomorphie — Polymorphie" wie auch speziell bei den Darlegungen über die Kristallchemie der Silikate konnte gezeigt werden, welch immense Wichtigkeit der Ionenisomorphie für die Deutung der auftretenden Kristallverbindungen zukommt — ja, wie wir im Bereich mineralischer Kristallisationen ohne Anwendung dieses Grundprinzips bezüglich des Aufbaues der Kristallsubstanz einfach nicht aus- noch einwüßten. Denn die überwiegende Mehrzahl der als Gesteinsbildner auftretenden Minerale sind doch nur als isomorphe Mischungen zu verstehen.

Dieser Gesichtspunkt hat jedoch auch seine Auswirkung in den ganz großzügigen Konzeptionen, die uns eine Vorstellung über den chemischen Aufbau des Erdkörpers als Ganzes ermöglichen sollen: er betrifft das Gebiet der Geochemie. Nur mit Hilfe der Isomorphiebegriffe im kristallchemischen Sinne waren jene Grundlagen zu schaffen, die uns die Assoziation der Elemente in den Kristallverbindungen begreifen ließ und namentlich auch das Phänomen der sogenannten „Tarnung" von Spurenelementen im Wirtkristall auf eine gesichertere Basis stellte.

So konnte beispielsweise unter anderen der norwegische Mineraloge V. M. Goldschmidt in seinem großangelegten Werk „Geochemische Verteilungsgesetze der Elemente" auf Grund von zahlreichen, systematisch durchgeführten röntgenographischen Einzeluntersuchungen die wissenschaftlich tragfähigen Fundamente für eine moderne *Geochemie* schaffen. Es ergibt sich in dieser Weise das eindrucksvolle Bild, daß die *Kristallchemie*, die sich auf das Subtilste — nämlich auf die submikroskopische Konfiguration in der Kristallstruktur — stützt, gleichermaßen für sich den Ruf als mächtigstes Hilfsmittel zur Klärung von Fragen kosmischen Ausmaßes beanspruchen darf.

XI. Die physikalischen Erscheinungen in Abhängigkeit vom Kristallbau

Durch die bisherigen Darlegungen ist dem Leser wohl klar geworden, daß die kristallisierte Substanz keineswegs kontinuierlich den betreffenden Raum erfüllt, vielmehr in periodischer Diskontinuität nach Art eines dreidimensionalen Raumgitters aufgebaut ist. Die Homogenität, die dem Kristall als Wesensmerkmal zukommt, ist also nicht von der landläufigen, gewöhnlichen Art, sondern durch die geometrische Natur der raumgitterartigen Partikelanordnung bedingt.

So ist also schon, rein äußerlich gesehen, der Aufbau des Kristalls *anisotrop*, d. h. in seinen Merkmalen von der betrachteten Richtung abhängig. Das ist uns sofort verständlich. wenn wir uns beispielsweise eine raumgittermäßige Punkteanordnung vorstellen, der ein einfach primitives Würfelgitter zugrunde liegt. Die Abstandsverhältnisse in einer Fortschreitungsrichtung parallel einer Würfelkante sind andere als beispielsweise in der Richtung der Flächendiagonalen oder aber der Raumdiagonalen.

Kann es da verwundern, daß auch die Erscheinungen eines den Kristall durchsetzenden physikalischen Vorganges — kurz der physikalische Effekt — von der räumlichen Eigenart des Diskontinuums abhängig sein wird? Aber auch schon die äußerliche Betrachtung einer Kristallgestalt als eines konvexen Polyeders bekundet eindrucksvoll das Wesensmerkmal der Anisotropie der kristallisierten Substanz. Denn wären alle Raumrichtungen unter sich gleichwertig, hätte ja kein polyedrischer Körper, sondern eine Kugel beim Wachstum entstehen müssen (s. S. 33).

Anisotropie in bezug auf verschiedene physikalische Eigenschaften läßt sich zum Teil mit sehr einfachen Mitteln nachweisen. Betrachten wir beispielsweise einen Kristall des triklinen Minerals Disthen (Abb. 119): Auf der Breitseite, nämlich der vorderen Fläche (100), ist die Härte des vorliegenden kristallisierten Materials verschieden, je nachdem, in welcher kristallographischen Richtung man dieselbe (zum Beispiel durch Ritzen mit einer Stahlnadel) prüft. In der Richtung der aufrechten z-Achse ergibt sich dabei eine geringere Härte als in der Richtung der y-Achse. Hier handelt es sich also um die Verschiedenheit mechanischer Festigkeitseigenschaften. Auch bezüglich der Spaltbarkeit treten Unterschiede deutlich hervor: Disthen spaltet sowohl nach der Querfläche (100) als auch nach der Längsfläche (010), welch letztere an dem abgebildeten Kristall als Wachstumsfläche gar nicht in Erscheinung getreten ist; aber die Güte der beiden Spaltbarkeiten ist überdies verschieden: nach der Querfläche ausgezeichnet, nach der Längsfläche nur gut.

Ziehen wir ein anderes physikalisches Phänomen, z. B. die Eigenschaft der Wärmeleitfähigkeit heran, so belehrt uns ein einfacher Versuch an einem Spaltblättchen von Gips, daß die Fortpflanzungsgeschwindigkeit der Wärme in den verschiedenen, in der Spaltebene gelegenen Richtungen verschieden groß ist. Um dies zu demonstrieren, überziehen wir die Spaltfläche des Gipses mit einer dünnen Wachsschichte und berühren mit einer heißen Nadel einen Punkt in der Mitte der Kristallfläche. Das Resultat unseres Versuches ist in Abb. 120 zur Darstellung gebracht: die Isotherme, die Kurve gleichen Wärmegrades, ist eine Ellipse (und nicht etwa ein Kreis), kenntlich an dem Bereich des aufgeschmolzenen Wachses, das als Kontur eine Ellipse ergibt.

In den beiden angeführten Fällen handelt es sich um Kristallkörper niedrigsymmetrischer Systeme — Disthen ist triklin, Gips ist monoklin — wo uns zufolge der verminderten Symmetrieverhältnisse in der Bauart solcher Kristalle die Verschiedenheit physikalischer Verhältnisse nicht besonders zu verwundern braucht.

Nehmen wir nun einmal einen Kristall des rhombischen Systems her, der immer-

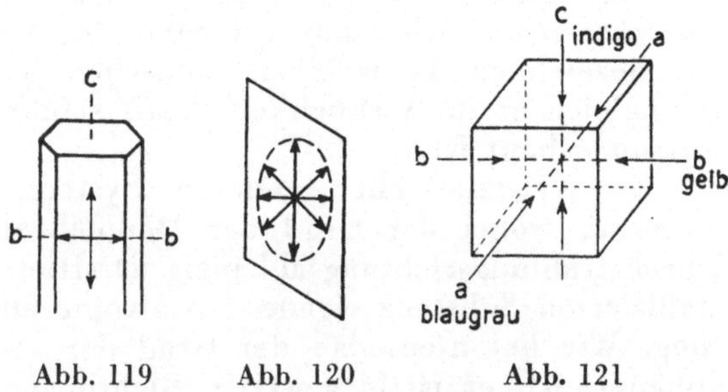

Abb. 119   Abb. 120   Abb. 121

Abb. 119—121. Anisotropieerscheinungen bei Kristallen

hin bereits drei aufeinander senkrechte Bezugsachsen (Kristallachsen) aufweist: wir betrachten einen aus einem Cordieritkristall orientiert herausgeschnittenen Block im durchfallenden Licht (Abb. 121). Die Flächen senkrecht zur a-, b- und c-Achse erscheinen verschiedenartig gefärbt. Beim Durchblick in den verschiedenen kristallographischen Richtungen ergeben sich also verschiedene Farben oder zumindest Farbnuancen als Resultat einer Verschiedenheit im selektiven Absorptionsvermögen in den betreffenden Richtungen, obwohl doch infolge der würfelförmigen Gestalt die Schichtdicke in allen drei geprüften Richtungen die gleiche ist. Aber diese drei Richtungen der rhombischen x-, y- und z-Achse sind, wie wir ja von früher her wissen, kristallographisch ungleichwertig! Also braucht uns auch die hier festgestellte physikalische Bekundung ihrer Ungleichwertigkeit ebenfalls nicht zu beunruhigen. Im Gegenteil! Sie bestätigt eindrucksvoll, daß die erkannten morphologischen Gegebenheiten durchaus nicht nur formaler Art sind, sondern sich auch in andersartigen Erscheinungsformen äußern können.

Mit diesem letzten Beispiel haben wir bereits das für die kristallographisch-mineralogische Forschung so hoch bedeutsame Gebiet der Kristalloptik betreten, in welchem Bereiche sich die Symmetrieverhältnisse der Gestalt in überraschender Weise physikalisch verfolgen lassen. Der systematische Ausbau der Methode zur Untersuchung der kristallisierten Substanzen auf optischem Wege hat ja eines der wirksamsten Hilfsmittel zur wissenschaftlichen Erkun-

dung der festen Materie (und das ist normalerweise der kristallisierte Zustand) gezeitigt: das Polarisationsmikroskop. Aus der Kristalloptik müssen wir wohl noch einiges berichten.

Wiewohl jeder Kristall raumgitterartig struiert ist, zeigt trotzdem ein kubisch kristallisierter Körper hinsichtlich des Lichtdurch-
ganges (gemeint ist hier das sichtbare Licht vom Wellenbereich
0,39 µ bis 0,79 µ)[28] nach *allen* Durchstrahlungsrichtungen gleichartige
Verhältnisse. Es ist zweckmäßig, sich diese Tatsache — symbolisch
— durch eine Kugel als physikalisch-geometrische Bezugsfläche zu
verdeutlichen. Es fehlt hier auch jeder Anlaß zur Zerlegung der
Lichtbewegung in zwei Anteile: ein solcher Kristall ist demnach
einfachbrechend wie eine amorphe Substanz (Glas, Wasser usw.);
wir bezeichnen daher einen kubischen Kristall als *optisch isotrop*,
wenngleich er in Wirklichkeit, kraft seiner Raumgitterstruktur, anisotrop gebaut ist.

Die Kristalle aller anderen Systeme hingegen sind *doppel-
brechend,* wobei der Grad der Doppelbrechung überdies von der
Durchstrahlungsrichtung abhängig ist. Hier also kommt die der kristallisierten Substanz eigene Anisotropie auch physikalisch zur Gel-
tung. Wir betonten, daß der Grad der Doppelbrechung richtungsabhängig ist: er ist in gewissen Richtungen ein Maximum, in anderen kleiner werdend, immer aber gibt es auch eine oder zwei Richtungen, in denen die Doppelbrechung Null wird; das sind dann Richtungen einfacher Lichtbrechung, sogenannte *optische Achsen.*

Diese Verhältnisse verdeutlichen uns am anschaulichsten die
Strahlengeschwindigkeitsflächen. Wir betrachten zunächst die Kristalle der wirteligen Systeme (trigonal, tetragonal, hexagonal): Denken wir uns beim trigonalen Kalkspat, z. B. dem isländischen, was-
serklaren sogenannten Doppelspat, ein Lichterregungszentrum in der
Mitte des Kristalls. Die Lichtbewegungen pflanzen sich von dem
leuchtenden Punkt naturgemäß nach allen Seiten wie die Radien
einer Kugel fort, u. zw. gelangen die beiden durch Doppelbrechung
entstandenen Anteile in gleichen Zeitteilchen verschieden weit (nur
in einer einzigen Richtung, nämlich jener der einfachen Lichtbrechung, ist die durchlaufene Strecke in sich identisch). Die eine der
beiden Lichtbewegungen verhält sich dabei ganz normal — wie in
einem isotropen Medium —: der geometrische Ort aller Punkte,
wohin der Impuls in der betrachteten Zeit gekommen ist, ist demnach eine Kugel. Diese Lichtbewegung heißt daher „*ordentliche*
Welle". Die andere hingegen, die sich bezüglich ihrer Fortpflanzungsgeschwindigkeit richtungsabhängig erweist, nennen wir die
„*außerordentliche* Welle".

Wie Abb. 122 a zeigt, ist letztere ein Rotationsellipsoid, u. zw. in
unserem Falle des Doppelspates ein abgeplattetes Ellipsoid, das der
Fortpflanzungskugel der ordentlichen Welle umschrieben ist, derart,

---

[28] Röntgenstrahlung (von tausendmal kleinerem Wellenlängenbereich) ergibt
bekanntlich andere Erscheinungen! S. das Kap. „Kristalle und Röntgenstrahlen".

daß es die Kugel bei den Austrittspunkten der Rotationsachse des Ellipsoides berührt. Demnach ergibt sich folgender Sachverhalt: Die Fortpflanzungsgeschwindigkeit der außerordentlichen Welle ist in unserem Falle größer als jene der ordentlichen; ihr Maximum liegt in der Richtung senkrecht zur Rotationsachse, ihr Minimum in der Rotationsachse selbst (dort ist sie identisch mit der der ordentlichen Welle — eine Zerlegung hat in dieser Richtung mithin nicht stattgefunden!).

Diese doppelschalige Strahlengeschwindigkeitsfläche (oder auch Wellenfläche bzw. Elementarwelle — denn alle Punkte der jeweiligen Schale sind kohärent, d. h. sie befinden sich im gleichen Schwingungszustand!) ist nun derart dem Kristallkörper eingebaut, daß die Rotationsachse mit der (trigonalen) Hauptachse unseres Kristalls

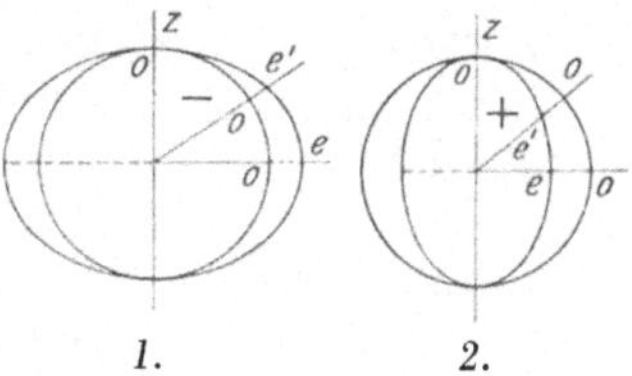

Abb. 122 a. Strahlengeschwindigkeitsflächen der optisch einachsigen Kristalle. *1.* Beim Doppelspat (optisch negativ); *2.* beim Zirkon (optisch positiv)

zusammenfällt. Diese morphologisch ausgezeichnete Richtung der Hauptachse wirteliger Kristalle ist also eine Richtung einfacher Lichtbrechung in dem sonst durchwegs doppelbrechenden Medium, also eine optische Achse. Da wir in dem betrachteten Falle wirtelig gebauter Kristalle (trigonal, tetragonal, hexagonal) nur *eine* solche Richtung einfacher Lichtbrechung vorfinden, heißt diese Gruppe doppelbrechender Kristalle *„optisch einachsig"*. Nur ist es verschieden, insofern das Rotationsellipsoid ein abgeplattetes sein kann (wie beim Doppelspat, räumlich dargestellt in Abb. 122b) oder ein gestrecktes (wie beispielsweise beim Zirkon).

Beim Doppelspat ist, wie wir gehört haben, der außerordentliche Strahl der raschere, demnach der ihm zukommende Brechungsindex der kleinere. Solche Kristalle, in welchem der außerordentliche Strahl im Vergleich zum ordentlichen schwächer gebrochen wird, heißen *optisch negativ;* im gegenteiligen Falle (s. Zirkon) handelt es sich um

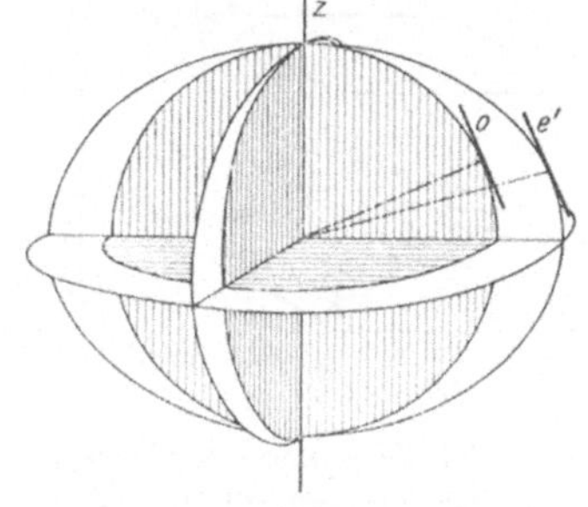

Abb. 122 b. Strahlengeschwindigkeitsfläche eines Negativ-Einachsigen in räumlicher Darstellung

optisch positive Kristalle: So gliedern sich also die optisch Einachsigen in positive und negative.

Die niedrigersymmetrischen Kristalle des rhombischen, monoklinen und triklinen Systems besitzen sogar *zwei* Richtungen einfacher Lichtbrechung, also zwei optische Achsen: *„optisch zweiachsig"*. Die Wellenfläche ist in diesen Fällen eine komplizierte zweischalige Figur, wobei sich die Strahlengeschwindigkeitskurven (ein Kreis und eine Ellipse) in der Ebene der optischen Achsen überschneiden, wie dies Abb. 123 zur Darstellung bringt. Von besonderer Bedeutung ist hier die genannte Ebene, welche die optischen Achsen enthält, die *Achsenebene.*

Nun zeigt sich ein bemerkenswerter Zusammenhang zwischen dem Phänomen der Lichtausbreitung in solchen Kristallen und ihrem geometrisch-kristallographischen Bau: Der Einbau der optischen Bezugsfigur kann auch hier — wie übrigens auch im Falle der Einachsigen — nur so erfolgen, daß die Symmetrie des Kristallgebäudes nicht gestört wird. Also ist er beispielsweise in einem rhombischen Kristall nur in der Weise möglich, daß die Achsenebene in eine der drei (senkrecht aufeinanderstehenden) Symmetrieebenen zu liegen kommt[29]; in welche derselben ist im einzelnen Falle erst empirisch festzustellen — in Abb. 124 ist (001) Achsenebene. Das Achsenbild ist jedenfalls *disymmetrisch.* Noch größere Freiheit bezüglich des Einbaues der zweiachsigen Wellenfläche bieten die monoklinen Kristalle. Hier sind zwei Fälle grundsätzlich zu unterscheiden: entweder liegt die Achsenebene *in* der Symmetrieebene dieser monoklinen Kristalle (Abb. 125 a) oder sie liegt *senkrecht* dazu gelagert (Abb. 125 b). In beiden Fällen ist die spezielle Lage

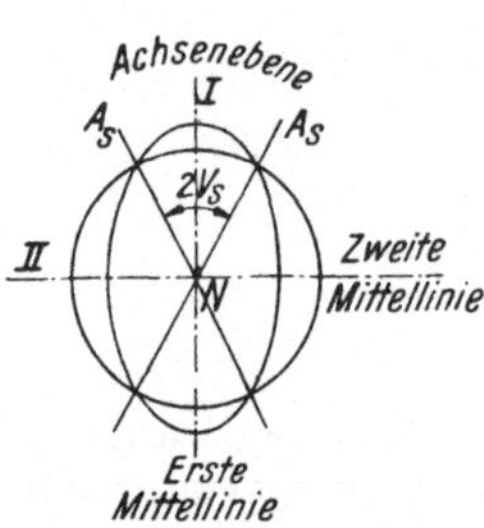

Abb. 123. Strahlengeschwindigkeitskurven in der Achsenebene eines Optisch-Zweiachsigen

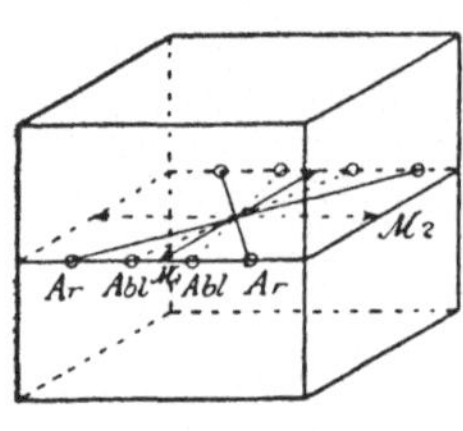

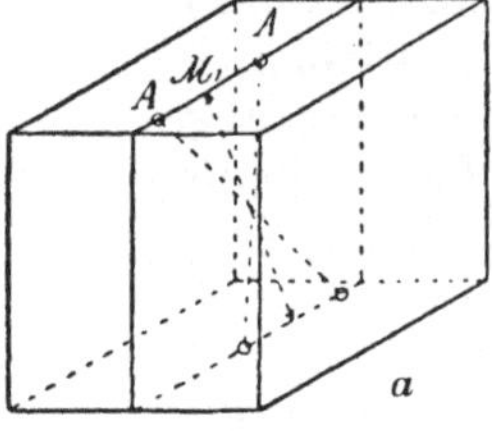

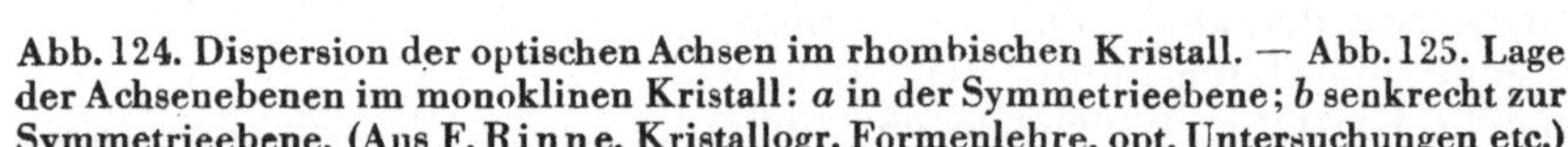

Abb. 124

Abb. 125

Abb. 124. Dispersion der optischen Achsen im rhombischen Kristall. — Abb. 125. Lage der Achsenebenen im monoklinen Kristall: *a* in der Symmetrieebene; *b* senkrecht zur Symmetrieebene. (Aus F. Rinne, Kristallogr. Formenlehre, opt. Untersuchungen etc.)

damit noch nicht festgelegt, da noch immer die Drehung der Achsenebene um eine der drei *geometrischen* Achsen der räumlichen Wellenfläche zweiachsiger Kristalle offen bleibt. So ist beispielsweise im

---

[29] Auch den mindersymmetrischen rhombischen Kristallen (z. B. in jener Kristallklasse, die nur die drei zweizähligen Deckachsen aufweist) kommen, in bezug auf die optische Erscheinung, die drei Symmetrieebenen der höchstsymmetrischen Klasse des rhombischen Systems zu; denn jeder Durchstrahlungsvorgang ist an sich zentrisch-symmetrisch, da zwischen Richtung und Gegenrichtung dabei nicht unterschieden werden kann. Durch Hinzunahme eines Symmetriezentrums aber erreichen auch die beiden mindersymmetrischen Klassen des rhombischen Systems die maximale Symmetrie der „Vollform".

erstgenannten Falle — Achsenebene in der Symmetrieebene — eine
Drehung der optischen Bezugsfigur um die Senkrechte zur Achsenebene (die „optische Normale") möglich (s. Abb. 126), so daß die
Austrittspunkte der ersten und zweiten Mittellinie (1. M., 2. M.) und
damit auch die Austrittspunkte der optischen Achsen A_1 und A_2
(A_r für rotes Licht, A_v für violettes Licht) voneinander abwei-
chen oder „dispergieren", selbst wenn der Achsenwinkel für diese
beiden Extremfälle der Wellenlängen für sichtbares Licht der
gleiche wäre — was übrigens gar nicht der Fall sein wird (vgl.
Abb. 124 für das rhombische System). Wir sprechen wegen dieser

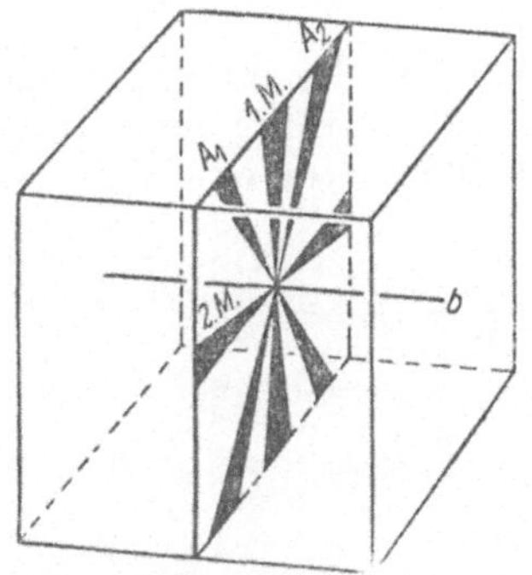

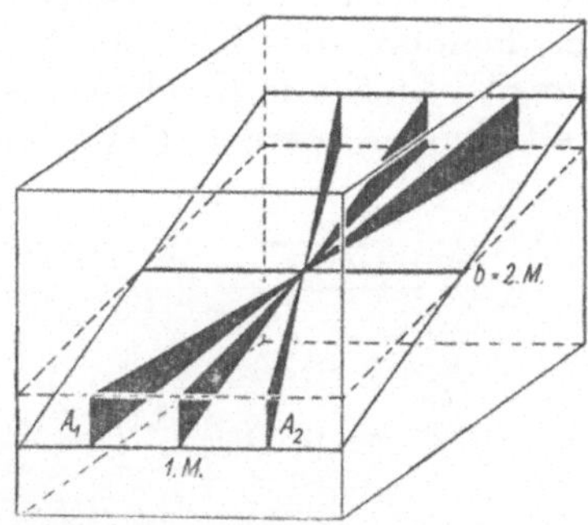

Abb. 126. Geneigte Dispersion   Abb. 127. Horizontale Dispersion
(Aus Rinne-Berek, Opt. Untersuchungen. 2. Aufl.)

Art der Neigung der im Polarisationsmikroskop (bzw. Konoskop)
feststellbaren Achsenaustrittspunkte für die verschiedenen Farben
des Spektrums, u. zw. des Auseinanderfallens *in der Spur der Achsenebene* von „*geneigter Dispersion*".

Im anderen Falle — Achsenebene senkrecht zur Symmetrieebene — (s. Abb. 127), handelt es sich um eine Dispersion der Achsenebenen selbst samt ihrer Mittellinie (1. M.) und den Achsenaustritts-
punkten: „*horizontale Dispersion*". Die zweite Mittellinie (2. M.) jedoch wird als Drehungsachse in der kristallographischen Deckachse b
für alle Farben festgehalten.

Es ist schließlich noch der Fall möglich, daß die in der b-Achse
festgehaltene Mittellinie die erste Mittellinie ist (die den spitzen
Winkel der optischen Achsen halbiert), die nach vorn (oder nach oben)
austretende Mittellinie somit die zweite ist. Dann erweist sich das
optische Phänomen, von der Seitenfläche aus betrachtet, als „*ge-
drehte Dispersion*". In allen drei erläuterten Fällen handelt es sich
mithin immer um Erscheinungen, die nur im monoklinen System
möglich sind.

Im triklinen System hingegen, wo es weder eine Symmetrieebene noch eine Deckachse gibt, kann es a priori keine Vorschrift
geben, in welcher Lage die optische Bezugsfigur (oder die Achsenebene) eingebaut ist. Es kann daher auch eine auftretende Disper-

sion für die verschiedenen Farben des Spektrums in keiner Weise mehr symmetriebedingt sein (nur daß die Bezugsflächen ihr gemeinsames Symmetriezentrum haben). Wir sprechen dann von einer *„asymmetrische Dispersion“*.

Wir haben eingangs die polyedrische Gestalt der Kristalle, wie sie sich als Resultat des Wachstumsvorganges offenbart, als die augenscheinlichste Manifestation der Anisotropie kristallisierter Materie hervorgehoben. Auch der inverse Vorgang — *die Auflösung des Kristalls* — ist aus den gleichen Ursachen ebenfalls ein anisotropes Phänomen, das sich demnach wieder symmetriebedingt äußern wird. Diesen Verhältnissen wollen wir zum Schluß noch unsere Aufmerksamkeit zuwenden.

Es handelt sich hier im besonderen um die Erscheinung der „Ätzung“ von Kristallflächen. Kein Kristall ist völlig fehlerfrei entwickelt, immer werden sich „wunde Stellen“ vorfinden, die dann

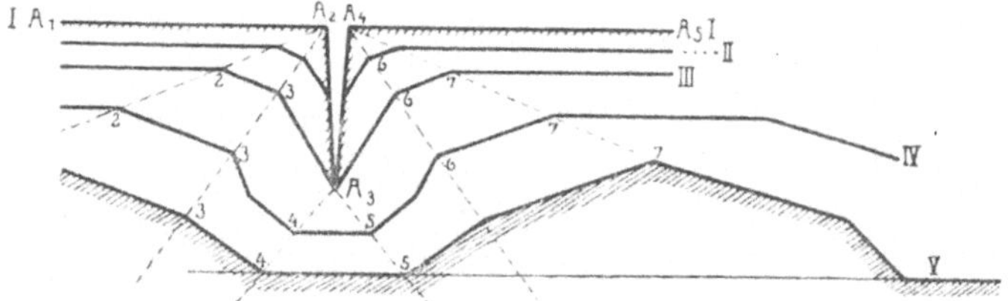

Abb. 128. Mechanismus der Ätzung. (Nach Niggli)

dem Angriff eines Lösungsmittels besonders günstig sind. Die als Endkörper des Wachstums auftretenden Kristallflächen sind im allgemeinen jene von minimalster Wachstumsgeschwindigkeit, also die beständigsten; sie werden damit auch der Auflösung den größeren Widerstand entgegensetzen. An Fehlstellen kann jedoch das Lösungsmittel — es darf kein zu heftig reagierendes sein — wirksam eingreifen und wird zunächst (wie es in der schematischen Abb. 128 zur Darstellung gebracht ist) Lösungsflächen erzeugen, die der Lage nach hochindizierten, d. h. zur Hauptfläche wenig geneigten Flächenelementen entsprechen. Bei weiterem Fortschreiten des Lösungsvorganges stellen sich auch steiler liegende Lösungsflächen ein, denen dann einfachere Indizes zukommen. So entstehen im ganzen *Ätzgrübchen* die von kristallographisch möglichen Flächen begrenzt sind. Es ist daher selbstverständlich, daß die Symmetrie dieser *Ätzfiguren* der Symmetrie des Kristallkörpers entspricht und im besonderen durch ihre Formbegrenzung die Eigensymmetrie der geätzten Ausgangsfläche widerspiegelt. In diesem Sinne sind die Ätzfiguren zu verstehen, die wir in dem Kristallbild des Nephelins (s. Abb. 39) eingezeichnet haben. Die äußere Kristallgestalt dieses Minerals ist meist nur das einfache hexagonale Prisma, begrenzt von den Flächen der Basis, die unter sich nicht einmal gleichwertig sind. Denn an Symmetrieelementen kommt diesen Kristallen lediglich eine polare sechszählige Hauptachse zu (deren Enden ungleichwertig sind), so daß Ober- und Unterseite des Kristalls voneinander unabhängig sind; also sind auch die Basisflächen oben und unten als kristallographisch ungleichwertig anzusehen. Da diesen hexagonalen Kristallen auch jegliche Symmetrieebenen fehlen — sowohl die horizontalen wie auch die vertikalen — ist die Flächensymmetrie der sechsseitigen Prismen völlig asymmetrisch. Das würde sich an der Kristallgestalt erst dann erkennen lassen, wenn noch Flächen allgemeinster Lage („gewendete" sechsseitige Pyramiden oder Pyramiden III. Art, wie am Apatit der Abb. 15 die Fläche 2131) als abstumpfende Flächen auftreten würden[30], was aber an den bekannten Wachstumsformen des Nephelins nicht vorkommt.

Form und Lage der Ätzfiguren auf den Prismenflächen offenbaren jedoch die Mindersymmetrie dieser Flächen in eindrucksvoller Weise und sind so ein ausgezeichnetes Hilfsmittel, die wahre Flächensymmetrie auch dann zu erkennen, wenn der Kristall infolge seiner *einfachen* Formausbildung (begrenzt lediglich von Flächen ganz *spezieller Lage*) dies gestaltlich-geometrisch nicht zum Ausdruck bringen kann.

Noch ein weiteres Beispiel sei zur Illustration dieser Verhältnisse vorgeführt: In Abb. 129 sind geätzte Rhomboederflächen des Kalzits und Dolomits wiedergegeben. Schon S. 63 (im Kapitel Isomorphie — Polymorphie) haben wir erwähnt, daß die Rhomboeder dieser beiden Kristallarten auch nach den Winkelverhältnissen ziemlich übereinstimmend sind. Die Rhomboederflächen des Kalzits (Kristallform der Stufe V des trigonalen Systems) sind monosymmetrisch, da auf jeder dieser Flächen eine vertikale Symmetrieebene senkrecht einschneidet und daher durch ihre Spurlinie (Symmetrielinie der Fläche) diese in zwei spiegelbildlich gleiche Teile zerlegt. Dem Dolomit (Mindersymmetrie der Stufe II) fehlen die erwähnten Symmetrieebenen der Vollform und seine Rhomboederflächen — äußerlich, wenn allein vorhanden, mit jenen des Kalzits gleichartig — sind daher asymmetrisch. Die Ätzfiguren der beigegebenen Abbildung demonstrieren diese Symmetrieverhältnisse in überzeugender Weise.

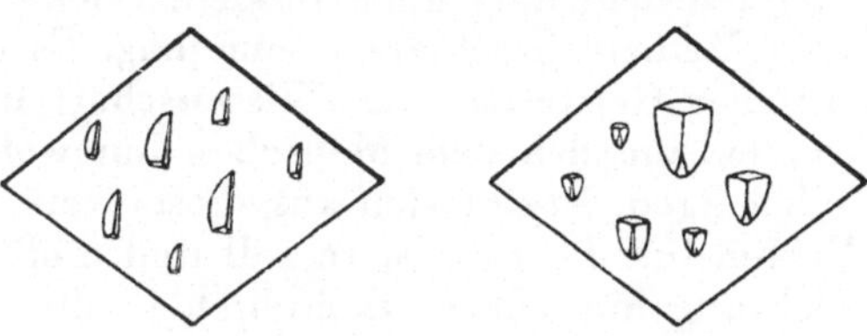

Abb. 129. Ätzung der Rhomboederflächen bei Kalzit (rechts) und Dolomit (links)

---

[30] Analoge Flächen „allgemeinster Lage" sehen wir beispielsweise auch am trigonalen Quarz (vgl. Abb. 32 b: die mit 5161 indizierte Fläche am Rechtsquarz bzw. 6151 am Linksquarz), durch deren Auftreten die hexagonalen Prismenflächen ihre völlig asymmetrische Formbegrenzung erhalten; die genannten abstumpfenden Flächen sind die Trapezoederflächen, die — für sich allein — Kristallformen wie Abb. 32 a ergeben würden.

Wir haben bisher bei Behandlung der Ätzung nur vom Auftreten der Ätzgrübchen gesprochen. Wenden wir nochmals den Blick auf die Darstellung des Ätzungsvorganges (Abb. 128), so wird verständlich, daß bei genügend weit fortgeschrittener Ätzung die Vertiefungen an Umfang immer mehr zunehmen, so daß schließlich die übrigbleibenden Erhabenheiten der angeätzten Fläche — die *Ätzhügel* — das charakteristische Relief ausmachen und dann in gleicher Weise (wie bei den Ätzgrübchen) zur Bestimmung der Symmetrie Verwendung finden können.

Mit den vorstehenden Erörterungen haben wir eine Reihe physikalischer Phänomene im Zusammenhang mit dem Kristallbau diskutiert und dabei gesehen, in welch enger, symmetriebedingter Weise Gestalt und physikalische Eigenschaften der Kristalle miteinander verknüpft sind.

XII. Piezoelektrizität und „schwingende Kristalle"

In der Geschichte der Naturwissenschaften ist es keine Seltenheit, daß festgestellte Beobachtungen als unbedeutend und nebensächlich angesehen werden, später aber, manchmal erst nach Jahren oder Jahrzehnten, zu besonderer und weittragender technischer Bedeutung gelangen. Jede Erkenntnis von Tatsachen und deren Zusammenhängen hat ihren positiven naturwissenschaftlichen Wert, unbeschadet des Umstandes, ob der festgestellten Eigenschaft oder Gesetzmäßigkeit zunächst besondere Auswirkung in wissenschaftlicher Hinsicht oder aber aussichtsreiche Verwendung in der Technik oder Medizin beschieden sein mag. Es entspricht durchaus philosophischer Geisteshaltung, Wissenschaft um ihrer selbst willen zu betreiben, um den dem Menschen innewohnenden Erkenntnisdrang zu befriedigen. Ergibt sich aus dieser rein ideellen Arbeit überdies ein Vorteil für die Praxis, so soll und muß die Auswertung nach dieser Richtung hin selbstverständlich in die Wege geleitet und gefördert werden.

Ein besonders interessantes Beispiel in dieser Hinsicht ist das Phänomen der sogenannten Piezoelektrizität bei gewissen Kristallen.

Elektrische Erscheinungen sind schon frühzeitig an mineralischen Substanzen wie überhaupt an starren Körpern beobachtet worden. Hierher gehört zunächst die bekannte Tatsache der Reibungselektrizität, indem beispielsweise Quarz positiv aufgeladen wird, Bernstein und Schwefel hingegen negativ. Auch durch Schaben, Spalten, beim Zerbrechen oder Zerreißen treten elektrische Aufladungen bei gewissen Mineralen und Kristallen auf.

Eine eigentümliche elektrische Erregung wurde im Jahre 1880 von den Gebrüdern Curie am Turmalin wahrgenommen. Diese Kristallart gehört dem trigonalen Kristallsystem an, besitzt jedoch die Besonderheit einer sogenannten „*polaren*" Hauptachse. Die beiden Enden dieser vertikalen trigonalen Achse sind nämlich ungleichwertig, d. h. Oberseite und Unterseite des Kristalls sind verschiedenartig ausgebildet, wie Abb. 10 auf S. 11 erkennen läßt. J. und P. Curie fanden, daß durch Druck in der Richtung dieser polaren Achse die beiden Enden ungleichnamig aufgeladen werden, die eine Seite positiv, die andere negativ. Man bezeichnete diese durch Druck influenzierte elektrische Aufladung als *Piezoelektrizität*. Auch am Quarz, dessen drei horizontale Nebenachsen polaren Charakter aufweisen, wurde diese Erscheinung der Piezoelektrizität nachgewiesen (s. Abb. 130). In der Folgezeit sind noch viele andere Kristallarten als piezoelektrisch erkannt worden. Immer handelt es sich dabei um Kristalle, denen ein Symmetriezentrum abgeht, welchen demnach bezüglich gewisser Deckachsen

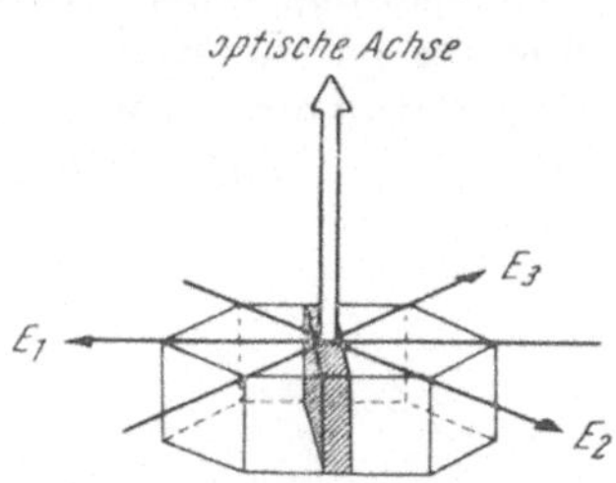

Abb. 130. Elektrische Achsen beim Quarz. (Aus W. Kleber, Gitterphysik)

Polarität zukommen kann. Das ist, wie gesagt, bei den zweizähligen Nebenachsen der Quarzkristalle der Fall, die sich in besonderem Maße für piezoelektrische Erscheinungen geeignet erweisen.

Wer konnte ahnen, daß diese — wohl merkwürdige — jedoch unbedeutend erscheinende Tatsache in der Folgezeit zu einer hervorragend technischen Bedeutung gelangen sollte und eine vielseitige und wichtige Anwendung in der modernen Physik finden würde.

Das Phänomen der Piezoelektrizität — daß durch Pressung oder Dehnung in bestimmten Richtungen elektrische Aufladungen erzielt werden — läßt sich auch in umgekehrter Weise verwerten: Werden an den verschiedenartigen Enden der polaren Achse ungleichnamige elektrische Ladungen angelegt, so verkürzt oder dehnt sich die betreffende Kristallplatte in den entsprechenden Richtungen. Bei Anlegen von hochfrequenten Wechselspannungen wird die betreffende Kristallplatte oder das Stäbchen in *mechanische Schwingungen* versetzt.

Ein Wort sei noch dem Zustandekommen piezoelektrischer Erscheinungen gewidmet, u. zw. wollen wir die Erklärung derselben im Falle des Quarzes auf Grund seiner Innenstruktur kurz erörtern.

Wie im Kapitel Kristallchemie der Silikate erwähnt worden ist, zeigt die Gruppierung der Siliziumtetraeder im Quarz einen spiraligen Aufbau in der Richtung der trigonalen Hauptachse. Je nach dem Windungssinn dieser spiralförmigen Ketten, die im ganzen das dreidimensionale Gerüstwerk ausmachen, unterscheiden wir ja zwischen Links- und Rechtsquarz, welch letztere Verhältnisse sich auch in optischer Hinsicht in der Fähigkeit einer Drehung der Polarisationsebene kundtun: links- und rechtsdrehende Quarze! Ohne im einzelnen auf die speziellen Atomfigurationen einzugehen, sei nur angeführt, daß wir Baugruppen von sechsseitigem Umriß herausgreifen können, an denen 3 Si-Atome und 6 O-Atome beteiligt sind, wobei erstere positive, letztere negative Ladungen besitzen (s. Abb. 131 a bis c)[31].

Da diese in erster Annäherung horizontal gelagerten sechsseitigen Atomgruppen (s. Abb. 131 a) sich gleichwohl hinsichtlich der Höhenlage ihrer Si-Atome nicht im selben Niveau befinden, wird bei Ausübung eines Druckes in einer bestimmten horizontalen Richtung (es ist die Richtung einer polaren Nebenachse) eine Verschiebung der Atome zustande kommen, wodurch an den beiden Seiten der elektrischen (oder polaren) Achsen ($+E_3$) und ($-E_3$) ungleichnamige Aufladungen auf den Oberflächen auftreten, wie dies in der schematischen Abb. 131 b[32] zum Ausdruck gebracht ist; Dehnung in dieser Richtung — oder, was auf das gleiche hinausläuft, Druck in der dazu normalen — erzielt auf Flächen senkrecht der elektrischen Achse Aufladung mit umgekehrten Vorzeichen (s. Abb. 131 c).

Werden, umgekehrt, auf die angeschliffenen Flächen mittels angelegter Elektroden die in Abb. 130 b verzeichneten Ladungen gebracht, so wird eine Dehnung des sechsseitigen Atomgebildes in der Richtung der E_3-Achse die Folge sein, da an der

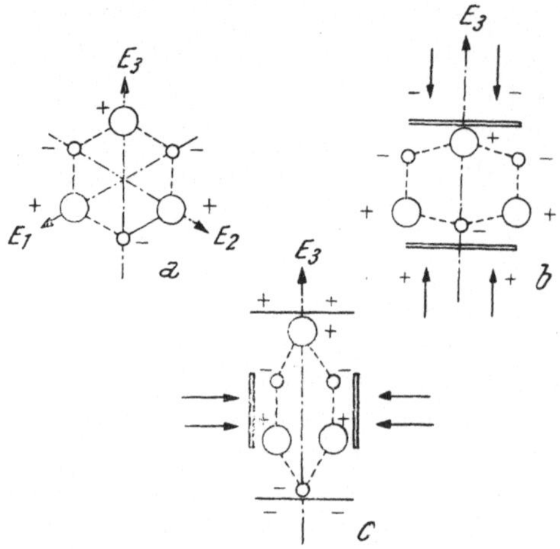

Abb. 131 a bis c. Strukturelle Deutung des piezoelektrischen Effektes beim Quarz. (Aus W. Kleber, Gitterphysik)

negativ aufgeladenen Oberfläche das positive Si-Atom angezogen, die negativen O-Atome aber abgestoßen werden. Auf der anderen Seite, also an der positiv aufgeladenen Elektrode, tritt — wechselweise bzgl. der Atome — das entsprechende ein: gleichfalls dehnende Wirkung in der Richtung der polaren Achse.

Durch dieses vereinfachte Bild können wir vielleicht verstehen, wieso es bei Druck- und Dehnungsbeanspruchungen zu ungleichnamigen Aufladungen kommt; desgleichen, daß bei Anlegung entsprechender Ladungen Dehnung bzw. Zusammenziehung hervorgerufen wird. Daß dann bei Verwendung von Wechselstrom mechanische Schwingungen erregt werden, liegt auf der Hand; ihre Amplitude wird ein Maximum sein, wenn die Frequenz des elektrischen Feldes der mechanischen Eigenfrequenz des Kristalls entspricht.

Soweit nur sollte das Phänomen der Piezoelektrizität bei Kri-

---

[31] Si-Atom 3 liegt etwas tiefer als 2, dieses wieder etwas tiefer als 1.

[32] Die beiden jeweils etwas oberhalb und unterhalb befindlichen O-Atome sind in dieser schematisierten Zeichnung in eines mit doppelter Ladung zusammengefaßt.

stallen und die Fähigkeit solcher, im elektrischen Kraftfelde hochfrequenten Wechselstromes zu Eigenschwingungen angeregt zu werden, dem Verständnis des Lesers nahegebracht sein.

Jetzt aber wollen wir noch kurz die technischen Anwendungsgebiete streifen.

Am bekanntesten ist wohl die Anwendung piezoelektrischer Quarze zur Konstanthaltung der Schwingungsfrequenz von Röhrensendern in der drahtlosen Nachrichtentechnik; diese Sender sind heute fast durchwegs *kristallgesteuert*. Die Steuerung besteht darin, daß die Frequenz des Senders durch die Eigenfrequenz des Kristalls bestimmt und so durch ihn konstant gehalten wird.

Diese Konstanthaltung ist eine sehr weitgehende; denn bei einer Frequenz von 10^6 Hz (300 m Wellenlänge) beträgt die Schwankung nur noch ± 1 Schwingung pro Sekunde.

Eine andere Anwendung findet der piezoelektrische Quarz in der sogenannten *Quarzuhr*. Der schwingende Kristall übernimmt hiebei die Funktion des Pendels in der gewöhnlichen Uhr. Im Prinzip ist eine solche Quarzuhr dasselbe wie ein kristallgesteuerter Röhrensender und stellt gegenwärtig infolge der so überaus präzisen Frequenzkonstanz unseren genauesten Zeitmesser dar; die Ungenauigkeit beträgt nur ein bis zwei Tausendstel Sekunden im Tag.

Von den vielseitigen Anwendungen, die schwingende Kristalle in neuerer Zeit in Physik und Technik gefunden haben, sei noch die Verwendung als Wellenmesser (d. h. zur Frequenzbestimmung) eines Senders sowie die piezoelektrische Lichtsteuerung — eine Art Lichttelephonie — erwähnt, ferner die praktischen Anwendungen als piezoelektrischer Lautsprecher, weiters das piezoelektrische Mikrophon und der piezoelektrische Tonabnehmer zum Abspielen von Schallplatten.

Ein anderes wichtiges Anwendungsgebiet schwingender Kristalle ist jenes in der Ultraschalltechnik. Von den Oberflächen schwingender Kristalle gehen hochfrequente Schallwellen aus, wobei der Schall — dessen Frequenz mit der Eigenfrequenz des schwingenden Kristalls übereinstimmt — senkrecht von der Platte nach außen gestrahlt wird. Mit dickeren Quarzplatten erzielt man in Flüssigkeiten ungewöhnlich große Schallintensitäten, die größten zur Zeit erreichbaren überhaupt. Das befähigt solche Ultraschallgeber, denen eine bemerkenswerte Richtwirkung eigen ist, zu einer ausgezeichneten Nachrichtenübermittlung unter Wasser, so beispielsweise zur Verständigung getauchter U-Boote untereinander oder mit anderen Schiffen; man erzielt dabei Reichweiten von zehn und mehr Kilometern. Auch nach der Echomethode für Zwecke der Echolotung haben sich Ultraschallwellen bestens bewährt.

Aus all dem geht hervor, welch immens praktische Bedeutung dem Phänomen schwingender Kristalle heute zukommt, und zeigt damit eindrucksvoll, wie ursprünglich als nebensächlich angesehene Materialeigenschaften zur gegebenen Zeit zu ausschlaggebender Bedeutung gelangen können.

XIII. Mineralbildung in der Natur

In den obigen Artikeln haben wir einen skizzenhaften Überblick über die Gesetzmäßigkeiten des äußeren Erscheinungsbildes und des inneren Aufbaues der Kristalle gegeben. In der Tat hat hier die Forschung der letzten Jahrzehnte Großartiges, ja Gigantisches geleistet und uns ein Bild über die Wunderwelt der Kristalle enthüllt, das F. K. Ginzkey so tief erfühlt in poetische Form gebracht hat.

Nun wollen wir an einigen Beispielen aufzeigen, wie die Natur ihre Minerale bildet. Obwohl die Mineralogen seit fast hundert Jahren eine Unmenge von Material zusammengetragen und viele Minerale kristallographisch, physikalisch und chemisch charakterisiert haben und auch das genetische Moment nach Tunlichkeit ins Auge gefaßt haben, so ist dennoch das Bild, das wir uns über diese Frage machen können, noch recht bescheiden und reicht keineswegs an die Eleganz und Exaktheit des obigen heran. Das hat mehrere Gründe:

Die Natur bildet ihre Minerale auf sehr mannigfache Weise, denn ihr Laboratorium ist unermeßlich groß und die Menge der chemischen Stoffe, die ihr zur Verfügung stehen, ist eine gewaltige. Dazu arbeitet sie mit Zeiten bis zu Millionen von Jahren und mit den verschiedensten Temperaturen und Drucken. Sie läßt außerdem die Minerale fast stets in den Erdtiefen entstehen, weshalb wir nur selten den Werdegang direkt beobachten können. Wir sind somit im allgemeinen auf indirekte Schlüsse in der Beurteilung der Bildungsweise angewiesen. Vieles wird uns wohl verständlich, vieles bleibt aber unsicher.

Es gibt zwei Wege, die der Forscher zur Klärung der Frage einschlagen kann: der erste ist der induktive (analytisch-statistische), der zweite der deduktive (experimentell-synthetische). Im ersteren Falle suchen wir aus den Mineralgebilden und ihren Vergesellschaftungen, wie sie sich unserer Betrachtung darbieten, die physikalischen und chemischen Bedingungen — die wieder mit geologischen Vorgängen verknüpft sind — abzulesen und dadurch herauszufinden, wie die Natur bei einem gegebenen Stoffbestand arbeitet. Jeder natürliche und künstliche Aufschluß[33] gleicht einem aufgeschlagenen Geschichtsbuche, in dem wir das entsprechende Kapitel lesen können; denn die Natur hat selbst ihre Tätigkeit in wirklicher Lapidarschrift niedergeschrieben, wir müssen uns nur bemühen, sie zu entziffern.

Der zweite Weg führt über die Mineralsynthese im Laboratorium zum Vergleich der künstlichen Produkte mit den natürlichen. Sind nach unserer Meinung die Bedingungen bei der Synthese ähnlich den natürlichen, so dürfen wir annehmen, daß auch die Natur den gleichen Weg bei der Bildung ihrer Minerale gegangen ist. Sol-

---

[33] Von der Natur bloßgelegte Gesteinspartien, wie Felswände u. dgl., oder künstliche Aufschlüsse in Form von Steinbrüchen, Bahn- und Straßeneinschnitten, im Bergbau u. s. w.

che Versuche sind aber stets mit einer gewissen Vorsicht zu verwerten. Wir arbeiten bei der Synthese in Platintiegeln von wenigen Kubikzentimeter Inhalt und im allgemeinen mit „trockenen" Schmelzen, also ohne die wichtige Mitwirkung der kristallisationsfördernden Beimengungen. Erst jüngeren Datums sind die Synthesen bei Anwesenheit von Wasser oder Gasen (s. S. 98). Wenn wir uns die Natur personifiziert vorstellen, so würde sie wohl milde lächeln, wenn sie unseren kindlichen Bemühungen, sie nachzuahmen, zusehen würde.

Wir werden also besser den ersten Weg beschreiten oder nach Tunlichkeit beide Forschungswege einschlagen und in ihren Ergebnissen berücksichtigen, um mit höherer Wahrscheinlichkeit zu einem richtigen Urteil zu gelangen.

Wir können in großen Zügen feststellen, daß die Natur drei verschiedene Wege kennt: Bildung aus Schmelzflüssen, aus wässerigen Lösungen und durch Metamorphose (Umwandlung) eines bestehenden Stoffbestandes. Zwischen diesen drei Hauptstraßen gibt es alle möglichen Übergänge, ein ganzes Labyrinth von Wegen führt von der einen Straße zur anderen.

Es ist unzweifelhaft, daß viele Minerale durch Abkühlung und damit verbundene Erstarrung eines Schmelzflusses entstanden sind (und natürlich immer noch entstehen), wir können dies an den tätigen Vulkanen ja unmittelbar sehen und zum Teil auch experimentell nachahmen. Eine solche Schmelze[34] stellt eine ungemein komplizierte Lösung dar, die eine große Anzahl von chemischen Elementen enthält. In überwiegendem Maße (gegen 99 %) beteiligen sich aber nur acht Elemente daran, nämlich Sauerstoff, Silizium, Aluminium, Magnesium, Eisen, Kalzium, Natrium und Kalium. Alle weiteren Elemente bezeichnen wir als Spurenelemente.

Es hängt nun ganz von den physikalisch-chemischen und geologischen Verhältnissen ab, wie die Kristallisation solcher schmelzflüssiger Massen erfolgt; sie kann in größeren Erdtiefen bei höheren Temperaturen und bei hohen Drucken vor sich gehen oder an der Erdoberfläche selbst. Dazwischen gibt es alle möglichen Übergänge. Je nachdem werden die auskristallisierenden Gemengteile auch bei gleicher stofflicher Zusammensetzung etwas verschieden sein können.

Fassen wir zunächst eine an Silizium, Aluminium und Alkalien reiche (granitische) Schmelze ins Auge, die in größerer Erdtiefe zur Erstarrung kommt. Wegen des hohen Gehaltes an diesen Elementen in Verbindung mit Sauerstoff werden in erster Linie Silikate (Verbindungen der Kieselsäure) entstehen; daneben sind Sulfide (Verbindungen von Schwefel mit Schwermetallen), Oxyde (Sauerstoffverbindungen von Metallen) und Phosphate (Salze der Phosphorsäure) von geringer Bedeutung. Im Gegensatz zu diesen schwerflüchtigen Substanzen stehen die leichtflüchtigen Bestandteile einer Schmelze, wie das stets gegenwärtige Wasser, Fluor-Chlor-Borver-

---

[34] Über die Natur einer solchen Schmelze wird hier nichts Näheres ausgesagt.

bindungen u. a., deren Weiterentwicklung weiter unten dargestellt wird.

Sehen wir vorerst von diesen leichtflüchtigen Bestandteilen ab, so können wir aus der Beobachtung am erstarrten granitischen Gestein (Abb. 132), wie es sich heute unserem Auge zeigt, erkennen, daß nicht gleichzeitig alle seine Komponenten auskristallisiert sind, sondern daß es eine gewisse „*Kristallisationsfolge*" gibt; zuerst scheiden sich die sogenannten akzessorischen Gemengteile aus — die wegen ihrer geringen Menge für den Gesamtaufbau *unwesentlich* sind —, Apatit, Zirkon, Magnetit u. a., dann folgen die *wesentlichen* Gemeng-

Abb. 132. Weinsberger Granit (niederösterreichisches Waldviertel). Weiß sind die Feldspate, dunkel die Biotite. $^2/_3$ der nat. Größe. (Aus Photographie und Forschung, Jg. 1936, H. 6)

teile gewöhnlich in der Reihenfolge Hornblende, Biotit, Feldspate und Quarz. Bei den Feldspaten scheiden sich die Kalk-Natron-Feldspate wieder vor den Alkalifeldspaten aus. Das ist natürlich nicht so zu verstehen, daß erst das eine Mineral auskristallisiert und dann das nächste, die Bildungszeiten überschneiden sich, doch ist im allgemeinen die Regel stets zu erkennen. Diese alte Erfahrung wird heute durch die neuen kristallchemischen Erkenntnisse wohl bestätigt. Mitunter ist jedoch die „Reihenfolge" komplizierter, und wir betrachten das Erstarrungsbild des Granites in seinem letzten Bildungsstadium, ohne zu wissen, was vorher vor sich gegangen ist. Daß überhaupt die Entstehung des Granites auch anders aufgefaßt werden kann, ist eine andere Frage. Für unsere Zwecke können wir von den hier noch ungelösten Problemen absehen.

Zu den auf diese Weise durch Erstarrung eines Schmelzflusses gebildeten Mineralen müssen wir auch jene rechnen, die sichtlich durch Aufschmelzung (Auflösung) und Wiederauskristallisation von Nebengesteinsanteilen entstehen (Assimilation). Auf diesem Wege können sich neue Minerale, wie Cordierit, Spinell, Andalusit u. a., bilden. Ihre Anwesenheit im Granit läßt dann darauf schließen, daß er fremdes Material aufgenommen hat.

Die Artenzahl der „wesentlichen" Gemengteile, die das granitische Gestein charakterisieren, ist somit verhältnismäßig klein. Größere Mannigfaltigkeit ergibt sich bei der endgültigen Erstarrung der sogenannten *„Restschmelzen"*. Viele Spurenelemte, wie z. B. Bor, Beryllium, Fluor, Chlor, Lithium, Wolfram, Molybdän, gehen nicht in den Hauptmineralbestand ein, sie reichern sich zunächst im Schmelzfluß an. Ihre Verbindungen sind zum Teil gasförmig, wie manche von Fluor, Chlor, das Wasser, Schwefelwasserstoff, schwefelige Säure usw. Es hängt nun ganz von dem geologischen Geschehen ab, ob diese flüchtigen Substanzen entweichen können oder nicht. Werden sie in der gegenüber der äußerst zähen Silikatschmelze weit flüssigeren Restschmelze zurückgehalten, so kristallisiert diese letzten Endes im Gestein selbst aus, häufiger aber wird sie in aufreißende Spalten und Klüfte Hauptgesteins oder auch in solche der benachbarten älteren Gesteine ausgequetscht und erstarrt hier. Die dabei entstehenden Mineralvergesellschaftungen nennen wir

Abb. 133. Gruppe von Feldspatkristallen aus Pegmatit. $^2/_3$ der nat. Größe. (Aus Natur und Technik, Jg. 1948)

Pegmatite (bei kleinem Korn *Aplite*). In ersteren finden sich wegen des Reichtums an Kristallisatoren (Lösungen und Gase, welche die Kristallisation fördern) im allgemeinen große Kristalle. Obige Elemente, die in die Hauptgemengteile nicht eingegangen sind, sind hier in einer Anzahl seltenerer Minerale gebunden. Die Pegmatite liefern uns daher viele schöne und oft große Kristalle. Besonders bezeichnend ist der Gehalt an Turmalin (Borsilikat), Beryll (Berylliumsilikat), Columbit und Tantalit (niobium- und tantalhältig), Spodumen, Lepidolith, Amblygonit (lithiumhältig), Minerale mit Cer-Lanthan-Urangehalt, wie Gadolinit, Orthit, Monazit neben anderen. Dabei ist zu berücksichtigen, daß Pegmatite verschiedener Gebiete auch verschiedene Mineralführung aufweisen können. Z. B. sind sie aus dem Stockholmer Schärenhof reich an Mineralen mit Yttererden, die in letzter Zeit wegen ihres außerordentlichen Mineralreichtums berühmt gewordenen Pegmatite von Varuträsk (Schweden) sind wieder reich an Lithium, Cäsium und Rubidium (Bildung von Rubidiummikroklin, Petalit). Alle Pegmatite enthalten auch — u. zw. in ganz erheblichem Ausmaße — Gemengteile, die wir schon von der Erstkristallisation her kennen, besonders Feldspate, Muskovit und Quarz in oft großen und gut entwickelten Kristallen (s. Abb. 133).

Die Gase dieser Restschmelzen wandern vielfach noch weiter als die pegmatitischen Säfte und führen zu *„pegmatitisch-pneumatolytischer*[35]*"* Mineralbildung. Topas, Zinnstein, Zinnwaldit, Wolframit, Molybdänglanz, Flußspat u. a. gehören dieser Bildung an. Zwischen pegmatitischer und pneumatolytischer Bildungsweise kann nicht scharf getrennt werden, es gibt alle Übergänge.

Schließlich gehen die Pegmatite in heiße, wässerige Lösungen über. Was auf obigem Wege noch nicht zur Ausscheidung kam, bleibt in diesen *„hydrothermalen Lösungen"* im Lösungszustande, bis gleichfalls auf Spalten und Klüften — meist im Nebengestein — durch weitere Abkühlung und Übersättigung die Auskristallisation erfolgt. Da in solchen Klüften oft genügend Raum vorhanden ist, bilden sich gerne gutentwickelte Minerale, die sich an Kluftwänden ansetzen (s. Abb. 134 a, b) und jene Drusen[36] bilden, die der

Abb. 134 a. Sphenzwilling aus dem Untersulzbach

Mineraloge und der Sammler besonders schätzt. Hier denkt man in erster Linie an die „alpinen Kluftminerale", doch sind diese zum Teil anderer Entstehungsart, wovon noch weiter unten die Rede sein wird. Häufig sind hier z. B. derber Quarz, Bergkristall, Rauchquarz, Adular, Albit, Periklin, Zeolithe, Sphen, Anatas, Brookit, Rutil, Kalkspat, Flußspat, Chlorit, Amianth. In anderen Kluften und Gängen finden wir wieder: Baryt, Bleiglanz, Zinkblende Pyrit, Gold-, Silber-, Kupfer-Minerale, Arsen-, Antimon-, Wismut-Minerale, Realgar, Auripigment neben einer Reihe von Karbonaten (Kalzit, Dolomit, Manganspat, Eisenspat). Die Angaben können natürlich nicht vollständig sein, die Mannigfaltigkeit ist selbstverständlich eine weit größere, als dies hier zum Ausdruck gebracht werden kann.

Ist der Mineralbestand des Hauptgesteins verhältnismäßig einfach und in seinem Werdegang — aber nur augenscheinlich — einigermaßen verständlich, so geben uns die Bildungen der pegmatitisch-pneumatolytischen Phase und jene aus den hydrothermalen Lösungen noch mehr Rätsel auf. Wir kennen die Faktoren, die hier

[35] Unter pneumatolytischer Bildung verstehen wir eine solche, wo Gase und Dämpfe mitwirken.

[36] Vereinigung von Kristallen auf einer gemeinsamen Unterlage.

bei der Ausscheidung und auch bei der Trachtausbildung (s. S. 104)
neben der Temperatur und den Lösungsgenossen eine Rolle spielen,
nicht restlos erfassen. Dazu kommt noch der Umstand, daß Stoffe
mitspielen, die gar nicht dem Schmelzfluß, von dem wir ausgegan-
gen sind, entstammen. Wir haben schon oben angedeutet, daß Teile
fremder Gesteine aufgeschmolzen werden können und dadurch den
Mineralgehalt in der erstarrenden Schmelze modifizieren. Auch
Pegmatite reagieren mit dem Nebengestein; wo etwa hornblenderei-
che Gesteine von ihnen durchdrungen werden, bildet sich gerne
infolge der Kalizufuhr ein Saum von Biotit an Stelle der Horn-

Abb. 134 b. Wulfenitkristalle (zwei Generationen von verschiedener Tracht), Bleiberg,
Kärnten. (Aus Sammlung K. Kontrus, Wien)

blenden, bei Reaktion mit tonerdereichen Gesteinen sprießen An-
dalusite im Pegmatit auf usf. Auch in den Poren des Nebengesteins
zirkulieren immer Lösungen, die mit Stoffen beladen sind, die ihm
entstammen. Bei ihrem Zusammentreffen mit hydrothermalen Lösungen werden sich neue Möglichkeiten zur Bildung von Mineralen
ergeben können, die eine deutliche Abhängigkeit vom Mineralbestand des Nebengesteins erkennen lassen *(Lateralsekretion)*. Die Verhältnisse werden dadurch noch verwickelter, als sie ohnedies sind.

Dieser Lateralsekretion im weiteren Sinne verdanken jene schönen und viel gesammelten alpinen Kluftminerale[37] in erster Linie
ihre Entstehung. Nun ist freilich der Vorgang nicht so einfach, daß
aus einem fertigen Gestein entlang von Klüften und Sprüngen die
Substanzen herausgelöst werden, die sich dann aus der Lösung in
den Klüften wieder abscheiden. Es bedarf ganz bestimmter geologischer Prozesse, um zu solcher „Auslaugung" zu gelangen. Hier spie-

---

[37] Vgl. hierzu das vortreffliche Buch von P. Niggli, J. Koenigsberger und
R. L. Parker: Die Mineralien der Schweizer Alpen. Basel: Wepf und Co. 1940.

len komplizierte Vorgänge anläßlich der Durchbewegung und Umprägung der Gesteine zu kristallinen Schiefern (s. unten) eine Rolle, und diese führen zu verbreiteten Stoffwanderungen durch Lösung und Wiederabsatz; hierbei werden manche Stoffe, die in Kristallgittern früherer, z. B. aus Schmelzflüssen gebildeter Minerale eingebaut wurden, bei der Umprägung zu einfacher gebauten ausgeschieden. So gelangt etwa das Titan, das z. B. im Biotit eingebaut war, neben der vorherrschenden Kieselsäure und den Alumosilikaten in die zirkulierenden Lösungen in den Klüften. Aus diesem Grunde finden wir so häufig eine charakteristische Abhängigkeit der Kluftmineralgesellschaft von dem Mineralbestand im Nachbargestein. Tektonische Bewegungen sind somit der Anlaß der Mobilisation von Stoffen im Gestein und des Austrittes in die Klüfte, was das Bild der „Lateralsekretion" hervorruft.

Das letzte Lebenszeichen einer größeren erstarrenden Schmelzflußmasse sind schließlich die Mineralquellen, die gleichfalls noch mineralbildend sein können (Aragonit, Schwefel, Gips z. B.) und deren Gehalt an mineralischen Stoffen ja ihre Heilkraft bedingt.

Um die Art und das relative Mengenverhältnis der Minerale, die sich durch Auskristallisation eines Schmelzflusses bilden, zu verstehen, müssen wir weiter berücksichtigen, daß die schmelzflüssigen Massen ja ursprünglich recht verschieden sein können. In obigem Beispiel hatten wir eine kieselsäurereiche granitische Schmelze vor Augen, die in größeren Erdtiefen ungemein langsam erstarrt ist. Der Mineralgehalt, als der sichtbare Ausdruck der chemischen Zusammensetzung, wird anders sein, wenn eine kieselsäureärmere und alkalireichere Schmelze erstarrt, ohne hier die petrographische Frage nach dem Grunde des Chemismus zu diskutieren. Hier wird der Quarz fehlen und statt der Alkalifeldspate kann z. B. der Nephelin auftreten, der weniger Kieselsäure verbraucht. Pegmatite solcher „Nephelinsyenite" sind u. a. durch einen Gehalt an Zirkon, Titanit, Eudialyt, Eukolit, Wöhlerit und einige weitere charakterisiert. Ist die Schmelze wieder arm an Kieselsäure und reich an Magnesium und Eisen, so werden Olivine und Augite eine große Rolle spielen usw.

Wieder anders ist das Bild, das uns der Kristallisationsakt von an der Erdoberfläche erstarrenden Schmelzflüssen vorführt. Bei granitischem Chemismus ist dann der Mineralbestand fast gleich dem der Granite, statt des Quarzes tritt (in kleinen Hohlräumen pneumatolytisch gebildet), mitunter Tridymit oder Christobalit auf. Bei kieselsäureärmeren Schmelzen bilden sich Feldspatvertreter, wie Leuzit, Nephelin, Sodalith, Hauyn. Nosean. Bei einer basischen Schmelze, reich an Eisen und Magnesium, fehlen die Quarze und Alkalifeldspate; Olivin, Augite und anorthitreiche Kalk-Natron-Feldspate gehören zum Hauptbestand.

Die Gase entweichen bei Oberflächenergüssen leicht, wobei sie zum Teil sublimieren können; so kommt es zur Bildung von Steinsalz,

Salmiak, Sylvin, Schwefel, Eisenglanz und anderen, die wir als Krusten und Anflüge auf Laven tätiger Vulkane direkt beobachten können. Reaktionen zwischen den Gasen führen gleichfalls zu Mineralneubildungen; z. B. kann der Schwefel durch folgende Reaktionen entstehen: $2\,H_2S + SO_2 \rightarrow 2\,H_2O + 3\,S$ oder $2\,H_2S + O \rightarrow 2\,H_2O + S$. Das Zusammentreffen von $FeCl_3$ mit H_2O führt zu Eisenglanz (Fe_2O_3), Einwirkung von SO_2-Dämpfen auf tonerdereiche Gesteine bedingt die Bildung von Alaun, Alunit, Gips usf. Restlösungen und Gase setzen ihre Kristallisationsprodukte vielfach in Hohlräumen (Blasen) der Ergußgesteine ab, daher der Reichtum an Zeolithen, Kalzit, Aragonit in den Hohldrusen (Geoden) von Basalten, Phonolithen u. dgl.

Fassen wir kurz zusammen, so bemerken wir, daß der Kristallisationsakt bei einer großen Schmelzmasse recht verzweigte Wege geht. Von der Masse der Hauptbestandteile führen alle Übergänge zu den Kristallisationsprodukten der pegmatitischen, pneumatolytischen und hydrothermalen Phase. Für jeden Akt der Kristallisation sind zwar bestimmte Minerale charakteristisch, doch sind manche Durchläufer, die sich da und dort ausscheiden. Das Bild wird noch verwickelter, wenn man berücksichtigt, daß in jedem Stadium noch Reaktionen mit älteren Gesteinen stattfinden können und dadurch die Zahl der sich bildenden Minerale vermehren.

Mit dem oben geschilderten Geschehen ist die mineralbildende Kraft eines Schmelzflusses noch nicht völlig erschöpft. Wir müssen noch bedenken, daß der Einfluß so großer und hochtemperierter Massen auf benachbarte Mineralvergesellschaftungen (Gesteine) nicht ohne Einfluß ist, wie wir schon aus den Einschmelzungserscheinungen ersehen haben. Gegen den Rand zu ist der Wärmeeinfluß wohl schon geringer, aber er reicht aus, um in Gesteinen, die sich an der Erdoberfläche meist in Wässern bei niedriger Temperatur gebildet haben — wie Kalksteine, Dolomite, Tone und Sandsteine — Unbehagen auszulösen und sie zur Anpassung an die neuen Verhältnisse zu zwingen. Dichte Kalksteine werden durch Sammelkristallisation gröberkörnig, Tone brennen sich hart und rot, Sandsteine werden gefrittet. Da aber in etwas größeren Tiefen noch eine Durchtränkung mit Wasserdampf und anderen flüchtigen Stoffen neben wässerigen Lösungen stattfindet, so kommt es umso leichter zu Um- und Neubildungen. In Kalksteinen bilden sich z. B. Wollastonit, Granat, Vesuvian, Skapolith, Anorthit, Chondrodit, Magnetit, Eisenglanz, Graphit (aus kohligen und bituminösen Beimengungen); in Dolomiten Brucit und Periklas, in tonigen Gesteinen Andalusit, Cordierit, Diopsid u. a.

Wir bezeichnen diese, gegenüber den Injektions- und Assimilationserscheinungen gemäßigtere Form der Einwirkung auf das Nebengestein als *„Kontaktmetamorphose"*. Sie ist nicht nur von wissenschaftlichem Interesse, sondern mitunter auch von großer praktischer Bedeutung, da sie vielfach zur Anreicherung nutzbarer Erze führt. Solche „Kontakthöfe" sind aber immer noch lokal an die Ränder großer Schmelzmassen gebunden. Darüber hinaus dringen flüchtige Stoffe und wässerige Lösungen weit in benachbarte Gesteine ein und setzen hier nicht nur auf Klüften verschiedene Minerale, vor allem Erze, ab, sondern verdrängen manche Gesteine mehr oder weniger vollständig und setzen sich an ihre Stelle („*Metasomatose*[38]"). Besonders die leicht angreifbaren Kalksteine und Dolomite reagieren gerne mit solchen Stoffen, es kommt zu Umsetzungen und dadurch zu Mineralneubildungen, wobei sich nutzbare Erze in beträchtlichem Ausmaße beteiligen können.

So fassen wir nach unserer bisherigen Beobachtung heute die Bildung der gewaltigen Massen von Eisenspat (Siderit) unseres steirischen Erzberges auf und auch die Bildung der großen, technisch so wichtigen Magnesitlagerstätten der Veitsch (Steiermark), von Radenthein (Kärnten) u. a. Die Frage nach der Herkunft der Fe- bzw. Mg-Lösungen ist allerdings noch nicht restlos geklärt.

Wässerige Lösungen zirkulieren auch in den Gesteinen der äußeren Erdrindenteile, ohne daß ein Zukammenhang mit einem erstarrenden Schmelzfluß besteht, und alle unsere Wässer der Erdoberfläche sind als verdünnte Lösungen verschiedener mineralischer Stoffe anzusehen. Unter gewissen Voraussetzungen werden sich auch aus ihnen Minerale ausscheiden können. Betrachten wir z. B. die Kalksteine und Dolomite! Vadose[39] Wässer durchtränken sie, lösen das Kalziumkarbonat zum Teil auf[40] und setzen in Rissen und Klüften des Kalksteins oder Dolomites neue, größere Kalkspatkristalle wieder ab. Deswegen finden wir so häufig diese Gesteine von weißen Adern durchzogen. In größeren Hohlräumen (Höhlen) kann es zum Absatz von Sinterbildungen (Tropfsteine) kommen. Der Kalkstein enthält aber auch noch andere feinst zerriebene Bestandteile, die gleichfalls gelöst und in Klüften wieder zum Absatz gebracht werden können, weshalb wir mitunter Neubildungen von Baryt, Cölestin oder Flußspat neben anderen finden. Durchsetzen wässerige Lösungen Sande oder Geröllablagerungen, so werden auf dem Wege verschiedene Substanzen — vor allem Kalziumkarbonat — aufgelöst, und bei erreichter Sättigung oder beim Zusammentreffen mit Stoffen, die ausfällend wirken, kristallisieren verschiedene Minerale, besonders Kalkspat, aus. Auf diese Weise verfestigen sich ursprünglich lockere Absatzgesteine[41] *(Diagenese)*, lockere Sandsteine werden

---

[38] Sie ist wohl stets an starke Durchbewegung und Umprägung eines Mineralbestandes gebunden und daher besser als Nebenergebnis der Metamorphose (s. u.) zu betrachten.

[39] Als vadoses Wasser bezeichnen wir ein solches, das der Hydrosphäre entstammt, zum Unterschied von „juvenilem" Wasser, das von Schmelzflüssen herrührt; eine scharfe Grenze zu ziehen ist unmöglich.

[40] Besonders CO_2-hältiges Wasser löst nicht unbeträchtliche Mengen von Kalkspat auf; mit dem Entweichen der Kohlensäure in Klüften und Spalten scheidet sich das Kalziumkarbonat als Kalkspat wieder aus.

[41] Als Absatzgesteine oder Sedimentgesteine bezeichnen wir solche, die sich durch mechanische und chemische Zerstörung anderer Gesteine und durch neuerlichen Wiederabsatz dieser Zerstörungsprodukte gebildet haben.

zu Sandsteinen, Gerölle zu Konglomeraten zusammengebacken usf. In anderen Fällen kommt es zu Konkretionen, das sind verschieden geformte Knollen, wie von Kalkspat, Phosphorit, Limonit, Malachit, Pyrit und Markasit neben weiteren. Die Ursache kann in der Übersättigung der Porenlösung liegen, wodurch sich um irgend ein Korn herum die Substanz längere Zeit hindurch ausscheidet oder es kann das Korn auch einen Stoff enthalten, der ausfällend wirkt. Die „Lößkindeln, Kalkkonkretionen im Löß von oft abenteuerlichen Formen, gehören hierher. Aus sulfathaltigen Lösungen bildet sich in Tongesteinen Gips, mitunter in rosettenartigen Gruppen usf.

Der Prozeß der *„Verwitterung"*, der alle Gesteine erfaßt, sobald sie an der Erdoberfläche den Angriffen der Atmosphärilien unterliegen, führt zur vollkommenen mechanischen und chemischen Zerstörung selbst der widerstandsfähigen Silikate; hierbei werden die Substanzen in gelöster Form oder als feinster Schlamm vom fließenden Wasser und anderen Faktoren abtransportiert.

Besonders harte und chemisch sehr widerstandsfähige Minerale, wie Diamant, Rubin, Saphir und andere Edelsteine bleiben lange erhalten und können sich, fern von ihrer „primären" Lagerstätte, mit Sanden neuerlich ablagern (Edelsteinseifen). Die in manchen Gesteinen in feinster Verteilung auftretenden Platin- oder Goldgehalte werden durch solche Vorgänge so angereichert, daß eine Gewinnung ermöglicht wird (Gold-, Platinseifen). Derartige *Seifenlagerstätten* sind dann von großer praktischer Bedeutung (man denke etwa an die mächtigen Anreicherungen von Monazit in den „Monazitsanden" Brasiliens).

Mitunter kommt es auch zu Mineralneubildungen im zersetzten Gestein selbst, die jedoch nicht lange selbständig existieren, da auch sie der weiteren Zerstörung bald unterliegen. Bei der Zersetzung von Pyrit bildet sich z. B. Limonit; mitunter kommen Sulfate, wie Alaun, Keramohalit, Gips u. a. zur Bildung. Bei der Zersetzung von Feldspaten entsteht Kaolin usw. Diese wissenschaftlich sehr interessanten Vorgänge bei der Verwitterung liefern dem Sammler auch nur wenige verlockende Minerale. Anders liegt aber der Fall, wenn Erze in den Bereich des Grundwassers und der oberflächlich zirkulierenden Tageswässer geraten. Unter diesen Verhältnissen werden sie vielfach zu Karbonaten, Sulfaten umgewandelt, was einen großen Mineralreichtum bedingt. Aus Kupfererzen bildet sich z. B. Malachit und Azurit, aus Bleierzen Cerussit oder Anglesit, aus Zinkerzen Zinkspat oder Kieselzinkerz, aus Eisenerzen Limonit. Hier finden wir viele Minerale von oft prächtiger Ausbildung und in reichlichem Maße.

Das Meerwasser, das viele Stoffe gelöst enthält, ist so untersättigt, daß es nicht zur direkten Ausscheidung von chemischen Niederschlägen kommen kann — und doch sind unsere gewaltigen Salzlagerstätten u. a. ein Geschenk des Meeres. Dazu ist allerdings die Voraussetzung nötig, daß durch geologische Vorgänge eine Abschnürung von Meeresteilen von frischem Zufluß stattfindet und besondere klimatische Verhältnisse eine starke Verdunstung bedingen und somit die Auskristallisation der Salzminerale, in anderen Fällen von Boraten, Nitraten herbeiführen.

Die riesigen Massen unserer Kalkgebirge entstammen ebenfalls dem Meere, aber nur selten kommt es lokal zur direkten Ausscheidung von Kalziumkarbonat; die große Masse bildet sich unter Mitwirkung von pflanzlichen und tierischen Lebewesen. Viele Algen inkrustieren sich mit Kalziumkarbonat, und verschiedene Weichtiere bauen sich Schalen aus Kalk, den sie dem Meerwasser entnehmen. Nach ihrem Absterben lagern sich die anorganischen Reste in Ufernähe, dem Lebensraum der Weichtiere und Pflanzen, ab. Viel großartiger sind bereits die gewaltigen Bauten der Korallen; den größten Anteil an der Bildung der Kalksteine haben jedoch die kleinen Kalkschalen des Planktons. Ihre Kalkgehäuse sinken nach ihrem Tode auf den Boden des Meeres. Dieser zunächst weiche Kalkschlamm gelangt durch geologische Vorgänge an die Erdoberfläche, unterliegt hier der Verfestigung (Diagenese) und tritt dann als Kalkstein in Erscheinung. Auch andere Minerale und Gesteine entstehen auf diesem „biogenen" Wege; die Kieselpanzer der Radiolarien liefern nach ihrem Absatz die Kieselgur, und vielleicht ist auch der Großteil der Schwefellager unter Mitwirkung von Bakterien entstanden. Durch spätere Umkristallisationen kommt es zu den erwähnten Kalkspatkristallen in Rissen und Klüften der Kalksteine, zur Opalbildung in den Kieselgurablagerungen, zu den schönen Kristallen von Schwefel in Hohlräumen derber Massen oder zu den großen Kristallen von Steinsalz und anderen in den Salzlagerstätten.

Den Mineralbildungen aus Schmelzen in ihrem weiten Umfange und den Bildungen aus wässerigen vadosen Lösungen stellt sich eine dritte Bildungsart durch Umformung ganzer Gesteinskomplexe mit ihrem mannigfachen Mineralbestand infolge hoher Druckverhältnisse und tektonischer Bewegungen, die sich bei gebirgsbildenden Bewegungen notwendigerweise einstellen müssen, an die Seite. Irgend ein Gestein, sei es ein Erstarrungsgestein oder ein Absatzgestein, kann im Gefolge geologischer Ereignisse in größere Erdtiefen versenkt werden, wird daher durch Temperaturzunahme teilweise plastisch und durch die gleichzeitige Druckbeanspruchung gezwungen, sich durch Umkristallisieren den neuen physikalischen Verhältnissen anzupassen *(Dynamometamorphose, Regionalmetamorphose)*. In oberflächennahen Gebieten kommt es bei solchen gebirgsbildenden Bewegungen allerdings oft nur zu einer mechanischen Zerreibung der Mineralkomponenten, in größeren Tiefen und vor allem bei sehr langsam sich vollziehender Bewegung geht aber die Umbildung so vor sich, daß keine Spur destruktiver Zerstörung mehr zu erkennen ist, ein konstruktiver Auf- und Neubau findet statt. Wir müssen uns vorstellen, daß die Porenlösungen und zugewanderte Stoffe aus einem tieferliegenden Schmelzfluß neben den durch die Durchbewegung mobil gewordenen Säften unter diesen Drucken und hohen Temperaturen (einige hundert Grad) ganz weitgehend auflösend und umformend wirken und allmählich den ganzen primären Mineralbestand in einen neuen umprägen. Wir können diesen Vorgang an vielen Beispielen gut studieren. Nun sind bei hohen Drucken zum Teil nur solche Minerale bestandfähig, die ein hohes spezifisches Gewicht haben, es werden sich somit bei polymorphen Substanzen (s. S. 69) stets diejenigen Modifikationen bilden, die die größte Dichte, also das kleinste Volumen haben. Somit gibt es in „kristallinen Schiefern“, wie wir solche metamorphe Gesteine nennen — keinen Tridymit oder Christobalit, keinen Opal und auch kein Gesteinsglas; auch Leuzite und Nepheline sowie die Sodalithminerale fehlen, da an ihre Stelle Feldspate treten, die mit einem kleineren Volumen zufrieden sind. Dagegen treten einige Minerale auf, die nach früher aufgezeigter Weise nicht oder nur sporadisch zur Bildung kommen, wie Staurolith, Sillimanit, Disthen, manche Granaten und einige andere. Ohne auf Näheres hier einzugehen, sei nur gesagt, daß bei dieser Umprägung die Vielfalt der Minerale, die sich auf obigen Wegen bilden, zweifellos vereinfacht wird. Auf große Strecken hin sind solche metamorphe Gesteine eintönig, wenn nicht auf Klüften und Spalten eindringende jüngere pegmatitische Säfte und Lösungen das Bild bunter gestalten. Wie sich in den uns nicht mehr zugänglichen Tiefen der Erde die Mineralbildung vollzieht, können wir nur der Beobachtung an Meteoriten entnehmen (s. S. 155 ff.).

Überblicken wir noch einmal die verzweigten Wege der Mineralbildung in der Natur, so drängt sich uns die Frage auf, ob die Mannigfaltigkeit der Minerale zu- oder abnimmt. Die Frage ist nicht eindeutig zu beantworten. In den ältesten geologischen Zeiten, wo es nur Schmelzflüsse und ihre Erstarrungsprodukte gab, war die Zahl gewiß weit geringer — es fehlten ja alle Bildungen aus vadosen Lösungen und die Produkte der Verwitterung — erst mit der Entstehung der Hydro- und Atmosphäre stieg die Zahl der Mineralarten infolge Umsetzungen verschiedenster Art bedeutend. Seitdem dürfte ein Gleichgewicht eingetreten sein; im Laufe des geologischen Geschehens werden immer wieder Teile der oberflächennahen Mineralvergesellschaftungen in die Tiefe geraten und werden hier wieder zu einem mineralärmeren Bestand umgewandelt oder überhaupt aufgeschmolzen. Auch die Regionalmetamorphose führt durch Umprägung zur Vereinfachung. Auf der anderen Seite gelangen wieder Produkte der Tiefe in den Bereich der oberen Erdschichten und zerlegen sich in neue Minerale. Es scheint, daß in diesem Wechselspiel die Zahl der Mineralarten mehr oder weniger gleich bleibt. Doch ist ein Umstand zu berücksichtigen: manche spezifisch schwere Verbindungen von Metallen unterliegen beim Aufschmelzungsprozeß einer neuerlichen Saigerung (Differentiation), sie wandern in die Tiefe und beteiligen sich nicht mehr an dem Zyklus. Die stets sich mehr versteifende Erdrinde wird kieselsäurereicher und ärmer an schweren Metallen. So müßte letzten Endes der Mineralreichtum im Abnehmen begriffen sein, wenn nicht ganz große Revolutionen einstens wieder tiefere Massen emporbringen. Darüber etwas auszusagen, ist aber mehr der Spekulation überlassen als der wissenschaftlichen Forschung.

XIV. Die Mineralsynthese

Um das Werden der Minerale in der Natur besser zu verstehen, bemüht sich der Forscher, auch auf verschiedenen Wegen Minerale künstlich herzustellen, um daraus Schlüsse auf die Arbeitsweise der Natur ziehen zu können. Auch aus anderen Gründen schreiten wir in manchen Fällen zur Synthese; die Natur arbeitet oft unrein, sie stellt nur selten die Minerale chemisch so rein dar, wie es der Idealverbindung entspricht, sie baut in verschiedenem Maße andere Substanzen mit ein. Nun wollen wir aber gegebenenfalls die Eigenschaften ganz reiner Verbindungen studieren; wir müssen dann versuchen, sie künstlich zu erzielen. Wir sind auch in der Lage, manche anorganische Kristallisationsprodukte herzustellen, die die Natur überhaupt nicht erzeugt. Z. B. können wir das Kalzium im Anorthit ($CaAl_2Si_2O_8$) durch Strontium oder Blei ganz ersetzen und somit einen Strontium- bzw. einen Bleianorthit erhalten, den die Natur nicht kennt, da sie das Blei und das Strontium andere Wege gehen läßt und sie nur in Spuren im Anorthit einbaut.

Selbstverständlich sind wir durchaus nicht in der Lage, alle Minerale im Laboratorium herzustellen, die Anzahl der gelungenen Synthesen ist bescheiden und das Ergebnis unserer Experimente reicht an die Leistung der Natur nicht heran. Das ist umso begreiflicher, da uns allein schon der Faktor Zeit nicht zur Verfügung steht.

Es sind in erster Linie wissenschaftliche Motive, die uns zur Mineralsynthese führen; erst in zweiter Linie gesellen sich praktische dazu, wobei vor allem an die künstliche Darstellung von Schmuck- und Edelsteinen gedacht wird. Darüber hinaus hat heute — angeregt durch chemisch-physikalische Forschungen — die Untersuchung reaktionsfähiger Ein- und Mehrstoffsysteme in wässerigen Lösungen oder in Schmelzen große wissenschaftliche Bedeutung. Man untersucht, in welcher Reihenfolge bestimmte Mineralverbindungen bei wechselnden Temperatur- und Druckverhältnissen auskristallisieren, welche Verbindungen oder isomorphe Mischungen möglich sind usw., was für das Verständnis der natürlichen Mineralbildung von Wichtigkeit ist. Infolge der Schwierigkeit der Untersuchung solcher komplizierter Schmelzen ist es erst bei wenigen Beispielen gelungen, ein befriedigendes Resultat zu erzielen.

Die Methoden der Synthese sind recht verschiedenartig und zum Teil abhängig vom gesteckten Ziel; handelt es sich nur darum, ein Mineral überhaupt herzustellen, dann ist der Weg, der dazu führt, belanglos, sofern er nur erfolgreich ist. Will man jedoch die Bildungsgeschichte aufhellen, so müssen die Versuchsbedingungen den natürlichen Verhältnissen angepaßt sein. Gerade in dieser Bedingung liegt die große Schwierigkeit des Experiments, weswegen wir nur in bescheidenem Maße die Natur im richtigen Sinne nachahmen können. Verhältnismäßig leicht können wir die natürliche Bildung von Mineralen aus Schmelzen nachahmen, indem wir gleichfalls mit Schmelzen arbeiten; solche erzeugen wir in Platin- oder Porzellantiegeln, gegebenenfalls in anderen. Als Öfen benutzen wir Gasöfen, elektrische Kurzschluß- oder Widerstandsöfen, wo wir Temperaturen bis etwa 1600^0 erreichen können. Höhere Temperaturen erhalten wir im elektrischen Lichtbogen oder im Knallgasgebläse. In neuester Zeit hat man auch die bei Explosionen brisanter Sprengstoffe entstehenden Temperaturen zur Synthese benutzt. Die Temperaturen bis gegen 1700^0 können wir mit den sogenannten Thermoelementen messen, darüber hinaus mittels optischer Pyrometer.

Die Beobachtungen an Vulkanen, wo wir ja sehen, daß sich gewisse Gesteinsgemengteile in der schmelzflüssigen Lava ausscheiden, hat dazu geführt, solche Minerale, wie wir sie etwa in basaltischen Laven wahrnehmen, auch im Laboratorium herzustellen. Das gelingt auch bei einer Anzahl derselben, wie z. B. bei basischen Plagioklasen, Olivinen, Augiten, Leuziten, Nephelinen u. a. Als Ausgangsprodukte nimmt man eine Mischung der nötigen Oxyde oder Karbonate (in Form reiner Chemikalien) in einem dem zu erzielenden Mineral entsprechenden Mengenverhältnis; früher verwandte man vielfach natürliche Minerale, d. h. statt des gefällten SiO_2 natürlichen Quarz, statt des gefällten $CaCO_3$ natürlichen Kalkspat usw. Es sollen natürliche Ausgangsmaterialien geeigneter sein als die künstlichen. Diese Stoffe werden gut gemischt und praktischerweise zuerst gesintert, neuerlich gepulvert und zum Schmelzen gebracht. Nachdem alles gut geschmolzen (aufgeschlossen) ist, läßt man langsam abkühlen, bis sich im Tiegel an der Oberfläche des Schmelzkuchens die erste Erstarrungshaut bildet. Es hängt nun sehr von der Geschicklichkeit des Experimentators ab, die Temperatur durch eine Anzahl von Stunden so langsam zu drosseln, daß eine ganz allmähliche Abkühlung günstige Kristallisationsbedingungen schafft; bei zu rascher Abkühlung erstarrt mindestens ein großer Teil der Schmelze glasig, und man erhält nur ganz kleine Kristallindividuen. Die schließlich erstarrte Schmelze wird aus dem Tiegel herauspräpariert und das Aggregat der entstandenen Kristalle kann dann nach den üblichen Methoden untersucht werden (s. S. 162 ff.).

Eine Anzahl aus natürlichen Schmelzflüssen sich bildender Minerale ist auf dem obigen einfachen Wege nicht darstellbar; so gelingt es nicht, albitreiche Plagioklase oder Kalifeldspate u. a. zu erzielen. Die kieselsäurereiche Schmelze ist wegen der sich frühzeitig ausscheidenden SiO_4-Tetraeder-Verbände zu viskos (zähflüssig). Man kann dann durch Zusatz von leichtflüchtigen Substanzen (wie Wolframsäure, Borsäure), die als „Kristallisatoren" wirken, die Zähflüssigkeit herabsetzen und auf diese Weise auch Hornblenden, Glimmer, Quarz u. a. neben den Alkalifeldspaten erhalten.

Bei Synthesen dieser Art kommt auch die Bildung von Mineralen zustande, die sich in der Natur oft auf anderem Wege bilden, wie Cordierit, Korund, Sillimanit. Die Herstellung von Korund — wenn auch auf andere Weise — in seinen schön gefärbten Abarten Rubin und Saphir, spielt eine besondere Rolle, worauf weiter unten noch eingegangen wird.

Schwieriger gestalten sich Versuche bei hohem Druck und gleichzeitig höheren Temperatur. Dann kann natürlich nicht mehr in Tiegeln gearbeitet werden, sondern in druckfesten Gefässen wie Stahlbomben. Der Druck wird durch Beisatz von Stoffen herbeigeführt, die in der Wärme dissoziieren, wobei die entstehende Dampfspannung den Druck auf die Schmelze bewirkt. Solche druckfeste Gefäße verwendet man auch, um pegmatitisch-pneumatolytisch gebildete Minerale herzustellen (s. S. 89).

Minerale, die sich aus wässerigen Lösungen gebildet haben, können wir vielfach auch im Laboratorium aus ihren Lösungen reproduzieren, gegebenenfalls unter Erhöhung der Temperatur und des Außendrucks. Auf diesem Wege läßt sich eine Anzahl von Mineralen darstellen, wie Quarz, Alkalifeldspate, Zinkblende, Bleiglanz, Flußspat, Apatit, Zeolithe, um nur einige hier zu nennen. Eine Schwierigkeit besteht darin, größere Kristalle zu erhalten, z. B. gelingt die Synthese größerer Baryte ($BaSO_4$) nur unter gewissen Bedingungen, während ein sehr feinkristalliner Niederschlag bei Reaktionen im Laboratorium leicht und sofort zum Vorschein kommt.

Auch durch direkte Sublimation oder durch Reaktionen zwischen Gasen erreicht man eine Anzahl von Mineralsynthesen — analog, wie wir es an Vulkanen beobachten können (s. S. 93) — wie z. B. die von Kupferglanz, Zinkblende, Bleiglanz, Zinnober, Eisenglanz u. a.

Die früher erwähnte (s. S. 94) metasomatische Verdrängung von Kalkstein durch verschiedene Minerale konnte zum Teil experimentell nachgeprüft werden. Durch längere Einwirkung von Minerallösungen auf Kalkspat ließ sich z. B. die Bildung von Malachit, Azurit, Eisenspat u. a. erzielen.

Schließlich sei noch darauf verwiesen, daß sich in Industrieanlagen wie Hochöfen mitunter ungewollt synthetische Minerale bilden. Sie sind an sich interessant, lassen aber wegen der zum Teil ganz anderen obwaltenden Bedingungen wie in der Natur keine Schlüsse auf die natürliche Mineralbildung zu.

Die kurzen Andeutungen zeigen, daß wir in der Lage sind, in mancher Richtung die Vorgänge in der Natur durch das Experiment unserem Verständnis näher zu bringen. Besondere Verdienste gebühren der französischen Schule, die sich in der zweiten Hälfte des vorigen Jahrhunderts viel mit solchen Mineralsynthesen befaßt und erstaunliche Resultate erzielt hat. Später hat die Schule C. Doelter in Wien die Arbeiten erfolgreich fortgesetzt. Es soll nur noch erwähnt werden, daß von physikalisch-chemischer Seite sehr wertvolle Versuche unternommen wurden, um beim Kristallisationsvorgang in Lösungen verschiedener Substanzen die Reihen folge der Ausscheidung zu studieren, wodurch u. a. die Entstehung der Salzlagerstätten weitgehend geklärt werden konnte. Darauf soll hier ebensowenig eingegangen werden wie auf die Untersuchung bei Ein- und Mehrstoffsystemen bei hohen Temperaturen in Schmelzen, auf welchem Gebiete die Amerikaner (Carnegie-Institut in Washington) führend sind.

Heute wird die Mineralsynthese leider nicht mehr so gepflegt, wie es wünschenswert wäre. Diese Arbeitsrichtung ist durchaus noch nicht aussichtslos. Bei der technischen Entwicklung der Apparaturen wären zumindest die Wiederholung und Verbesserung vieler alter Versuche von Interesse.

Man hat sich selbstverständlich schon lange bemüht, den König der Edelsteine, den Diamant, künstlich herzustellen. Ein Erfolg wäre nicht nur von ungeahnter praktischer Bedeutung gewesen, sondern hätte — bei Versuchsbedingungen, die den natürlichen entsprechen — auch größtes wissenschaftliches Interesse erweckt. Der Hauptwert des Diamanten liegt in seiner Verwendung in mannigfachen Industriezweigen; daneben ist seine Bedeutung als vornehmster Edelstein mehr untergeordnet, und selbst wenn es gelänge, große und klare Kristalle künstlich herzustellen, würde der Wert guter Natursteine nicht wesentlich herabgesetzt sein. Das natürliche Vorkommen auf *primärer* Lagerstätte ist an ganz bestimmte, sehr kieselsäurearme Gesteine gebunden, die sich in großen Erdtiefen gebildet haben müssen, somit unter sehr hohen Druckverhältnissen. Solche Gesteine sind durch explosionsartige Vorgänge in höhere Zonen der Erdrinde gelangt und haben uns dadurch die Modifikation des kristallisierten Kohlenstoffes als Diamant erhalten; bei den in oberen Erdrindenteilen herrschenden physikalischen Verhältnissen ist der kristallisierte Kohlenstoff nur als Graphit bestandfähig. Wegen dieses zur Bildung augenscheinlich notwendigen enormen Druckes ist bisher die Synthese nicht sicher gelungen und dürfte bis auf weiteres auch nicht gelingen.

Es hat dennoch an zahlreichen Versuchen auf die verschiedenste Art nicht gefehlt. Schon in den Jahren 1880/81 schien es J. A. Mardsen gelungen zu sein, kleine Diamanten herzustellen, indem er Kohlenstoff in Silber löste, das er mit Platin und Zuckerkohle einhüllte und hoch erhitzte. Die Lösungsfähigkeit des Kohlenstoffen in Eisen benutzte 1893 H. Moissan zu seinem berühmt gewordenen Versuch; er schmolz Eisen in einem Tiegel bei Gegenwart von Zuckerkohle, kühlte rasch ab und erhielt nach Auflösen des Eisens kleine Kriställchen, die sehr hart waren (sie ritzten Korund) und sich verbrennen ließen[42]. Auch die Kristallform und die Dichte (3,0 bis 3,5) schien für Diamant zu sprechen. Angaben über die Lichtbrechung, die entscheidend gewesen wären, fehlten. Durch das Zusammenziehen des Eisens bei der raschen Erstarrung sollte der hohe Druck hervorgebracht werden. Versuche nach diesem Prinzip,

---

[42] Der Diamant verbrennt im Sauerstoffgebläse.

Lösen von Kohlenstoff in Metallen, wurden mehrfach angestellt, ohne daß ein weiterer Fortschritt erzielt werden konnte.

J. Friedländer (1898) und R. v. Haßlinger suchten auf einem Wege, welcher der natürlichen Bildung schon näher kam, die Synthese zu erreichen, indem sie den Kohlenstoff in Olivinschmelzen oder in einer dem Kimberlit, dem Muttergestein, entsprechenden Mischung lösten und die Schmelze erstarren ließen. Bei Zusatz von TiO_2 zur Schmelze erhielt Haßlinger bessere Kriställchen, die diamantähnlich waren und die als solche auch angesehen wurden. Ein Versuch von O. Ruff beruhte darauf, Kohlenelektroden in flüssiger Luft zu erhitzen; der entstehende Kohlenstoffdampf sollte bei der raschen Abkühlung als Diamant kristallisieren. Auch hier fehlen die entscheidenden Untersuchungen zur sicheren Identifizierung des Diamanten.

Diese Wege waren es, die in mannigfachen Variationen von verschiedener Seite beschritten wurden. Lange herrschte die Meinung, daß die Synthese vom wissenschaftlichen Standpunkte aus gelungen sei, bis M. K. Hoffmann (1931) die Unwahrscheinlichkeit aller bisherigen Erfolge nachweisen konnte. Er wiederholte obige Versuche und bestimmte bei den erhaltenen Produkten auch die Lichtbrechung, die stets kleiner als 1,74 war (Diamant hat die Lichtbrechung 2,4). Das galt auch für die Originalpräparate von Haßlinger, so daß wir wohl annehmen müssen, daß die Diamantsynthese bisher nicht gelungen ist, die erhaltenen Kristalle waren Karbide[43], die dem Diamant in der Härte und in ihrem Aussehen recht nahe kommen. Aus gleichem Grunde ist auch anzunehmen, daß die verschiedenen Angaben über zufällig bei Hochofenprozessen vermeintlich gebildeten Diamanten auf der gleichen Verwechslung beruhen.

Glücklicher war man bei der Synthese des als Edelstein geschätzten Rubins und Saphirs. Die meisten schönen Steine im Handel sind synthetisch, sie entsprechen jedoch in allen Eigenschaften den natürlichen, und man kann sie in verschiedenen Farbnuancen heute herstellen. Der Weg, auf dem man so erfolgreich vorgegangen ist, weicht von dem der Natur völlig ab[44].

Die ersten gelungenen Versuche der Synthese sind mehr als hundert Jahre alt; so haben schon 1837 Gaudin und 1839 Ebelmen durch Schmelzen von geglühtem Alaun und Kaliumsulfat zweifellos Korunde erhalten, letzterer durch Zusatz von Kaliumbichromat auch rosarote Rubinkriställchen. Gegen Ende des vorigen Jahrhunderts gelang es Fremy, durch Zusammenschmelzen von Bleialuminat und Zusatz von Kaliumbichromat rote, bei Zusatz von Kobaltoxyd blaue Korunde zu erhalten. Im Jahre 1891 setzte Fremy mit Verneuil die Versuche erfolgreich fort; sie brachten unter Zusatz von Fluorbarium, Fluorkalzium und dem natürlichen Mineral Kryolith

---

[43] Kohlenstoffverbindungen von Metallen.

[44] Der Korund (Al_2O_3), dessen schön gefärbte Abarten die Rubine und Saphire sind, bildet sich in der Natur in erster Linie in metamorphen Gesteinen, daneben aber auch in Pegmatiten und verschiedenen Erstarrungsgesteinen.

($Na_3[AlF_6]$) die Tonerde (Al_2O_3) zum Schmelzen und nachherigem Auskristallisieren und erhielten so die ersten Kristalle, die von Pariser Juwelieren verarbeitet wurden, ein bis drei Millimeter große, dünne Täfelchen, die den Namen „rubis scientifiques" erhielten.

Um diese Zeit tauchten unter dem Namen „rubis de Geneve" Rubine auf, deren Herkunft rätselhaft blieb — angeblich sollte sie ein Pfarrer in der Schweiz durch Zusammenschmelzen kleiner Splitter von Rubinen hergestellt haben — die immerhin einen beachtlichen Preis erzielten. Wenige Jahre später kamen wieder solche Steine in großer Menge auf den Markt, und zugleich wurde die Herstellungsart bekannt. Damit setzte bald eine Massenproduktion ein, so daß der Preis außerordentlich sank und die Steine praktisch wertlos machte.

War auch die wissenschaftliche Synthese gelungen und hatten die Kristalle von Fremy und Verneuil auch eine gewisse praktische Bedeutung, so gelang es doch erst Verneuil auf ganz andere Art, die Synthese größerer Steine zu erzielen, die heute noch bei der Herstellung im großen angewendet wird. Das Prinzip ist folgendes: Auf ein Stäbchen von gebrannter Ton erde wird eine Knallgasflamme gerichtet, von der feinstes Pulver von Tonerde (Al_2O_3) mitgeführt wird; diese feinen Teilchen werden in der heißen Flamme sofort geschmolzen und setzen sich auf der Unterlage als Schmelztröpfchen ab, die erstarren und einen Kristallkeim von Korund ergeben, an den sich die nachfolgenden Tröpfchen orientiert anlagern, so daß ein einheitlicher Kristall entsteht, der allerdings nur selten Andeutungen von kristallographischen Umrissen aufweist, sondern birnenförmige Gestalt annimmt (s. Abb. 135). Diese Birnen erweisen sich bei näherer Untersuchung als echte Korunde, sie unterscheiden sich nur in der Art und Anordnung der mikroskopischen Einschlüsse. Die rote Farbe des Rubins erhält man durch Zusatz von 2,5 $^c/_o$ Chromoxyd in

Abb. 135. Synthetische Rubin„birnen". Nat. Größe. (Aus H. Michel, Die künstlichen Edelsteine)

voller Schönheit, die der der besten Natursteine ebenbürtig ist. Viel schwieriger war es, die blaue Farbe des Saphirs zu erhalten. Nach mannigfachen Umwegen ist man bei einem Zusatz von etwas Eisenoxydul und Titanoxyd geblieben. Heute kann man auch andere Färbungen erzielen, auch ganz farblose „Leukosaphire" können erzeugt werden.

Man hat auch versucht, den Smaragd synthetisch herzustellen, wissenschaftlich ist das Problem gelöst worden, es gelang, ihn in kleinen Kristallen zu erhalten und ihm durch einen geringen Chromzusaß die schöne grüne Farbe zu geben. Es ist aber lange nicht gelungen, ihn in praktisch verwendbarer Größe zu erzielen. Vor wenigen Jahren und bis in allerleßter Zeit wurde auch dieses Problem gelöst, obwohl nach unserem Wissen bisher kein synthetischer Smaragd im Handel erschienen ist.

Eine große Rolle im Edelsteinhandel spielt die Synthese von Spinell. Man stellt ihn (wie die Rubine) in verschiedenen Farben her, die blaßblauen bis meergrünen Steine werden als synthetische Aquamarine viel als Schmucksteine benußt.

Größere Kristalle des für verschiedene physikalische Zwecke wichtigen reinen Quarzes (s. S. 83) können heute auch erzielt werden. In jüngster Zeit ist es gelungen, auch den Rutil (TiO_2) herzustellen, der nicht nur gewissen praktischen Zwecken dient, sondern auch als neuer Edelstein eine Bedeutung gewinnen wird, da er grünlich oder gelblich durchsichtig ist und durch seine enorme Lichtzerstreuung sogar den Diamant weit übertrifft. Allerdings ist die Härte wesentlich geringer ($6^1/_2$).

Eine größere Anzahl von weiteren Mineralen — aber auch von künstlichen Verbindungen, die in der Natur nicht existieren — kann somit in den Laboratorien hergestellt werden, die für die Technik von heute unentbehrlich sind.

In diesem kurzen Abriß kann darauf nicht näher eingegangen werden. Es sollte hier nur aufgezeigt werden, wie wertvoll sich die Zusammenarbeit von Wissenschaft und Technik erweist und daß die Mineralsynthese wissenschaftliche *und* praktische Aufgaben zu lösen vermag.

XV. Wachstum und Tracht der Kristalle

Den inneren Aufbau der Kristalle und die Vielfalt ihrer äußeren Gestalt, die einer großen ordnenden Idee gehorchen, haben wir in früheren Kapiteln zu beleuchten versucht, wenn wir auch durch die knappe Darstellung zunächst mehr Bewunderung denn verstandesmäßiges Erfassen erzielen konnten. Doch „alles Verständnis fängt mit Bewunderung an" (Goethe).

Wir wollen aber nicht nur wissen, wie ein Kristall beschaffen ist, wir wollen auch seinen Werdegang erkunden. Wir haben in vorigen Kapiteln einen kurzen Überblick über die verschiedene Bildungsweise gebracht und über diese nur in groben Umrissen klare Auskunft geben können. Ebenso dürftig ist unsere Vorstellung vom Wachstum der Kristalle selbst, wenn wir die leßten Schleier des Geheimnisses zu lüften versuchen. Wir können wohl mit unseren Mikroskopen das Auskristallisieren einer übersättigten Lösung beobachten — aber was wir da sehen, das ist gewöhnlich schon ein fertiges Gebilde, ein vollendeter Kristall mit allen seinen Eigenschaften, eine ausgeprägte Individualität. Nur selten finden wir etwas, das an einen „Keim" erinnern könnte, kleine Kügelchen, Stäbchen oder skelettartige Formen, aber diese sind im Wachstum gestörten Gebilden und nicht Kristallkeimen selbst gleichzusetzen. So liegt die „Geburtsstunde" durchaus im Dunkeln. Das kleinste Kriställchen, das wir wahrnehmen und dessen Wachstum wir von nun an weiter verfolgen können, besteht selbst schon aus der regelmäßigen Aneinanderfügung von Millionen Einzelbausteinen, den Elementarkörpern, die die volle Individualität bereits repräsentieren.

Es ist nun eine alte Erkenntnis, daß sich das weitere Wachstum so vollzieht, daß sich an jeder kristallographischen Fläche eine parallele Schichte neuer Substanz ansetzt. Die kristallographischen Winkel, die Flächenzonen usw. bleiben während des Wachsens stets unverändert, was ja nur durch ein paralleles Hinausschieben der einzelnen Flächen erklärbar ist. Dafür spricht ferner eine nicht selten zu sehende Erscheinung, wie sie etwa in Abb. 136 dargestellt ist. Ändert sich im Laufe des Wachstums die Lösung in dem Sinne, daß ein färbendes Pigment zu- oder abnimmt, so kommt es zu einem Aufbau aus verschieden gefärbten Schichten im Kristall, zu einem

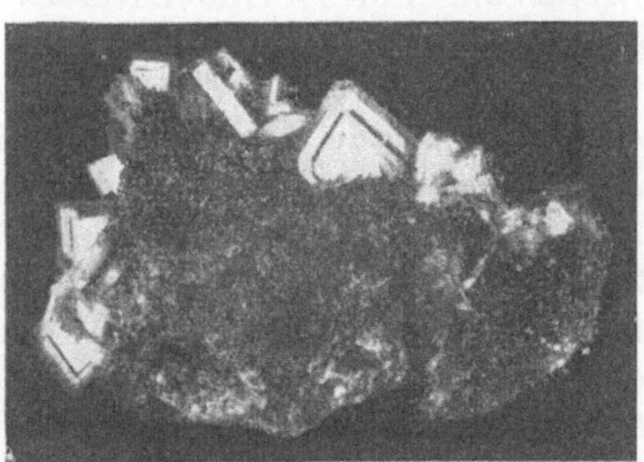

Abb. 136. Zonarbau bei Baryt. (Aus dem Naturhistorischen Museum, Wien)

sogenannten „Zonarbau", der uns die Umrisse des Kristalls während eines früheren Wachstumsstadiums deutlich vor Augen führt. Auch experimentell können wir einen solchen Zonarbau herbeiführen: lassen wir aus einer Lösung von Kalialaun einen oktaedrischen Kristall auskristallisieren und ersetzen wir dann die Lösung durch eine solche von Chromalaun, so lagert der Kristall schichtenförmig auf jeder Fläche dunkel gefärbten Chromalaun ab. Solche Beispiele, die wir natürlich vermehren können, zeigen klar, daß ein Kristall durch *parallelschichtigen Stoffansatz (Apposition) von außen her* wächst. Hier liegt ein grundsätzlicher Unterschied gegenüber den Organismen vor, die nach Nahrungsaufnahme *von innen heraus* wachsen *Intussusception)*. Und noch ein wesentlicher Unterschied gegenüber einem Organismus, einer Pflanze oder einem Tier, ist hervorzuheben. Während bei letzteren jede Art eine für sie bestimmte Größe (ungestörte Entwicklung vorausgesetzt) erreicht, ist das Wachstum des Kristalls theoretisch unbegrenzt, wenn auch der Mangel an „Nahrung" (Stoffzufuhr), neben dem Wegfall anderer Voraussetzungen verhindern, daß die Kristalle ins Unendliche wachsen. Ein Kristall ist, auch wenn er noch so klein ist, ein Individuum für sich mit den völlig gleichen Eigenschaften der großen Kristalle, er ist ein fertiges Gebilde, aber nur insoweit, als es seinen inneren Aufbau und seine äußere regelmäßige Gestalt betrifft, nicht aber ist seine Größe endgültig. Er kann stets weiterwachsen, wenn er die Voraussetzungen dazu findet, ohne sein Wesen zu verändern. Das Tier besitzt — abgesehen von den amöboiden Zellen — eine seine Gestalt umkleidende Hülle, die sein Inneres von seiner Umgebung eindeutig abgrenzt. Nicht so der Kristall; er besitzt keine, der Haut des Tieres entsprechende äußere Schichte, seine nach außen hin nicht abgesättigte Grenzschichte ist im Gegenteil stets bereit, neuen Stoff anzulagern. Die frei herausragenden Valenzkräfte können wir bildlich mit ausgestreckten Armen vergleichen, die jederzeit bemüht sind, neue Atome einzufangen und dem Bau einzufügen.

Nur Mangel an verfügbarer, wanderungsfähiger Substanz durch Erstarrung eines Schmelzflusses oder Untersättigung einer wässerigen Lösung, Änderung der physikalischen und chemischen Verhältnisse im Laufe der Zeit bereitet schließlich jeder Kristallbildung einmal ein Ende. Der Kristall wird nun durch eine gewisse Spanne Zeit, die, mit unserem menschlichen Maßstab gemessen, ungemein lange dauern kann — bis zu Millionen von Jahren — seine Eigenart bewahren, solange seine Umwelt nicht wesentlich verändert wird. Es ist aber schon so, daß alles Irdische einmal ein Ende findet; auch der widerstandsfähigste Kristall muß im Laufe des ewigen Wechsels in der Geschichte der Erdrinde einst der Zerstörung anheimfallen.

Die formgestaltende Kraft der Natur geht bei ihrer verschwenderischen Fülle von Kristallbildungen noch weitere interessante Wege, die wir analytisch-statistisch betrachtend erkennen und zum Teil auch zu erklären vermögen. Wir sind aber auch hier über die ersten Deutungsversuche nicht viel hinausgekommen. Sehen wir uns einmal die Kalkspate von Pribram oder Bleiberg in Kärnten, von Andreasberg im Harz und von anderen Fundorten an, so ist ihre Ausbildung recht verschieden; bald sind rhomboedrische Formen vorherrschend, bald skalenoedrische, bald mehr säulige, bald mehr tafelige Typen. Wir bezeichnen das Kristallbild, das durch das Auftreten bestimmter Flächen zustande kommt, als *die Tracht des Kristalls:* sie ist somit nach obigen Fundorten verschieden, und weil die Bildungsbedingungen jeweils ungleichartig waren, so muß die Tracht des Kristalls von seiner Umwelt, von den hier herrschenden physikalischen und chemischen Faktoren abhängig sein. Die Unterschiede in der Tracht eines und desselben Minerals von verschiedenen Fundstätten sind oft so charakteristisch, daß der Fachmann daraus den Fundort erkennt.

Schon alte Kristallzüchter haben hier den Grundstein zur Erklärung dieses Phänomens gelegt: züchtet man aus einer reinen Steinsalzlösung Steinsalzkristalle, so sind diese von würfeliger Gestalt; bei Zusatz von etwas Harnstoff bilden sich dagegen die Oktaederflächen aus. Solche und andere Versuche lassen erkennen, daß die

sogenannten „Lösungsgenossen" (also die Anwesenheit anderer
Stoffe als die für die Auskristallisation des zu züchtenden Kristalls
nötigen) in erster Linie trachtbestimmend sind. In anderen Fällen
ist die Temperatur ein Faktor von Einfluß auf die Flächenentwick-
lung. So kristallisiert z. B. das Kaliumjodat KJO_3 bei 10^0 in Würfeln,
bei 20^0 in Würfeln mit dem Rhombendodekaeder kombiniert und
bei 70^0 nur in Rhombendodekaedern. Das Wechselspiel dieser und
weiterer, uns noch nicht näher bekannten Ursachen beeinflussen das
Wachstum und führen zu verschiedener Ausbildung da und dort.

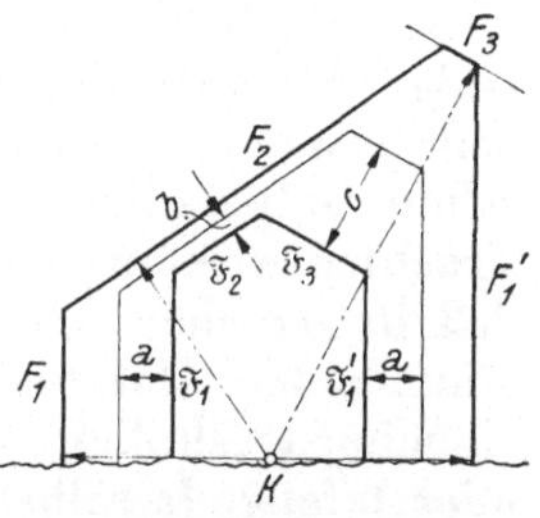

Abb. 137. Wachstumssche-
ma. (Nach Raaz-Tertsch)

Wovon hängt es nun, rein geometrisch betrachtet, ab, welche Flächen beim Wachsen
dominant bleiben? Eine einfache Überlegung
lehrt, daß diejenigen Flächen, die langsam
wachsen, erhalten bleiben, die rasch wachsen-
den dagegen verschwinden. Das klingt zunächst sonderbar, wird aber bei Betrachtung
der Abb. 137 leicht ersichtlich: die Fläche $\mathfrak{F}_3$
wächst rascher als die Fläche $\mathfrak{F}_1$ und $\mathfrak{F}_2$, sie
legt eine dickere Schichte an. Ihre Wachstumsgeschwindigkeit können wir durch die
Strecke K zu F_3, die sogenannte Zentral-
distanz (Normale vom Keimpunkt K des Kristalls auf die betreffende Fläche) graphisch ausdrücken und auch zahlenmäßig festlegen.
Die Zentraldistanz KF_3 ist größer als die Zentraldistanz KF_1 und
auch KF_2. Die Fläche $\mathfrak{F}_3$ wäre bei einem angenommenen F_4 bereits
zu einem Punkt zusammengeschrumpft.

Die Frage jedoch, welche Flächen im allgemeinen langsame und
welche rasche Wachtumstendenz zeigen, ist noch ungeklärt. Sehr viele
Kristalle sind relativ flächenarm, sie umgeben sich mit wenigen Flächen, die dann einfache Indizes haben, das sind die, wie aus früheren Darlegungen hervorgeht, die den am dichtesten besetzten Netzebenen entsprechen, und von diesen werden wieder diejenigen am
langsamsten wachsen, deren Bausteine unter sich am besten nach
allen Seiten abgesättigt sind und daher am wenigsten freie „Arme"
haben, um nach neuem Stoff zu greifen. Damit ist aber der oben
erwähnte Einfluß der Lösungsgenossen noch nicht geklärt, denn der
Grund liegt im Kristall selbst. Die zunächst empirisch festgestellte
Tatsache des Einflusses der Lösungsgenossen kann die Kristallchemie dem Verständnis näher bringen.

Offenbar setzen sich aus der Lösung oder Schmelze an gewisse
Kristallflächen Keime von Lösungsgenossen, die ähnliche Gitter-
verhältnisse wie die Netzebene der Kristallfläche besitzen, in feiner
Verteilung an und hemmen somit, wenn auch nur vorübergehend,
den Zutritt der Kristallbausteine. Mit diesem Fingerzeig ist der Ansatz gegeben, wie diese merkwürdige Beeinflussung der Tracht genauer analysiert werden kann, was uns hoffentlich einmal einen
Einblick in die komplizierten Vorgänge beim Kristallwachstum geben wird. Solche Studien über die Vorgänge an Korngrenzen sind

auch für die Petrographie von Bedeutung; je genauer wir über den Werdegang der gesteinsbildenden Minerale Bescheid wissen, desto genauer können wir auch die Geschichte des Gesteins rekonstruieren. Es ist hier auch nicht der Platz, um die große Rolle obiger Vorgänge in anderen Fachgebieten, z. B. in der Metallurgie, aufzuzeigen. Scheinbar nur rein naturwissenschaftlich interessante Erkenntnisse spielen eben in den verschiedensten Nachbargebieten eine Rolle, die größer ist, als man im allgemeinen denkt.

Haben wir oben mehr oder weniger Bekanntes zu dem Thema Kristallwachstum und Tracht gebracht, so mögen als Abschluß noch einige Merkwürdigkeiten, über die wir noch nichts aussagen können, erwähnt werden. Jedem Sammler alpiner Kluftminerale wird schon aufgefallen sein, daß hier ganz sonderbare Einflüsse auf Trachtentwicklungen festzustellen sind. Es hat sich nämlich gezeigt, daß in manchen Klüften mehrere der Kluftminerale einen übereinstimmenden Habitus[45] besitzen, sie sind alle mehr oder weniger rhomboederähnlich, in anderen Fällen mehr oder weniger säulig oder tafelig. Ja selbst die Vorliebe zu parallel geordneten Kristallen ist erkennbar und sogar die Neigung mancher Quarze (besonders der Rauchquarze) zur Bildung sogenannter gedrehter Kristalle, teilt sich den Begleitern mit. Diese gemeinsamen Züge können nur besonderen Faktoren in der Kluftlösung zugeschrieben werden. Sind es Strömungen in der Lösung oder elektrische Kraftfelder, die sich hier anzeigen? Wir wissen es noch nicht. Auch hier gilt aber das Wort Goethes: „Alles Verständnis fängt mit Bewunderung an.“

XVI. Über Zwillingsbildung

Neben den in den einleitenden Artikeln aufgezeigten Formen von Einzelkristallen kennen wir auch regelmäßige, d. h. von bestimmten kristallographischen Gesetzen beherrschte Verwachsungen zweier, dreier, seltener mehrerer Kristalle, die wir als Zwillinge, Drillinge usw. bezeichnen. Sie sind oft leicht am Auftreten einspringender Winkel zu erkennen, die am Einzelkristall, der ja ein konvexes Polyeder ist, nicht vorkommen. Die Abb. 138 a stellt z. B. einen einfachen Gipskristall dar, Abb. 138 b einen Zwilling desselben; es ist unschwer zu erkennen, daß das eine Individuum spiegelbildlich zum anderen steht, eine mögliche Kristallfläche, welche die vordere Kante gerade abstumpft, ist Spiegelebene (Symmetrieebene) geworden. Die Abb. 139 stellt einen Zwilling dar, der im kubischen Kristallsystem (z. B. bei Magnetit, Spinell u. a.) häufig auftritt, wo eine Oktaederfläche als Symmetrieebene fungiert. Als drittes Beispiel sei die Verzwillingung von Aragonit (Abb. 140 a, b) gebracht, wo eine Fläche (110) Spiegelebene ist. Es kann sich eine

---

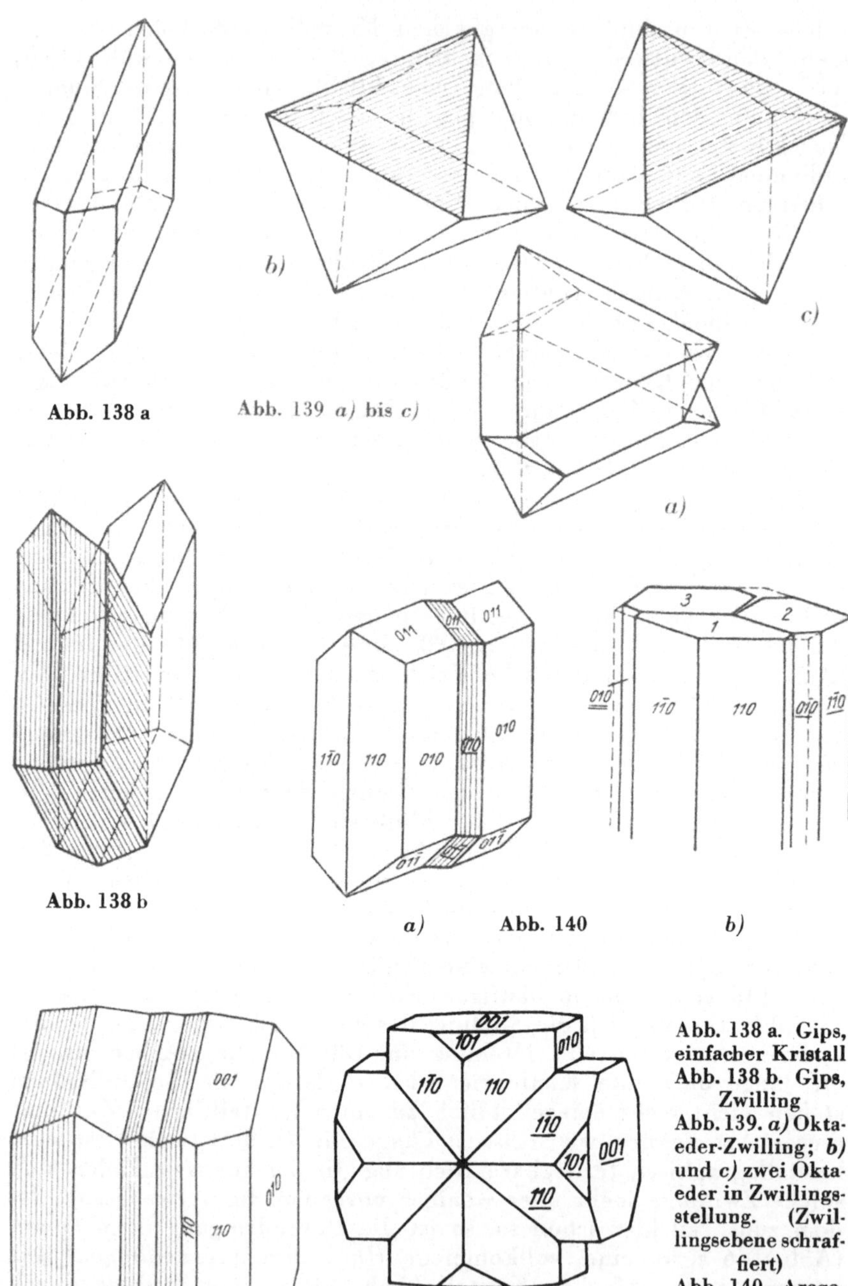

Abb. 138 a

Abb. 139 a) bis c)

Abb. 138 b

a)   Abb. 140   b)

Abb. 141.

Abb. 142

Abb. 138 a. Gips, einfacher Kristall
Abb. 138 b. Gips, Zwilling
Abb. 139. a) Oktaeder-Zwilling; b) und c) zwei Oktaeder in Zwillingsstellung. (Zwillingsebene schraffiert)
Abb. 140. Aragonit. a) Zwillingsstock; b) Wendezwilling
Abb. 141. Zwillingsstock von Albit
Abb. 142. Staurolith-Zwilling nach (032)

solche Zwillingsbildung am gleichen Kristall wiederholen; es entsteht dann entweder ein sogenannter *Wendezwilling* (Abb. 140 b) oder ein *Wiederholungszwilling* (Abb. 140 a), wo das Individuum 3 wieder mit dem Individuum 1 parallel steht, Individuum 2 mit 4 usf. Durch fortgesetzte Wiederholung entsteht ein *Zwillingsstock*, die Teilindividuen sind dann oft äußerst schmal und nur bei genauem Zusehen an den einspringenden Winkeln, oder besser durch das Reflektieren an dem einen oder anderen Lamellensystem zu erkennen. Besonders häufig treten solche Zwillingsstöcke bei den Plagioklasen (den Kalk-Natronfelspaten) auf (Abb. 141), wo die Lamellen so schmal sein können, daß sie sich nur als feine Streifung (Riefung) anzeigen *(polysynthetische Zwillingsstöcke)*. Zwillinge dieser Art, wo eine Kristallfläche Zwillingsebene wird, nennen wir allgemein *Ebenenzwillinge*, ihre Verwachsungs-(Berührungs-)Fläche ist oft eine kristallographische Fläche, daher auch die Bezeichnung *Berührungs- (Kontakt-) Zwillinge.*

Es ist aber nicht immer so, daß der Zwillingskristall spiegelbildlich zu einer deutlich erkennbaren Kristallfläche steht. Oft durchdringen sich die Zwillinge wie beim Staurolith (Abb. 142 u. 143), sie durchkreuzen sich. Dann ist es ohne kristallographische Messung nicht mehr möglich, die Zwillingsebenen als Flächen zu erkennen, die bei Abb. 142 die Indizes (032) und bei Abb. 143 die Indizes (232) hat, die wohl mögliche Kristallflächen sind, aber kaum vorkommen. Hier sprechen wir von *Durchkreuzungszwillingen.* Es ist ein Zufall, daß im ersten Falle das Zwillingsindividuum fast genau 90^0 gegen das andere geneigt ist, so daß ein richtiges Kreuz zustande kommt, das dem Mineral seinen Namen Kreuzstein gegeben hat. Ein anderes Beispiel liefert der Flußspat, wo sich zwei Würfel so durchdringen, wie dies die Abb. 144 zeigt. Auch hier ist es für den Ungeübten nicht ganz leicht zu erkennen, daß eine Oktaederfläche (welche die Würfelecken abstumpft) Zwillingsebene ist.

Es gibt aber noch andere Möglichkeiten, durch ein neu hinzutretendes Symmetrieelement eine Zwillingsstellung zu erreichen. Die Abb. 145 stellt den so häufigen Karlsbader-Zwilling von Kalifeldspat dar. Da läßt sich die Stellung des einen Individuums zu der des anderen nur durch eine Drehung um 180^0 um die z-Achse, das ist die lange aufrechte Kantenrichtung, erklären; die Teilindividuen stehen nicht mehr spiegelbildlich zu einer Kristallfläche. Zwillinge dieser Art nennen wir *Achsenzwillinge*, die Drehungsachse ist eine kristallographisch festlegbare Richtung. In den meisten Fällen sind solche Zwillinge mehr oder weniger unregelmäßig verwachsen[46]. Ist dem zum Teil hier schon so, so ist die Durchdringung beim Quarz (Abb. 146 a, b) eine vollkommene *(Durchdringungszwillinge).* Wir kommen vom einfachen Kristall (Abb. 146 a) zum Zwilling durch eine Drehung um 180^0 um die Achse, die beide Spitzen des Kristalls

---

[46] Man sieht aus der Abbildung, daß das eine Individuum über die Fläche (001) des anderen übergreift, die Verwachsungsfläche also nicht mehr eben ist.

verbindet und die am Einzelkristall eine dreizählige ist. Während der Einzelkristall die kleine trapezoedrische Fläche nur dreimal oben und unten zeigt, wiederholt sie sich im Zwilling sechsmal, der Zwil-

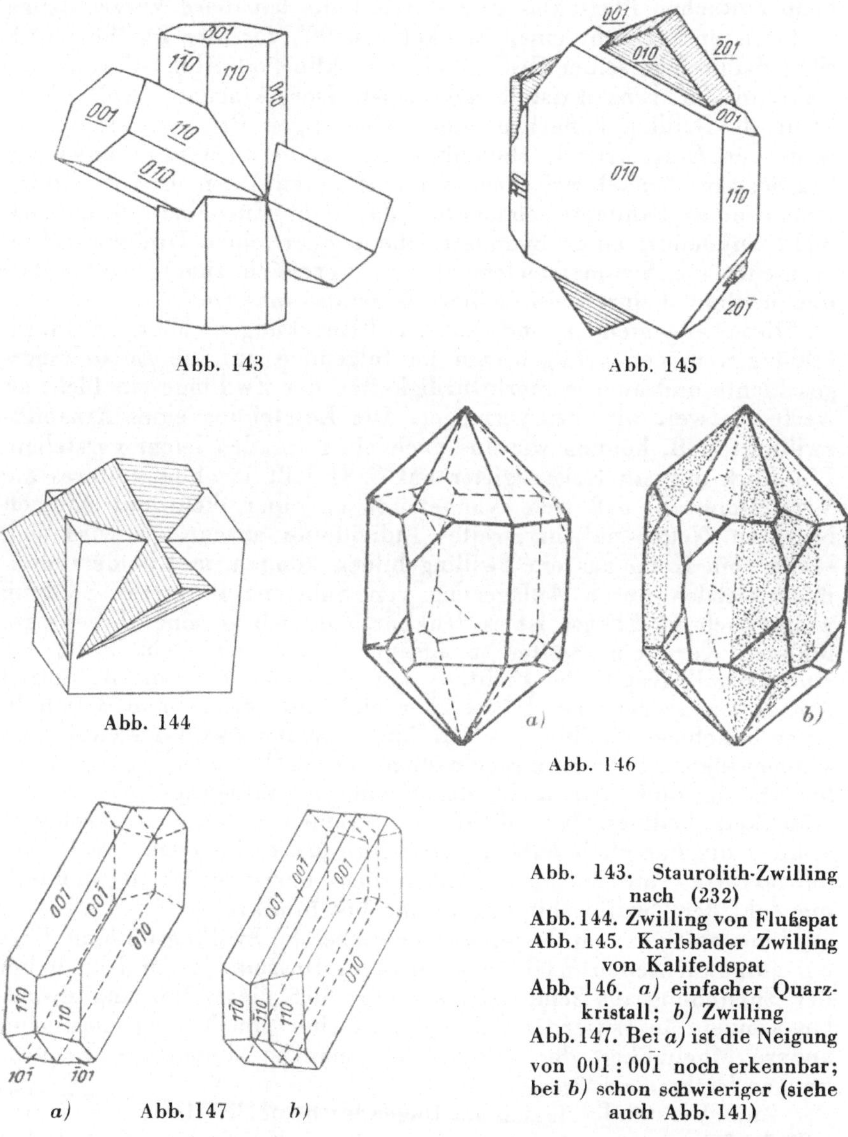

Abb. 143

Abb. 145

Abb. 144

Abb. 146

Abb. 143. Staurolith-Zwilling
nach (232)
Abb. 144. Zwilling von Flußspat
Abb. 145. Karlsbader Zwilling
von Kalifeldspat
Abb. 146. *a)* einfacher Quarzkristall; *b)* Zwilling
Abb. 147. Bei *a)* ist die Neigung
von 001 : 00$\bar{1}$ noch erkennbar;
bei *b)* schon schwieriger (siehe
auch Abb. 141)

ling sieht äußerlich dadurch höhersymmetrisch (hexagonal) aus, da die dreizählige Drehungsachse zur sechszähligen wird, d. h. statt nach einer 120°-Drehung wird schon nach einer solchen von 60° die Deckstellung wieder erreicht.

Die Erhöhung der Gesamtsymmetrie des Zwillings gegenüber dem Einling tritt vielfach klar in Erscheinung, vor allem bei Durchkreuzungszwillingen oder bei polysynthetischen Zwillingsstöcken. Die noch deutlich erkennbare Neigung z. B. der Fläche (001) zu (010) beim einfachen Plagioklas geht durch feine lamellare Verzwilligung verloren und täuscht einen Winkel von 90° vor, der Zwillingsstock sieht dadurch in seiner Gesamtheit monoklin (vgl. Abb. 147 a, b) aus, während der Einzelkristall triklin ist. Der Aragonit (Abb. 140 b) kann als Drilling äußerlich zum sechsseitigen Prisma werden, obwohl der Einzelkristall rhombisch ist, wenn auch mit annähernd 60grädigem Winkel zwischen den aufrechten Prismen. Das Hinzutreten eines Symmetrieelementes, das dem Einzelkristall an sich nicht zukommt, einer Symmetrieebene oder einer Drehungsachse, vermehrt die Symmetrieelemente im Vergleich zum Einzelkristall und bedingt dadurch eine höhere Gesamtsymmetrie[47].

Diese allgemeinen und kurzen Bemerkungen über Zwillingsbildungen mögen genügen, um im folgenden auf die Entstehungsgeschichte und andere Merkwürdigkeiten der Zwillinge ein Licht zu werfen, soweit wir dies vermögen. Die Entstehung eines Aragonitzwillings z. B. können wir uns noch einigermaßen leicht vorstellen. Ein Blick auf ein Kristallgitter auf S. 31 läßt ja ohne weiteres die Vorstellung zu, daß sich symmetrisch zu einer dicht mit Atomen besetzten Netzebene ein zweites Individuum ansetzt. Es wird sich schon vom Keim aus ein Zwilling bilden können, und beide Individuen werden durch Anlagerung von Substanz in dieser Stellung weiterwachsen. Ebenso ist es denkbar, daß sich an einen bereits gebildeten Kern ein zweiter so ansetzen kann, daß er in bezug auf eine kristallographische Richtung um einen Winkel von 180° gegen den ersten gedreht ist. Es ist aber nicht zu erwarten, daß sich in einer beliebigen Stellung zwei Keime zu einer Zwillingsstellung zusammenfügen. Solche unregelmäßige Verwachsungen gibt es zwar häufig, sie sind aber nicht durch eine kristallographische Gesetzmäßigkeit bedingt. Nur dicht mit Atomen besetzte Gitterebenen können die Fähigkeit haben, durch ihre ausstrahlenden, freien Bindungskräfte eine *orientierte* Anlagerung herbeizuführen, wodurch die Zahl der Zwillingsbildungen eine beschränkte ist.

Eine solche, vom Keim aus entstehende Zwillingsbildung liegt bei aufgewachsenen Zwillingen, etwa in Drusen, vor und auch bei der Entstehung aus Schmelzflüssen wird sich dieser Vorgang abspielen können. In letzterem Falle gibt es aber gewiß auch noch eine andere Möglichkeit der Bildung, die manche sonderbare Erscheinungen leichter erklären lassen.

Zum Verständis dessen sei folgendes bemerkt: In einem Granit z. B. finden wir sowohl einfache Kristalle von Kalifeldspat (s. Abb. 75) als auch häufig Karlsbaderzwillinge (Abb. 145); höchst auffallend

---

[47] Selbstverständlich kann eine am einfachen Kristall vorkommende Symmetrieebene nicht zur Zwillingsebene werden, da sie keine spiegelbildliche Gegenstellung bedingen würde.

ist zunächst beim Vergleich der beiden, daß die Zwillinge in der Regel viel größer sind als zwei Einlinge zusammen. Ferner ist die äußere Flächengestaltung, die Tracht, eine durchaus verschiedene, der Einzelkristall ist vielfach nach der dem Beschauer zugekehrten Achse, der Kante (001) : (010) gestreckt (Abb. 75), die Teilindividuen des Zwillings jedoch mehr nach der aufrechten Kantenrichtung, und besitzen dementsprechend eine große und breite (010)-Fläche. Zwar haben wir schon gehört (s. S. 104 ff), daß die Tracht des Einzelkristalls von den Lösungsgenossen und anderen Faktoren abhängt, doch waren hier ja zur Zeit der Entstehung die Bedingungen für den Einzelkristall und für den Zwilling völlig gleich. Wieso also der Unterschied? Das ist zum Teil sicher durch folgende Überlegung erklärbar: in der beiden Zwillingsteilen gemeinsamen Richtung (bei Ebenenzwillingen nach der Zwillingsebene, bei Achsenzwillingen nach der Richtung der Zwillingsachse) greifen, um bildlich zu sprechen, *zwei* Arme nach Ansatzstoff, es findet somit in der gemeinsamen Erstreckung auch bedeutend verstärktes Wachstum statt. Das führt zu einer Verzerrung, die wir ganz allgemein bei Zwillingen sehen können und die schon lange bekannt ist *(Zwillingsverzerrung)*. Es ist aber der große Unterschied in der Tracht und auch im Volumen auf diese Weise allein schwer zu erklären, es gibt Karlsbaderzwillinge auch bei aufgewachsenen Kristallen wie in Pegmatiten (s. S. 89), wo die Trachtverzerrung bei weitem nicht so auffallend ist oder überhaupt fehlt; es dürften somit noch ganz andere Ursachen mit eine Rolle spielen. Diese und andere Überlegungen sprechen dafür, daß sich bei frei in der Schmelze oder Lösung schwebenden Feldspatkristallen zum Teil *erst größere Individuen in Zwillingsstellung orientiert aneinanderlegen*. Die Fähigkeit dazu kann man auch experimentell bestätigen, wir müssen mit dieser Möglichkeit somit rechnen.

Gewisse, vor allem große Kristallflächen, wirken anziehend und orientierend auf gleichartige Kristalle ihrer unmittelbaren Nachbarschaft. Selbst für gegenseitige Orientierung ungleichartiger Minerale haben wir Beispiele (z. B. Staurolith-Disthen u. a.). Dieser Weg wird von der Natur beim Entstehen der Karlsbaderzwillinge dann gerne beschritten, wenn die Einzelkristalle zufällig mehr oder weniger nach der Fläche (010) entwickelt sind. Ist dies der Fall, so ist die Tracht der Zwillinge schon von Anfang an vorgebildet und nicht durch die Verzwillingung allein bedingt, diese verstärkt nur neuerlich die Verzerrung.

Besonders nahe liegt der Gedanke einer solchen Entstehung bei den Karlsbaderzwillingen der Plagioklase (den Kalk-Natron-Feldspaten), weil hier optische Untersuchungen klar aufweisen, daß oft die chemische Zusammensetzung beider Zwillingsteile etwas verschieden ist. Das wäre bei einem Wachstum von einem Keim aus nicht recht verständlich, während bei Einzelkristallen aus dem gleichen Schmelzfluß eine gewiße Verschiedenheit im Chemismus nach unserer Erfahrung ohne weiteres denkbar ist. Auch fällt auf, daß beide

Zwillingshälften in ihrer Größe stark verschieden sein können;
auch das ist leichter durch die Annahme einer späteren Aneinander-
lagerung zweier verschieden großer Einzelkristalle als durch bevor-
zugtes Wachstum der einen Hälfte zu erklären. Schließlich weist
noch folgende Untersuchung auf die Wahrscheinlichkeit unserer Annahme hin: bei dem erwähnten Karlsbaderzwilling von Kalifeldspat
(Abb. 145) ist durch das Übergreifen des einen Individuums über
das andere die Verwachsungsfläche nicht mehr eben, sondern mehr
oder weniger unregelmäßig, und erst in Schnitten nahe dem Keimpunkt (Zentrum) erscheint sie eben und parallel der Fläche (010);
d. h. nichts anderes, als daß sich die Einlinge in diesem Wachstums-
stadium erst vereint haben.

Über die Entstehung und über das Wachstum der Karlsbaderzwillinge können wir uns somit ein einigermaßen befriedigendes

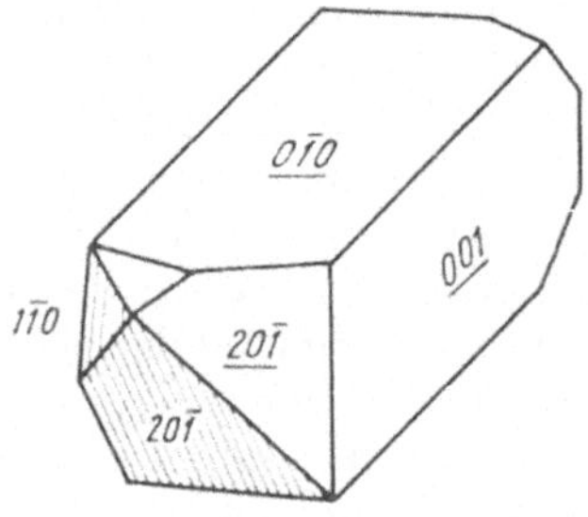

Abb. 148. Bavenoer-Zwilling von
Kalifeldspat

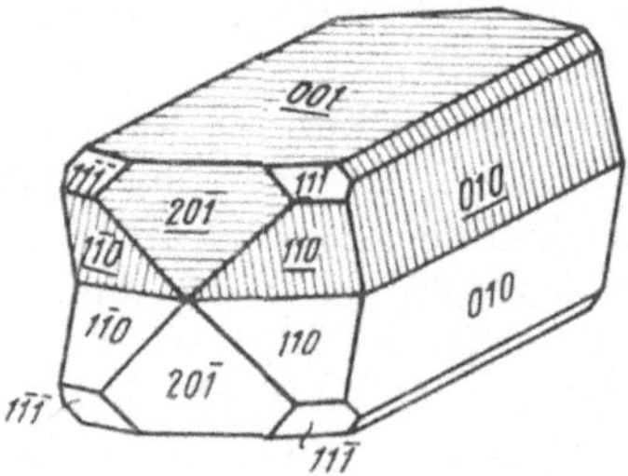

Abb. 149. Manebacher-Zwilling von
Kalifeldspat

Bild machen. Es gibt aber bei den Feldspaten noch andere Zwillinge,
z. B. nach dem Bavenoergeseß — Zwillingsebene ist die (021)-Fläche
(s. Abb. 148) und nach dem Manebachergeseß — Zwillingsebene ist
die (001)-Fläche (s. Abb. 149). Bei der Umschau, wo und wann das
eine oder andere Geseß auftritt, können wir feststellen, daß das
Karlsbadergeseß bei Bildung des Feldspates aus Schmelzflüssen do-
miniert, das Manebachergeseß dagegen bei Bildungen aus niedrig-
temperierten (um 400°) Lösungen — besonders bei der Abart Adular — und das Bavenoergeseß bei mittleren Temperaturen, in
Pegmatiten (s. S. 89), in einem Übergangsstadium zwischen Schmelzfluß und wässeriger Lösung. Diese Beobachtung ist an sich interessant, aber wenn wir nach dem Warum fragen, müssen wir schwei-
gen, denn wir wissen darüber nichts Sicheres auszusagen, wir machen die Bildungstemperatur dafür verantwortlich. In den beiden
leßten Fällen handelt es sich kaum je um schwebend gebildete
Zwillinge, sondern gewöhnlich um aufsißende, die vom Keim aus
gewachsen sind. Sollte das fast völlige Fehlen des Karlsbadergeseßes
beim Adular (Bildung aus wässerigen Lösungen) und das verhältnismäßig seltene Vorkommen in Pegmatiten durch die Unmöglichkeit

bedingt sein, durch Orientierung fertiger Kristalle solche Zwillinge zu
liefern oder sind es Lösungsgenossen und Bildungstemperatur allein?

Noch schleierhafter ist die Entstehung der Zwillinge bei den
Plagioklasen. Zwei Gesetze spielen hier neben dem Karlsbadergesetz
eine besondere Rolle: das Albitgesetz, Zwillingsebene ist die (010)-
Fläche (Abb. 147), und das Periklingesetz, Zwillingsachse ist die
rechts-links laufende kristallographische y-Achse
(Abb. 150). Beide geben uns Rätsel auf, was ihre
Entstehung betrifft. Zunächst ist die Tatsache
bemerkenswert, daß Zwillinge obiger Art häufiger sind als einfache Kristalle; diese große
Neigung zu ihrer Bildung muß einen besonderen Grund haben. Ferner ist auffallend, daß bei
aufgewachsenen Kristallen in Drusen fast stets
nur zwei Individuen in Zwillingsstellung stehen,
selten schließt sich ein drittes Albitindividuum

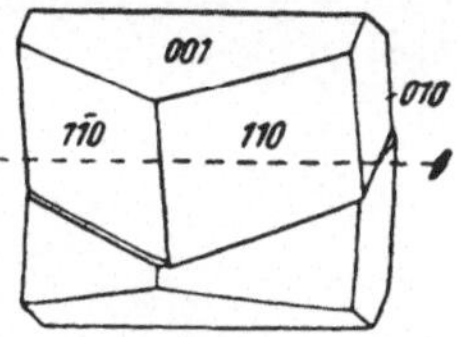

Abb. 150. Periklin-
zwilling

oder ein solches nach dem Karlsbadergesetz an, *niemals* gibt es hier
polysynthetische Zwillingsstöcke wie in Abb. 141. In Erstarrungsgesteinen, die sich aus einem Schmelzfluß gebildet haben, sind dagegen die Plagioklase fast stets solche vielfache Wiederholungszwil-
linge nach dem Albit- oder Periklingesetz. Einfache Kristalle treffen
wir kaum an. Wie mag das zu erklären sein?

Stellen wir uns einen Zwillingsstock mit etwa fünfzehn Lamellen
vor, so müßte eine breite Kette von Keimen in Zwillingsstellung
erst gebildet werden, die dann in Gestalt schmaler, planparalleler
Platten weiterwachsen. Das ist unvorstellbar, und wir finden auch
niemals Gebilde, die einem solchen Anfangsstadium irgendwie ähnlich sehen. Es ist somit nur der Schluß möglich, daß diese polysynthetische Verzwillingung überhaupt nicht primär ist, sondern sekundär dem fertigen Kristall aufgeprägt wurde. Die Frage nach dem
Wie ist allerdings leichter gestellt als beantwortet. Man hat vermutet, daß die Albit-, insbesondere aber die Periklinlamellen durch
Druck entstehen und man findet auch tatsächlich letztere in sichtlich stark gepreßten Gesteinen mitunter sehr ausgeprägt; auch experimentell kann man Periklinlamellen erzeugen. Wir finden aber
solche polysynthetische Verzwillingungen auch in ganz ungestörten
Gesteinen, somit kann diese Erklärung nicht allgemein gültig sein.
Wir stehen auch hier wieder vor einem noch ungelösten Rätsel, es
läßt sich nur folgende, vielleicht etwas kühne Vermutung aus-
sprechen:

Es gibt eine Reihe von Mineralen, die in verschiedenen Kristallsystemen kristallisieren (s. Kap. über Polymorphie S. 65), und darunter solche, wo die Umwandlung von der einen in die andere
„Modifikation“ bei einer bestimmten Temperatur vor sich geht, wie
bei Leuzit, Borazit u. a. Stets ist hier die bei niedriger Temperatur
stabile Modifikation von *niedrigerer Kristallsymmetrie* (Leuzit und
Borazit kristallisieren bei hoher Temperatur kubisch, bei niedriger
mindersymmetrisch). Ähnlich ist der Fall auch bei Kalifeldspat, der

nach unserer Auffassung bei einem Temperaturbereich von etwa 1000° monoklin kristallisiert. Bei Bildung darunter oder beim langsamen Abkühlen hochtemperierter Individuen wird die Kristallgestalt triklin, wenn auch mit großer Annäherung an das monokline System. Äußerlich ist dies kaum bemerkbar, aber das optische Verhalten drückt dies deutlich aus. Dazu kommt noch der Umstand, daß dann der Kalifeldspat gar kein einfacher Kristall mehr ist, sondern sehr kompliziert aus feinen bis submikroskopischen Lamellen nach dem Albit- und Periklin-Gesetz besteht, die aus kristallographischen Gründen im monoklinen System unmöglich sind (s. Abb. 151). Nun ist es offenbar für den ganzen Kristall nicht möglich, den Gitterbau in seiner Gesamtheit schlagartig in ein anders geartetes umzulagern, die Veränderung geht immer nur partiell an verschiedenen Stellen vor sich, und zugleich strebt der Kristall durch die vielfache Verzwillingung nach erhöhter Symmetrie. Das ist offenkundig überhaupt das Leitmotiv bei der Zwillingsbildung. Man könnte sagen: der mindersymmetrische Kristall schämt sich gewissermaßen seiner Niedrigkeit und strebt nach Höherem. Es ist aber das Streben nach erhöhter Symmetrie durch Verzwillingung auch aus energetischen Gründen verständlich.

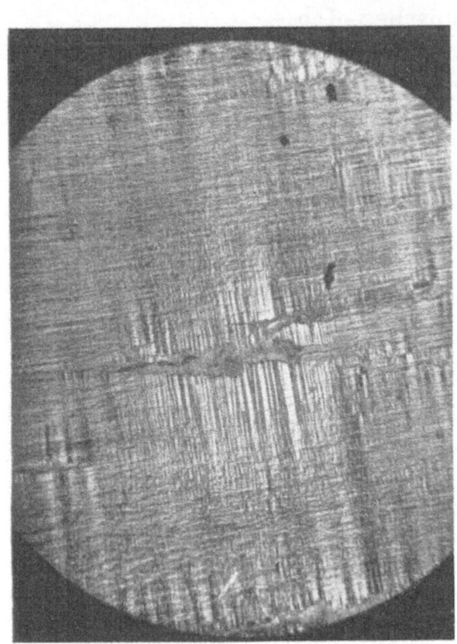

Abb. 151. Mikroklingitterung im Dünnschliff ‖ (001)

Rückt dieser Gedankengang die Verzwillingung überhaupt und besonders die polysynthetische unserem Verständnis näher, so sind wir versucht, die vielfache Verzwillingung nach dem Albit- und Periklin-Gesetz bei den Plagioklasen auf den gleichen Nenner zu bringen. Es ist vielleicht nicht ausgeschlossen, daß auch die Plagioklase noch knapp unter ihrem Schmelzpunkt wirklich monoklin sind, was auch aus anderen Gründen vermutet wurde, und erst beim weiteren Temperaturabfall in ein Lamellen- oder Gitterwerk zerfallen, das die Tendenz zeigt, das höhere monokline System vorzutäuschen. Dann würde sich das Rätsel ihrer Entstehung lösen, wenn auch zugegeben werden muß, daß auch noch andere, uns unbekannte Faktoren mitspielen mögen.

Wir sehen aus obigen Andeutungen, daß selbst so viel diskutierte Probleme noch immer reichliche Unklarheiten aufweisen. Kein Mi-

neral ist (schon wegen seiner großen Bedeutung als Gesteinsgemeng-
teil) so gründlich nach allen Richtungen untersucht worden wie
die Feldspate. Und gerade weil wir über sie so viel wissen, ist auch
vieles noch problematisch.

Als ein besonderes Beispiel soll zum Schluß die höchst interessante Lage der Verwachsungsebene beim Periklin-Gesetz aufgezeigt werden. Während die Verwachsungsebene (soweit es sich
nicht um unregelmäßige Durchdringungen handelt) eine einfache
Fläche ist, die am Kristall selbst vorkommt oder wenigstens möglich ist, tritt hier etwas besonders Merkwürdiges auf.

Die Abb. 150 zeigt einen Periklinzwilling von **Plagioklas**. Die
vier aufrechten Prismenflächen des Einzelindividuums allein gedacht, ergeben ein offenes Prisma, durch dessen Kantenmitten die
kristallographischen Achsen x und y laufen. Legt man durch die
Querachse y eine Ebene ungefähr parallel zur (001)-Fläche, so ist
der Schnitt dieser Ebene mit den vier Prismenflächen ein Rhomboid,
das nach einer bestimmten Drehung um die y-Achse, die beim **Albit**,
dem einen Endglied der isomorphen Plagioklasreihe, in dem einen,
beim **Anorthit**, dem anderen Endglied, in dem anderen Sinne erfolgen muß, zum *Rhombus* wird; die Diagonalen stehen dann aufeinander senkrecht. Die verschiedene Drehung hängt von den etwas
verschiedenen Kristallwinkeln bei den Endgliedern der Reihe ab.
Ohne darauf näher einzugehen, sei nur bemerkt, daß bei einer bestimmten chemischen Zusammensetzung des Plagioklases auch um
einen bestimmten Winkel gedreht werden muß, um zu diesem einzigen Fall des Rhombus zu gelangen. Es ist eine wirklich merkwürdige Tatsache, daß gerade dieser geometrisch interessante Schnitt
mit irationalen Parametern die Verwachsungsebene der Zwillingsteile darstellt. Hier leistet sich die Natur ein besonderes Spiel.

XVII. Von Schmuck- und Edelsteinen

Manche Minerale haben durch ihre Klarheit und völlige Farblosigkeit oder auch durch ihre Farbenpracht, ihre Härte und nicht
zuletzt durch ihre Seltenheit seit altersher das Wohlgefallen des
Menschen erregt, weshalb er sie gerne benutzt, um sich mit ihnen zu
schmücken oder verschiedene Gegenstände mit ihnen zu verzieren.

Von diesem Gesichtspunkte aus trennen wir sie von der großen
Zahl der übrigen Minerale ab und bezeichnen sie als Edelsteine im
weiteren Sinne, ohne daß ihnen damit eine mineralogische Sonderstellung innerhalb der übrigen anorganischen Naturprodukte zukommt und die lediglich auf der besonders empfundenen Schönheit,
der Seltenheit — und damit ihrem Wert — beruht. Durch geeignete
Bearbeitung, Schleifen und Polieren und durch künstliche Erteilung
einer gefälligen äußeren Form suchen wir die ästhetische Wirkung
noch zu erhöhen.

Schon die Völker des Altertums hatten für die Schönheit solcher
Minerale einen Sinn und verwendeten sie als Schmucksteine. Die

alten Ägypter kannten den Amethyst, den Karneol, den Lapis lazuli
und einige andere, jedoch scheinbar noch nicht den Diamant, Rubin
und Saphir. Assyrer und Babylonier gebrauchten bereits Siegel
(Siegelzylinder), in die sie Inschriften und Bilder eingravierten (Zy-
lindergemmen). In Mazedonien trugen die Vornehmen unter Alexan-
der dem Großen Siegelringe mit Bildgravour (Gemmen) und unter
den alten Römern kam die Steinschneidekunst zu höchster Entwicklung, wobei sie verschieden gefärbte Streifen des Achats geschickt
auszunutzen verstanden (Kameen). Die ästhetische Wirkung der
Steine durch Schleifen und Polieren zu erhöhen, ist jedoch erst jüngeren Datums.

Heute verwendet man als Edelsteine im weiteren Sinne neben
den begehrtesten, wie Diamant, Smaragd, Rubin, Saphir, noch eine
ganze Reihe anderer, die im allgemeinen weniger hoch im Wert
stehen als diese Fürsten unter ihnen. Die Mode bevorzugt bald diesen, bald jenen Stein mehr und stellt ihn der Wertschätzung nach
den anderen ebenbürtig zur Seite. Es ist Brauch geworden, Edelsteine von „Halbedelsteinen" zu trennen, was die Unterschiede in
der Bewertung betonen soll und natürlich sehr vom subjektiven
Empfinden und vom Übereinkommen abhängt.

Über die gebräuchlichsten Schmuck- und Edelsteine soll hier bezüglich ihrer Eigenschaften, Verwendung und Vorkommen etwas gebracht werden, wobei auf Vollständigkeit kein Anspruch erhoben
wird. Wer sich mit dieser Gruppe näher zu befassen beabsichtigt —
oder seine Steine bestimmen will — sei auf die ausführlichen Bücher
über Edelsteinkunde verwiesen[48].

Der Diamant, auch heute trotz der reichlichen Funde unbestreitbar der König der Edelsteine, kristallisiert kubisch, meist von okta-
edrischem, rhombendodekaedrischem oder würfeligem Habitus. Seine
Größe schwankt von mikroskopischen Dimensionen bis über
3000 Karat[49]. Er ist das härteste Mineral und übertrifft darin alle
anderen weitaus. Deshalb kann man beim Schleifen und Polieren
auch die vollendetsten glatten Flächen erzeugen. In kristallographisch verschiedener Richtung verhält sich der Diamant beim
Schleifprozeß verschieden; diese Härteunterschiede müssen dabei
berücksichtigt und ausgenützt werden. Auch bei den einzelnen Vorkommen kann die Härte etwas verschieden sein; so sind z. B. die
australischen Diamanten besonders hart. Trotz der enormen Härte
ist der Diamant spröde und spaltet leicht nach dem Oktaeder.
Seine Farbe ist — von vollkommener Farblosigkeit abgesehen —
recht verschieden, bis auf die seltenen satten roten und blauen Farben sind alle in mehr oder weniger ausgeprägter Weise vorhanden,
am häufigsten sind gelbliche und blaßbläuliche Töne. Auf der sehr
hohen Lichtbrechung (2,40 bis 2,46, je nach der Wellenlänge des

---

[48] Bauer-Schloßmacher: Bei B. Tauchnitz, Leipzig 1932, und Stutzer-
Eppler: Bei Borntraeger, Berlin, 1935. Ferner K. Chudoba-Gubelin: Ta-
schenbuch der Schmuck- und Edelsteinkunde. Bonner Universitätsverlag, 1953.
[49] Das Gewicht von 0,2 Gramm wird heute als Einheitskarat angenommen!

Lichtes) beruht der starke Glanz und das sogenannte Feuer beim
geschliffenen Stein, mit dem kein anderer Edelstein konkurrieren
kann (s. jedoch beim synthetischen Rutil, S. 104). Um dieses Feuer
noch zu erhöhen, wird der Diamant in geeignete Schliffform gebracht,
bei den besten Steinen wählt man dazu die Brillantform (Abb. 152).
indem man vom Oktaeder ausgeht und unter den
als günstig errechneten Winkeln die Facetten anschleift. Dünnen Steinen gibt man die Rosetten-
form (Abb. 153).

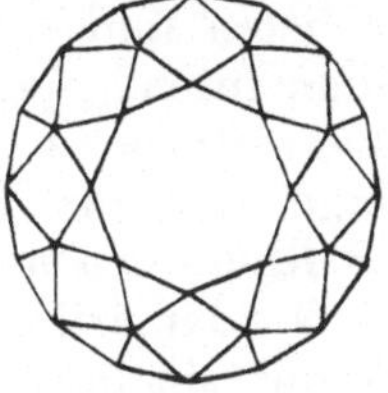

Abb. 152. Brillant-
schliff

Chemisch stellt der Diamant den reinen Kohlenstoff dar, ebenso wie der Graphit, der in der
oberen Gesteinszone der Erde die stabile Form
des Kohlenstoffes bildet (s. S. 71). Im Sauerstoffgebläse läßt sich der Diamant verbrennen.

Der Preis richtet sich nicht nur nach der Größe, sondern auch nach der Reinheit und Farbe,
nach der Fehlerfreiheit und nach der Art des Schliffes. Es gibt keine
fixe Norm, nach der man den Preis einfach bestimmen kann. Ganz
große Steine besitzen natürlich Phantasiepreise. Solche besonders
große Steine haben vielfach eigene Namen erhalten: aus Indien stammen der „Orlow" (199,6 Karat) der „Regent"
(136 Karat), der „Kohinoor" (108,9 Karat): aus
Brasilien der „Stern des Südens" (216,9 Karat im
Rohzustand); südafrikanischer Herkunft ist der
„Stewart" (288 Karat) und der größte bis jetzt ge-
fundene Diamant, der „Cullinan", der 3106 Karat
wog und selbst nur ein Bruchstück eines großen
Kristalles war.

Die ältesten Funde (schon im Altertum bekannt)
stammten aus Ostindien von sekundären Lagerstätten, den sogenannten Seifen (s. S. 95): diese liefer-
ten bis zur Entdeckung der brasilianischen und afrikanischen Vorkommen das gesamte Material. Unter
den indischen Diamanten herrschten besonders
die bläulichweißen Steine vor. Die diamant-

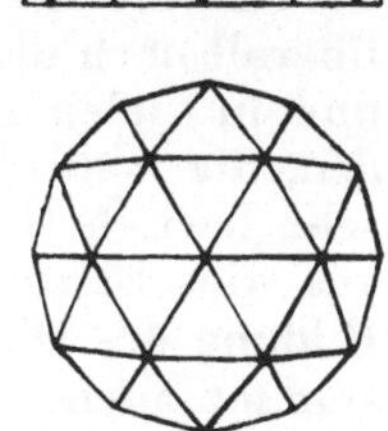

Abb. 153. Roset-
tenschliff

führenden Sandsteine und sonstigen Absatzgesteine gehören einer
alten geologischen Formation an, sind aber vielfach neuerlich von
Natur aus umgelagert worden und aus diesen jungen Seifen hat man
sie gewonnen. Heute ist praktisch das Vorkommen erschöpft. Lange
bekannt sind auch die Vorkommen von Borneo. Zu großer Bedeutung gelangten die brasilianischen Funde, die im Jahre 1725 gelegentlich des Goldwaschens bekannt wurden. Die Hauptgebiete liegen in
den Staaten Minas Geraes und Bahia. Heute spielt auch Brasilien in
der Produktion von Diamanten keine wesentliche Rolle mehr. Die
Steine sind vielfach klein, erreichen aber oft die Güte der indischen.
Eine Bedeutung kommt hier dem sogenannten *Carbonado* zu, das
sind koksähnliche, poröse, nuß- bis faustgroße unreine Diamanten,
die in der Bohrtechnik Verwendung finden. Auch Australien hat

seit der Mitte des vorigen Jahrhunderts eine Anzahl von Diamanten geliefert.

Weit übertroffen werden diese Fundstätten durch den Reichtum der afrikanischen Lagerstätten, die im Jahre 1869 in Südafrika zuerst entdeckt wurden. Die afrikanischen Diamanten sind von geringerer Qualität als die indischen, sie sind selten rein und farblos, die meisten sind etwas gelblich verfärbt. Dafür ist die Größe der „Kapdiamanten“ eine beträchtliche. Zu den auf primärer und sekundärer Lagerstätte in Südafrika liegenden Fundstätten sind seitdem ergiebige neue im Namaqualande, in Südwestafrika, im Belgisch-Kongo, in Rhodesien u. a. O. hinzugekommen.

Nordamerika ist kein bedeutender Produzent an Diamanten; man kennt sie hier auf sekundärer Lagerstätte im Alleghanigebirge, in Kalifornien, Oregon und im Seengebiete. Interessant sind die Funde von Murfreesboro, Arkansas, wo sie als primäre Gemengteile in Peridotitgesteinen liegen.

Europa hat nur wenige Diamanten geliefert. Zuerst wurden sie hier auf uralischen Goldwäschen gefunden. Im ganzen hat man gegen 200 Steine gewonnen. Im Jahre 1891 wurde ein Einzelfund aus Russisch Lappland bekannt. Ebenso nur wissenschaftlich interessant sind zwei Funde in Granatsanden bei Dlazkovice in Böhmen, der erste vom Jahre 1869 (0,2865 Karat), der zweite vom Jahre 1927 (0,11 Karat); doch sind beide Funde fraglich.

Um die Bildungsweise der Diamanten zu verstehen, hat man überall nach dem Muttergestein, dem primären Vorkommen, gesucht und in vielen Fällen auch Gesteine (sogenannte Kimberlite) gefunden, die man als solches erkannt hat. Stets ist dieses Muttergestein sehr basisch (kieselsäurearm) und vereinzelte Berichte über Funde aus kieselsäurereicheren Gesteinen sind als irrig aufzufassen. Zur Bildung des Diamanten dürfte ungeheurer Druck notwendig sein, er stammt auch aus sehr großen Erdtiefen. Durch eigenartige Explosionsvorgänge ist das Muttergestein in obere Erdschichten gebracht worden, mächtige Gesteinsschichten sind von ihm wie von einem Projektil durchschossen worden, was man an den Querschnitten der Durchbruchsröhren (den sogenannten Pipes) und an der Zertrümmerung des Gesteins selbst und der Nachbargesteine erkennt. Man hat aber auch in Absatzgesteinen auf sekundärer Lagerstätte Diamanten gefunden, die geologisch weit älter sind als die bekannten Pipes. Es müssen daher schon in früheren Erdperioden solche Gesteine gefördert worden sein, die seitdem der völligen Zerstörung und Abtragung unterlegen sind. Der durch seine Härte und chemische Unangreifbarkeit äußerst widerstandsfähige Diamant hat diese enormen Zeiten überdauert und ist uns auf sekundärer Lagerstätte bis heute erhalten geblieben.

Die reichen Vorkommen bedingen eine Kontrolle von Gewinnung und Absatz, um den Preis auf seiner Höhe zu erhalten, was sich mehr auf die Diamanten bezieht, welche die Industrie benötigt, als auf Steine zum Verschleifen zu Schmucksteinen. Schöne, klare und größere Diamanten werden auch trotz der großen Produktion ihren Wert beibehalten.

Neben dem Diamant ist der *Smaragd* ein sehr hoch geschätzter Edelstein. Er ist eine durch einen kleinen Chromgehalt „smaragd-grün" gefärbte Abart des Berylls $Al_2Be_3[Si_6O_{18}]$. Vollkommen klare, fehlerlose Steine sind äußerst selten, nur kleine Steine sind mitunter fehlerfrei und zeigen reine, satte Farben und einen samtartigen Schimmer; sie erreichen oder übertreffen dann sogar den Wert mancher Diamanten. Die meisten Steine sind heller gefärbt oder von weißlichen Streifen, Rissen und Einschlüssen durchzogen. Verschliffen werden sie meist in Form von Tafel- oder Treppensteinen (Abb. 154).

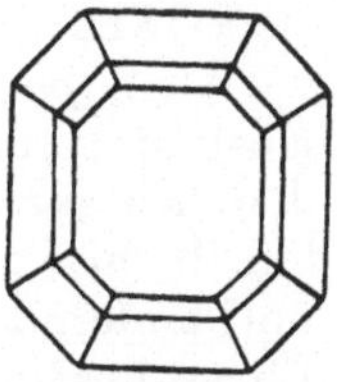

Der Smaragd ist, wie überhaupt aller Beryll, ein charakteristisches Mineral mancher Pegmatite, wo er in sechsseitigen Säulen zusammen mit anderen Pegmatitmineralen vorkommt. Die schönsten Steine liefert Kolumbien, wo sie in Kalkspatadern eines dolomitischen Schiefers liegen, der von pegmatitischen Säften durchtränkt wurde. Die größeren, jedoch nicht so reinen Vorkommen vom Ural liegen in Glimmerschiefern (Biotitschiefern), die an Kontakte zwischen Pegmatiten und Serpentingesteinen gebunden sind, ebenso wie die in den letzten Jahren vielgenannten Smaragde des Habachtales in Salzburg. Letztere sind jedoch nur in bescheidenem Ausmaße als Edelsteine verschleifbar. Andere Vorkommen, die gleichfalls mehr wissenschaftliches Interesse besitzen, liegen in Südwestafrika, Transvaal, in Oberägypten und in Norwegen.

Abb. 154. Tafelschliff

Weit häufiger ist der *Aquamarin* (ebenfalls ein Beryll), so genannt nach seiner meergrünen Farbe, der oft in großen, klaren, ganz reinen Kristallen vorkommt. Auch er ist an Pegmatite gebunden in Begleitung von Topas, Turmalin usw.; durch Zerstörung der Pegmatite findet man ihn auch auf sekundärer Lagerstätte. Die wichtigsten Fundorte sind: Brasilien (Staat Minas Geraes), Ural, Transbaikalien, Madagaskar, Südwestafrika u. a. Durch Brennen kann eine ins Gelbliche spielende Farbe in die meergrüne umgewandelt werden. Verschliffen wird der Aquamarin in Brillantform und Treppenform. Über den sogenannten synthetischen Aquamarin s. S. 104.

Als *Goldberyll* und *Rosaberyll (Morganit)* bezeichnet man die seltenen goldgelb oder rosarot gefärbten Abarten des Berylls, als *Aquamarinchrysolith* einen gelbgrünlichen Aquamarin.

Das trigonal kristallisierende Mineral *Korund* (Al_2O_3) kommt in mannigfachen Farben vor, ist meist trüb und undurchsichtig, liefert jedoch auch klare, durchsichtige, prächtig gefärbte Individuen, die vor allem unter den Namen *Rubin* (rot) und *Saphir* (blau) als Edelsteine ersten Ranges sehr beliebt sind. Die besten Rubine stammen aus Birma; die meisten, in Pegmatiten eingewachsenen Kristalle sind klein (unter einem Karat), selten sind solche von mehreren Karat und von der beliebten taubenblutroten Farbe und seidigem Schimmer bei vollkommener Klarheit. Solche Steine erreichen durch ihre Seltenheit durchaus Liebhaberpreise. Wegen ihrer ins Gelbliche oder Braune spielenden Farben weniger wertvoll sind die Siamrubine; auch die Ceyloner Vorkommen haben selten die Farbe und Reinheit der Birmasteine. Weitere Fundorte liegen in Afghanistan und in den Vereinigten Staaten. Die Birmarubine sind mitunter durch nadelige Einschlüsse oder Hohlräume ausgezeichnet, die einen sechsstrahligen Stern bilden und den „Asterismus" verursachen (s. S. 131).

Als *Saphire* bezeichnen wir in erster Linie hell- bis dunkelblaue Korunde; am begehrtesten sind kornblumenblaue Farben. Sie finden sich vorzugsweise (und reichlicher als die Rubine) in Siam, Ceylon, Birma, an verschiedenen Orten von Montana (USA), Australien und anderen Stellen, fast durchwegs auf Seifen mit Rubin, Spinell, Chrysoberyll, Zirkon und sonstigen Edelsteinen. Häufig sind auch *Sternsaphire* (s. S. 131). Der Preis ist wegen der größeren Häufigkeit geringer als der von Rubinen gleicher Qualität und Größe. Geschliffen werden Rubine und Saphire wie Diamant oder in Tafelform. Ihre Farbe bleibt bei Lampenlicht unverändert.

Ein gelber, spargelgrüner bis olivgrüner Edelstein ist der *Chrysoberyll* (Al_2BeO_4), der sich in manchen Pegmatiten und metamorphen Gesteinen findet, auch lose auf Seifen. Er kristallisiert im rhombischen Kristallsystem. Manche Individuen sind trüb und zeigen infolge von Einschlüssen oder Hohlräumen einen wogenden Lichtschein, der besonders bei mugeligem Schliff schön zum Vorschein kommt *(Kymophan, Chrysoberyllkatzenauge)*. Die bekanntesten Fundorte sind: Ceylon (auf Seifen), Minas Geraes (in Pegmatiten und auf Seifen) und an der Küste von Malabar, Indien. Ein smaragdgrüner, jedoch meist undurchsichtiger Chrysoberyll wird als *Alexandrit* bezeichnet. Bei künstlichem Licht (besonders Kerzenlicht) spielen seine Farben ins Rote oder Violette. Die besten Vorkommen stammen aus dem Ural; auch die Edelsteinseifen von Ceylon liefern mitunter gute Steine, die gleichfalls den wogenden Lichtschein *(Alexandritkatzenauge)* zeigen können (s. S. 131).

Der *Zirkon* ($Zr[SiO_4]$) kommt oft in schönen Farben vor, die im Verein mit dem starken Glanz (die Lichtbrechung kommt der des Diamanten nahe) seine Verwendung als Edelstein bedingt. Besonders farblose Zirkone ähneln dem Diamant und werden mitunter als solche ausgegeben: es unterscheidet ihn jedoch die bedeutend geringere Härte ($7^1/_2$) und die Doppelbrechung. Gelbrote Zirkone werden als *Hyazinth* bezeichnet; dieser findet sich besonders auf den Ceyloner Edelsteinseifen. Farblose bis braune Kristalle kommen hauptsächlich aus Indochina; andere Vorkommen liegen in Tasmanien, Queensland, Madagaskar, verschieden gefärbte, auch grüne Zirkone kommen aus Ceylon. Durch Erhitzen verlieren manche Zirkone ihre Farbe und werden dann dem Diamant ähnlich *(Matura-Diamant)*; auch kann man durch geeignetes Brennen die Farbe verbessern. Die braunen Zirkone von Mongka (Indochina) werden z. B.

sehr schön blau; sie gehören zu den schönsten blauen Edelsteinen. Farblose und blaue Zirkone erhalten Diamantschliff, andere Tafel- oder Treppenschliff.

Der *Turmalin*, ein kompliziert zusammengesetztes, borhältiges Silikat von trigonaler Kristallform, ist ein charakteristisches Mineral von pegmatitischer und pneumatolytischer Bildungsweise. Er wird auf primärer und sekundärer Lagerstätte gewonnen. Seine Farbe wechselt in allen Schattierungen von farblos bis schwarz, gelb, braun, rot, grün, blau, oft mit zonarer Farbenverteilung. Nur schön gefärbte und durchsichtige Kristalle werden zu Schmucksteinen verschliffen. Gelbe und braune Turmaline liefern die Ceyloner Seifen (wegen der Farbe werden diese Vorkommen auch als *ceylonische Chrysoberylle* bezeichnet), rote Turmaline *(Rubellite)* kommen hauptsächlich aus dem Ural, grüne und blaue Kristalle aus Brasilien (auch unter dem Namen *brasilianischer Smaragd, brasilianischer Saphir*). Daneben versorgen Madagaskar, Südafrika und andere Fundstätten den Edelsteinmarkt mit gutem und reichlichem Material.

Der *Topas*, ($Al_2[Fe_2/SiO_4]$), ein fluorhältiges Mineral von pneumatolytischer Bildung, in rhombischen Säulen kristallisierend, kommt vielfach in klaren Individuen vor, die dann verschliffen werden. Am häufigsten sind gelbliche Farben, aber auch farblose, bläuliche bis bläulichgrüne oder rosarote Topase sind als Edelsteine beliebt. Die blaßbläulichgrünen sind dem Aquamarin ähnlich. Am begehrtesten sind die rosaroten und schön blau gefärbten Steine, wogegen die anderen wegen ihrer Häufigkeit geringer geschätzt werden. Unter den verhältnismäßig vielen Fundstätten sind die von Brasilien, Ural, Madagaskar und Südwestafrika neben etlichen anderen die bedeutendsten. Früher einmal spielten die Funde vom Schneckenstein in Sachsen eine gewisse Rolle.

Gelbe Edelsteine gehören meist zum Topas, so daß man andere Edelsteine von gelber Farbe häufig mit dem Namen Topas in Verbindung gebracht hat; so hat sich der Name Rauch„topas" für Rauchquarz, *orientalischer Topas* für gelben Saphir und *Goldtopas* oder *spanischer* und *Madeiratopas* für gelbe Quarze irreführenderweise eingebürgert. Die ausgezeichnete Spaltbarkeit nach der Basis (001) sowie Dichte und Lichtbrechung lassen die Unterschiede leicht erkennen.

Der *Granat*. Glieder der Granatgruppe (Kalk-, Eisen-, Magnesium-, Tonerde-Silikate wechselnder Zusammensetzung), in kubischen Kristallformen auftretend, sind zum Teil als Edelsteine verwendbar und waren besonders vor einigen Jahrzehnten recht beliebt. Die als *Hessonit* bezeichneten gelbroten Granaten sind gegenüber dem *Almadin* und *Pyrop* von geringerer Bedeutung. Die Almandine sind colombinrot bis rotviolett, die Pyropen blutrot bis gelblichrot. Letztere sind den Rubinen nicht unähnlich, zumal sie dessen Farbe und Glanz erreichen können. Der Pyrop wurde früher unter dem Namen „*Böhmischer Granat*" viel verwendet; Granatsande aus Böhmen waren die Fundstätten. Die Steine (auch kleine) wurden rosettenförmig geschliffen und dicht nebeneinander gefaßt, was eine angenehme Wirkung des Schmuckstückes (Broschen, Armbänder) erzielte.

Die *Quarze* werden als Halbedelsteine zu Zier- und Schmuckgegenständen viel verarbeitet. Bald ist es die Reinheit und Farbe, bald sind es die Einschlüsse, die einen eigenartigen Effekt hervorrufen, die dazu Anlaß geben. Der wasserklare *Bergkristall* wurde besonders in früheren Zeiten vielfach verschliffen; auch größere Gegenstände, wie Schalen, Trinkgefäße. Leuchter, Verzierungen von Lustern usw., wurden vor Einführung schöner Gläser aus ihnen hergestellt. Heute sind wasserklare und fehlerfreie Stücke noch immer sehr gesucht, weniger für kunstgewerbliche Gegenstände als für technische Zwecke (s. S. 82 ff.).

Die geringere Härte, vor allem aber die schwache Lichtbrechung lassen ihn dem Diamant gegenüber glanzlos und tot erscheinen; trotzdem werden für ganz klare Quarze Namen gebraucht, die auf die Ähnlichkeit anspielen wie z. B. „*Marmaroser Diamant*" für kleine, doppelseitig ausgebildete, reine Kristalle aus der Umgebung von Marmaros (Slowakei). Früher kam aus den Klüften der Alpen viel Material, heute sind Madagaskar und Brasilien die Hauptproduzenten an verwertbarem Bergkristall.

Der hell- oder dunkelrauchgrau gefärbte *Rauchquarz* (irreführend auch als Rauchtopas bezeichnet) wird ebenso wie der Bergkristall verschliffen; er sieht in klaren und satt gefärbten Stücken sehr gut aus. Fundorte sind die Alpen, wo sehr große Kristalle gefördert wurden. Früher spielten die Vorkommen von Cairngorm in Schottland eine Rolle *(Schottische Topase)*. Gelb bis goldgelb durchsichtige Quarze heißen *Citrine*. Nur selten sind sie von Natur aus gut gefärbt, die meisten Citrine des Handels sind gebrannte Rauchquarze, wie der „spanische Topas" oder Amethyste, die bei dieser Behandlung gelb werden (s. unten). Viel verwendet wurde und wird noch der violette *Amethyst*. Seine Farbe schwankt von sehr blaßem Violettrosa bis zu tiefvioletten Tönen, oft mit mehr rötlichen oder bläulichen Nuancierungen und fleckenhafter oder streifiger Farbverteilung. Einheitlich und satt gefärbte Stücke werden bevorzugt, und man gibt ihnen dann Tafel- oder Treppenschliff, selten Brillantschliff; auch graviert man häufig Steine für Siegelringe. Die besten Fundorte sind heute Brasilien, Uruguay und Madagaskar. Durch Brennen werden die Amethyste mancher Vorkommen goldgelb wie Citrin *(Goldtopas)*. Rosenrot und trüb ist der *Rosenquarz*, der zu verschiedenen Schmuckgegenständen (Schalen, Dosen, Kugeln für Halsketten usw.) verarbeitet wird.

In anderen Fällen sind es Einschlüsse, die als solche dem Quarz ein reizvolles Aussehen verleihen oder die, wenn sie in großer Menge und gleichmäßig verteilt auftreten, dem Quarz eine angenehme Farbe oder einen eigentümlichen Schiller verleihen, was dann seine Verwendung zu Schmuckgegenständen bedingt. Unter den ersteren wären z. B. Bergkristalle mit Flüssigkeitseinschlüssen, die wieder bewegliche Gaslibellen zeigen können, zu nennen oder Quarze mit

Einschlüssen von Goldflittern, feinen, haarförmigen Nadeln von
Rutil (Venushaare) oder Strahlstein (Thetishaare), in anderen Fällen
von Chloritschuppen. In alten Sammlungen wird man besonders letztere oft in eigenartig angeschliffenen Formen immer wieder antreffen; diese kurios erscheinenden Einschlüsse der „Haarsteine" und
„Nadelsteine" erwecken auch heute noch Interesse und werden gerne
gekauft.

Durch zahlreiche Einschlüsse von Strahlsteinnadeln gleichmäßig
grüngefärbter Quarz heißt *Prasem*. Einschlüsse von Eisenglanztäfelchen führen zu dem Schimmer des *Sonnensteins (Avanturinquarz)*,

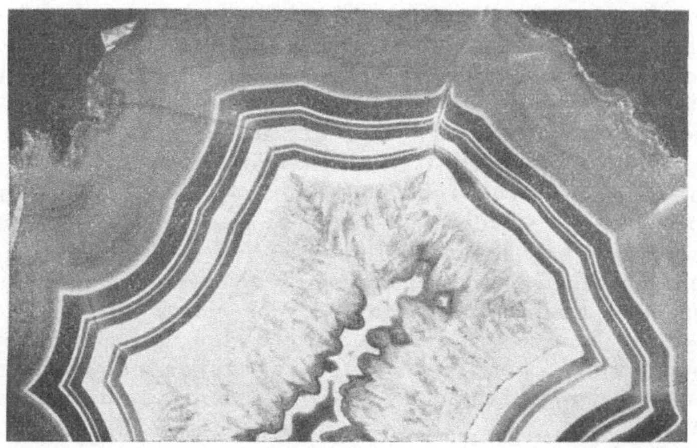

Abb. 155. Geschliffene Achatplatte. (Aus Photographie und Forschung, Jg. 1936)

parallel orientierte Einlagerungen von Krokydolithfasern zum
Falkenauge und *Tigerauge*. Letztere Steine, die man parallel der
Faserrichtung anschleift, weisen einen blauen (Falkenauge) oder
goldgelben (Tigerauge) seidenartigen Schimmer auf. Die goldgelbe
Farbe wird durch Zersetzung des Krokydoliths hervorgerufen. Über
das *Katzenauge* s. S. 130.

Außer diesen mehr oder weniger deutlich kristallisierten Quar-
zen finden auch seine feinkristallinen Abarten in Form der Chalze-
done und Achate mit ihren vielen Spielarten seit langem reichliche
Verwendung als Schmucksteine. Insbesondere sind es die *Achate* mit
ihrer überwältigenden Mannigfaltigkeit, deren reizvolles Aussehen
ihnen auch in den Sammlungen eine Sonderstellung verleiht.
R. E. L i e s e g a n g sagt in seinem lesenswerten Büchlein[50] über ihre
ästhetische Wirkung: „Diese sind ganz anderer Art wie diejenigen
der Kristalle. Denkt man bei letzteren an die Strenge der Gotik, so
kommt es hier mehr zur Erinnerung an die graziösen Formen des
Rokoko." In der Tat gibt es bei keinem Mineral eine solche Vielfalt

---

[50] L i e s e g a n g, R. E.: Die Achate. Dresden: Verlag Th. Steinkopff. 1915.

der Formen wie hier. In naturbelassenem Zustande sind die Achate allerdings oft unscheinbar; ihr Aufbau aus Lagen und Schalen von verschiedener Struktur (und Porosität) gestattet es, durch künstliche Färbung die Strukturbilder weit klarer und schärfer zu zeichnen. Deshalb sind die meisten verschliffenen Achate erst durch geschickte Menschenhand zu voller Schönheit und Wirkung gelangt (s. Abb. 155).

Je nach Zeichnung und Farbe gibt es verschiedene Namen innerhalb dieser Gruppe. Hier mögen nur einige angeführt und kurz charakterisiert werden. Als *Baumstein (Mokkastein)* bezeichnet man einen Chalzedon mit braunen oder schwarzen Dendriten (moosförmig, astförmig verteilte feine Einschlüsse); man kann sie auch künstlich nachahmen. Echte Steine dieser Art sind recht wertvoll. Ähnlich ist der *Moosachat,* der durch Einschlüsse von Chlorit oder Strahlstein so aussieht, als wäre Moos eingewachsen. Viel verwendet wird der *Karneol,* ein mehr oder weniger braunrotgefärbter Chalzedon. Unscheinbare, selbst grünlichverfärbte Stücke können durch Brennen die gewünschte rotbraune Farbe erhalten. Indien, Brasilien, Uruguay sind die wichtigsten Produzenten. *Sarder* ist ein braunrotbis orangegefärbter Karneol, *Plasma* ist ein durch Chlorit grüngefärbter Chalzedon; enthält er in dem grünen Untergrund kleine rote Flecken und Punkte, so bezeichnet man ihn als *Heliotrop. Onyx* nennt man einen Achat, der aus abwechselnd weißen und farbigen Lagen besteht. Schon im Altertum wurde er unter geschickter Ausnützung der gefärbten Lagen zu Gemmen und Kameen geschnitten.

Seinerzeit spielten die Achatfunde von Idar und Oberstein eine Rolle und führten zur berühmten Schleiferei in Idar; heute ist dieses Material erschöpft, und es wird in erster Linie brasilianischer Achat eingeführt und in Idar gefärbt und verschliffen.

Die amorph (ohne Kristallform) erstarrte Kieselsäure bildet den *Opal.* Auch seine mannigfach gefärbten Abarten finden zum Teil in der Schmucksteinindustrie Verwendung. Edelsteinwert besitzt jedoch nur der *Edelopal,* zum Teil der feuerrote *Feueropal* (s. diesbezüglich S. 131).

Der *Türkis,* ein meist grünes, selten blaugefärbtes und trübes Mineral war früher häufiger als Schmuckstein in Gebrauch; man bevorzugt nur die blauen Steine, grüne sind bei uns wertlos. Geschliffen wird er stets mugelig (en cabochon). Die schönsten Vorkommen stammen aus Persien; diese blauen Steine behalten auch ihre Farbe bei, zum Unterschied gegen die Stücke von der Halbinsel Sinai, die schon den alten Ägyptern bekannt waren. Uralte Fundstätten gibt es auch in Mexiko, die schon in vorhistorischer Zeit ausgebeutet wurden. Weitere Funde liegen in Kolorado, Nevada, Arizona, Kalifornien und Neu-Mexiko.

Obige Aufzählung enthält nur die gebräuchlichsten und bekanntesten Schmuck- und Edelsteine. Es gibt ihrer noch eine ganze Reihe, die zum Teil schon lange, zum Teil erst seit kurzem eine Bedeutung haben. Zu ersteren gehört u. a. der *Chrysolith (Olivin, Peridot)*, ein gelblichgrüner Edelstein, der im Mittelalter viel zur Verzierung von Kirchengeräten diente. Uralt ist die Verwendung von *Lapis lazuli*, den man schon aus ägyptischen Königsgräbern kennt. Das blaue Mineral (genauer gesagt handelt es sich um ein Gemenge kleiner Körner, verunreinigt mit anderen Mineralen) wird auch heute noch zu Schmucksteinen und kunstgewerblichen Gegenständen verarbeitet. Wie ein gestirnter Himmel sieht eine geschliffene Platte aus, wenn goldgelbe Pyritkörner eingewachsen sind. Auch die Verwendung von *Nephrit* und *Jadeit* (oft beide unter dem Namen *Jade* genannt, obwohl es sich um verschiedene Mineralaggregate handelt) geht bis in die prähistorsiche Zeit zurück; aus Nephrit verfertigte der prähistorische Künstler nicht nur Gebrauchsgegenstände, sondern auch Schmuckstücke. Die Verwendung des Jadeits in der chinesischen Kunst ist bekannt.

Der rosarote bis rosaviolette *Kunzit* und der grüne *Hiddenit* erfreuen sich in den letzten Jahrzehnten in Nordamerika besonderer Beliebtheit. Seit kurzem erst kennt man eine goldgelbe, durchsichtige Abart des Kalifeldspates, den „*Edelorthoklas*" aus Madagaskar, der sich geschliffen ganz prächtig ausnimmt.

Aber auch die Mode greift mitunter zu einem Mineral, das sich sonst nicht der Sonderstellung als Schmuckstein rühmen kann. So sind in den letzten Jahren geschliffene dichte Hämatite als „*Blutsteine*" besonders in den Kurorten in den Handel gekommen. Wenn auch das Aussehen durchaus nicht übel ist, so ist doch die Mode — und wohl auch etwas Aberglaube — ausschlaggebend für seine Bedeutung geworden. So wird noch das eine oder andere Mineral zum Schmuck- und Edelstein erhoben werden, sei es, daß neue Funde klarer, schöngefärbter oder farbloser Abarten der bekannten Minerale gefunden werden, sei es, daß die Mode ihn „entdeckt".

Es mag zum Schlusse noch bemerkt werden, daß nicht nur Schönheit und Seltenheitswert der Edelsteine den Menschen veranlaßt, sie in Ringen, Armbändern und Amuletten zu tragen; es ist auch ein wenig der in ihm schlummernde, von den Vorvätern ererbte Glaube, daß so ein Stein von günstiger Wirkung auf ihn ist, daran beteiligt. Uralter Glaube ist mit solchen Vorstellungen verknüpft, der sich bei primitiven Naturkindern noch in ausgeprägter Form vorfindet und den wir leichtfertig als Aberglauben bezeichnen. Wie sehr aber auch wir noch von solchen alten Vorstellungen beeinflußt sind, beweist allein schon der Umstand, daß wir u. a. jedem Monat einen bestimmten Edelstein zuschreiben: dem Jänner den *Hyazinth*, dem Februar den *Amethyst*, dem März den *Heliotrop*, dem April den *Saphir*, dem Mai den *Smaragd*, dem Juni den *Chalzedon*, dem Juli den *Karneol*, dem August den *Onyx*, dem September den *Chrysolith*, dem Oktober den *Aquamarin*, dem November den *Topas* und dem Dezember den *Chrysopras*.

Der Monatsstein ist der „Glückstein" für den in diesem Monat Geborenen! Aber auch andere Steine bringen Glück oder werden als heilkräftig angesehen; Opale schenkt man nicht gerne, da sie Tränen oder Unglück in der Liebe bedeuten usw.

Ein Zauber geht jedenfalls vom Stein aus, sei es in dem einen oder anderen Sinne!

XVIII. Etwas vom Farbenspiel bei Mineralen

So wie sich das Kind an bunten Kieseln und Gläsern erfreut, so ruht auch unser Auge mit Wohlgefallen an buntem Schiller, wogendem Lichtschein oder sonstigem Farbeneffekt mancher Minerale. An einigen Beispielen aus dem Mineralreich mit solchem Farbenspiel wollen wir diese optischen Erscheinungen auf ihre Ursache hin prüfen.

Manche Kalifeldspate aus Pegmatiten, seltener einige Adulare aus alpinen Klüften, zeigen in bestimmter kristallographischer Richtung einen weißlichen bis schön blauen Lichtschein, der von innen herauskommt und der dieser Abart des Feldspates den Namen *Mondstein* gegeben hat. Es ist dieses Farbenspiel keine Eigenart des Feldspates an sich, sondern nur auf bestimmte und verhältnismäßig seltene Vorkommen beschränkt. Das naturbelassene Stück ist recht unscheinbar; angeschliffene, vor allem mugelig geschliffene Stücke lassen dieses *„Glaukisieren"*, wie man diesen Lichteffekt nennt, erst richtig zur Wirkung kommen.

Die Ursache war lange Zeit nicht genau bekannt; heute wissen wir, daß feine bis submikroskopische, kristallographisch orientierte Einschlüsse eine Art „auswählender Reflexion" der eintretenden Lichtstrahlen bedingen. Die Einschlüsse sind dünnste Lamellen von Albit, dem Natronfeldspat, der bei der Entstehung des Mondsteins in gewissem Ausmaße isomorph beigemischt war, d. h., es lag bei der Bildung ein Mischkristall von Kalifeldspat und Natronfeldspat vor (s. S. 62 ff.), der bei den geänderten Verhältnissen nach der Bildung nicht mehr bestandfähig ist. Der Mischkristall zerfällt also in zwei Komponenten, wobei sich der Natronfeldspatanteil in Form dünnster Lamellen kristallographisch orientiert ausscheidet. Dieses feine Netzwerk läßt von dem eintretenden Licht bei entsprechendem Einfallswinkel die längeren Lichtwellen (gelb und rot) mehr oder weniger durch, die kurzen Wellen (grün, blau) werden zum Teil an dem Gitterwerk reflektiert. Deshalb ist die Farbe beim Durchblicken komplementär, d. h. gelblich und nicht bläulich.

Die Richtigkeit dieser Deutung der Ursache erwies ein interessanter Versuch: Solche Mondsteine zeigten bei Durchleuchtung mit Röntgenstrahlen *zwei* getrennte Lauediagramme (s. S. 50), nämlich von Kalifeldspat und Albit, die daher gesondert vorliegen müssen, da sich ein isomorpher Mischkristall auch für die Röntgenstrahlen als völlig homogen erweist und nur ein einziges Lauebild ergibt. Bei Erhitzungsversuchen (ungefähr um 1000°) und neuerlicher Röntgenaufnahme zeigte sich, daß die zwei Bilder allmählich zusammenwandern und schließlich einheitlich werden. Es tritt also Wiedermischung ein, und zugleich verliert sich auch das Glaukisieren. Damit ist die Frage nach der Ursache geklärt, denn es kann in der Tat nur eine teilweise Reflexion der kurzen Lichtwellen an den Albitlamellen in Frage kommen.

Solche als Schmucksteine verwendbare Mondsteine kommen in erster Linie aus Ceylon, wo sie ursprünglich in pegmatitischen Gängen vorkommen; doch sind die Gesteine meist schon tiefgründig zerstört, so daß die Mondsteine dem losen Verwitterungsschutt entnommen werden. Bei den Adularen ist der bläuliche Lichtschein nicht stark genug, sie sind als Schmucksteine ohne Bedeutung. Nur Exemplare mit blauem Farbenspiel sind begehrt und stehen hoch im Kurs; milchige und weißliche Töne sind wenig wirkungsvoll und daher ziemlich wertlos. Steine mit mugeligem Schliff, der beim Wenden des Steins einen wogenden Lichtschein erzielt, sind am beliebtesten.

Die Feldspate gewisser norwegischer Gesteine zeigen gleichfalls ähnliches Farbenspiel, was hier zur Verwendung des ganzen Gesteins als Dekorationsstein geführt hat. Dieser fleckige Schimmer in bläulichen Farben belebt den Stein und macht ihn neben seinen sonstigen guten Eigenschaften geschätzt (s. viele Grabdenkmäler!).

Anderer Art ist das prächtige, fleckenhaft verteilte Farbenspiel, das an die grellen Farbzeichnungen exotischer Schmetterlinge erinnert, beim Labrador, einem Mischglied der schon oft erwähnten Plagioklase. Manche Vorkommen, besonders von der Halbinsel Labrador, den Paulsinseln, den russischen Bezirken Kiew und Shitomir und in neuerer Zeit von Madagaskar zeigen auf ihren Spaltflächen nach (010) ein wunderbares und intensives Farbenspiel in blauen, grünen, seltener gelben Tönen bei bestimmter Neigung zum Auge und sind deshalb beliebte Schmucksteine geworden. Die Erscheinung dieses bunten Farbenwechsels bezeichnen wir als *„Labradorisieren“*.

Hier können wir die Ursache nicht genau feststellen; zum Teil ist es sicher, daß Lichtreflexe an feinen, orientierten Einschlüssen (wahrscheinlich von dünnen Titaneisenerzblättchen) dazu beitragen. Es scheint aber der Vorgang weit komplexerer Art zu sein als beim Mondstein. Vermutlich treten auch Reflexe an Spaltrissen und Zwillingslamellen hinzu, die mit den an der Kristalloberfläche reflektierenden Strahlen Interferenzerscheinungen ergeben.

Von besonderer Schönheit sind die Labradore aus Madagaskar mit ihren hell- bis dunkelblauen Farbtönen. Sie sind als *„Madagaskar-Mondsteine“* in den Handel gekommen. Um den Unterschied gegenüber dem Mondstein hervorzuheben, hat man sie richtiger als *„edle Labradore“* bezeichnet.

Daß nur bestimmte Vorkommen dieses Labradorisieren zeigen, ist wegen der dazu besonderen Bildungsbedingungen verständlich; schwer erklärbar ist dagegen die Tatsache, daß nicht auch andere Glieder der Plagioklasreihe dazu befähigt sein sollten. Nur manche, dem Albit nahestehende Mischungen weisen ein ähnliches Farbenspiel auf, jedoch bedeutend schwächer (sogenannte *Peristerite*).

Wieder ganz anderer Art ist der metallische Schimmer bei manchen Abarten von Feldspat und Quarz. Ersterer ist oft rot gefärbt, und man nimmt mit Recht an, daß dieses aus Eisenoxyd bestehende Pigment bei der Bildung des Feldspates isomorph eingebaut war und — wie der Albit beim Mondstein — später als Fe_2O_3 (als Mineral Eisenglanz) wieder ausgeschieden wurde. Besondere Verhältnisse, lange Zeit zirkulierende Dämpfe und wässerige Lösungen während und im Anschluß an die Bildung, müssen bewirken, daß sich der im festen Zustande durch Entmischung entstehende Eisenglanz in Form dünner Täfelchen parallel bestimmten Strukturflächen (die auch meist wichtige Kristallflächen sind) ansetzten. Gerade diese orientierte Anlagerung der Eisenglanztäfelchen ist aber die Ursache des rötlichen, metallischen Schimmers, da eintretende Lichtstrahlen bei entsprechender Neigung an den orientierten Flittern reflektiert werden.

Für obige Deutung der Entstehung durch Entmischung spricht der gelungene Versuch, durch Erhitzen die Wiedermischung zu erreichen; es verschwanden bei Temperaturen um 1050° bis 1250° die Eisenglanzeinschlüsse und kamen beim Abkühlen an ihrer früheren Stelle wieder zum Vorschein.

Diesen metallischen Schimmer bezeichnen wir als *„Avanturisieren"* und wir nennen diese Feldspatabart *Avanturinfeldspat* oder *Sonnenstein* (ältere Bezeichnung Heliolith). Kalifeldspate und Kalk-Natron-Feldspate können diese Erscheinung zeigen, weit häufiger letztere. Bekannte Funde stammen aus Rußland und Sibirien; auch Norwegen lieferte schönes Material. Solche Sonnensteine wurden früher gerne zu Schmucksteinen für Broschen, Manschettenknöpfen usw. verarbeitet. Heute ist die Verwendung infolge Herstellung von rotbraunem Glas mit eingelagerten Schüppchen von gediegenem Kupfer (sogenannter Goldfluß) fast gänzlich zurückgetreten. Der Liebhaber wird wohl stets dem Naturprodukt den Vorzug geben; wenn auch die Wirkung beim Kunstprodukt wegen der gleichmäßig verteilten Einschlüsse vielleicht lebhafter ist, so haftete ihm doch das Odium des Kunstproduktes an.

Ähnliche Ursachen liegen auch dem Schimmer der *„Avanturinquarze"* zugrunde; oft sind derbe Quarze voll von Einschlüssen, wie von Eisenglanz, Glimmer oder Chlorit u. a., und führen dann im angeschliffenen Zustande zu einem besonderen Schimmer in roten, gelben, braunen oder grünen Farben, je nach der Natur der Einschlüsse. Bei gleichmäßiger Verteilung derselben kann die Wirkung geschliffener Steine so werden, daß der Avanturinquarz ähnlich dem Sonnenstein als Schmuckstein Verwendung findet und bei größeren Stücken auch zu Vasen, Schalen und anderen kunstgewerblichen Gegenständen verarbeitet wurde. Die besten und größten Vorkommen lagen im Ural und in Sibirien. Heute hat der „Goldfluß" den an sich schönen Stein auch fast völlig verdrängt.

Als *Katzenauge* bezeichnet man einen derben, olivgrünen, grauen oder gelblichen Quarz, der parallel gelagerte Einschlüsse von Hornblendeasbest enthält. So bescheiden sein Aussehen im naturbelassenen Zustande ist, so schön wirkt es besonders bei hochmugeligem Schliff, der dann ein schmales Lichtband aufweist. Der Schliff muß so angelegt sein, daß die Basis des ovalen (kaffeebohnenähnlichen) Schliffes parallel den Asbestfasern liegt und seine kürzere Diagonale mit der Faserrichtung zusammenfällt. Dadurch ergibt sich bei seitlichem Einfallen des Lichtes ein heller Streifen nach der Längsachse des Steins; als wertvoll gelten die Steine, die nur ein schmales Lichtband ohne Unterbrechung aufweisen.

Das Katzenauge ist auch heute noch, vor allem im Orient, als Schmuckstein in Broschen und Nadeln beliebt. Der bedeutendste Fundort ist Ceylon, wo Körner bis zu Haselnußgröße auf den Edelsteinseifen gefunden werden.

Ähnlich ist die Wirkung beim *Chrysoberyllkatzenauge* (auch *Kymophan* genannt). Dieses verhältnismäßig seltene, sehr harte Mineral enthält orientierte Hohlräume, die dann auf der Basisfläche zu einem wogenden Lichtschein führen. Ähnliche Erscheinungen kennen wir auch bei manchen Rubinen, besonders bei Saphiren, welche infolge orientierter Einschlüsse in bestimmten Schnitten einen sechsseitigen Stern zeigen. Man spricht dann von einem „*Asterismus*" und bezeichnet die Saphire z. B. als „Sternsaphire". Besonders Ceylon liefert solche „Asterien", die als Schmucksteine eine gewisse Verwendung finden.

In allen angeführten Beispielen, die man noch vermehren könnte, sind also Lichtreflexe an kristallographisch orientierten Einschlüssen oder Hohlräumen die Ursache des Farbenspiels, das somit nur in einer bestimmten Richtung beobachtet werden kann. Beim *Edelopal* sind es dagegen viele kleine, äußerst dünne und unregelmäßig verteilte Risse, die bei der Eintrocknung des ursprünglich gallertigen Opals entstanden sind. Die fleckig verteilten „Regenbogenfarben" kommen durch Interferenz der reflektierten Lichtstrahlen an den vielen Rissen zustande. Dieses lebhafte Farbenspiel macht den Edelopal zu einem stets hoch im Wert stehenden Edelstein, der bei ausgesuchten Stücken den Preis von gleich großen Diamanten erreichen kann. Die Farben und ihre Verteilung können sehr verschieden sein; am beliebtesten sind grüne und rote Farben in Form kleiner Fleckchen.

Die schönsten Stücke liefert auch jetzt noch die Umgebung von Kaschau (Slowakei), wo sich der Edelopal mit anderen, wertlosen Opalen bei der Zersetzung von Eruptivgesteinen gebildet hat. Neue und ergiebige Fundstellen liegen in Neusüdwales und Queensland: hier bildet der Opal dünne Lagen und Imprägnationen in Sandsteinen und Konglomeraten der Kreidezeit. Bis jetzt weniger bedeutungsvoll sind die neuen Vorkommen von Honduras und Mexiko neben anderen. Das prachtvolle Farbenspiel des erst erwähnten Vorkommens wird aber kaum wo erreicht.

XIX. Leuchtende Minerale als Wegweiser zur Auffindung von Spurenelementen

Erhitzt man in einem dunklen Raum kleine Spaltblättchen oder grobes Pulver von Kalkspat oder Flußspat, so tritt noch lange vor dem Erglühen ein Leuchten auf, das kurze Zeit, meist nur wenige Minuten, anhält, dann abklingt und schließlich verschwindet[51]. Wiederholt man den Versuch mit dem gleichen Material, so gelingt er nicht mehr — es ist „totgebrannt" — und es bedarf einer gewissen Vorbehandlung, um den Effekt neuerlich zu erreichen. Obwohl man solche Beobachtungen schon lange kennt, sind wir nur in wenigen Fällen über die Ursache des Leuchtens näher im Bilde. Nur eine beschränkte Anzahl von Mineralen ist dazu überhaupt befähigt und selbst von einer und derselben Mineralart können durchaus nicht alle Kristalle zum Leuchten angeregt werden: es ist somit dieses keine an die Mineralart unbedingt gebundene physikalische Eigenschaft.

Wir nennen diese Leuchterscheinung „*Thermolumineszenz*". Auch beim Reiben und Zerbrechen mancher Minerale oder beim Kristallisieren kommt es in manchen Fällen zu einer Lumineszenz, zur sogenannten *Tribo- bzw. Kristallolumineszenz*. Seit längerem ist weiter bekannt, daß bei Bestrahlung mit ultraviolettem Licht im abgedunkelten Raum eine größere Zahl von Mineralen mehr oder weniger aufleuchtet; diese Erscheinung nennen wir „*Fluoreszenz*[52]". Mit der Herstellung guter und starker Lichtquellen für gefiltertes Ultraviolettlicht mit einer Wellenlänge von 3000 bis 4000 Å hat man in vermehrtem Maße Fluoreszenzversuche[53] an Mineralen durchgeführt: sie sind wissenschaftlich von großem Interesse und besitzen darüber hinaus auch heute schon eine immer mehr zunehmende praktische Bedeutung. Deshalb soll hier über dieses Phänomen, seine Ursache und seine Bedeutung etwas gesagt werden.

Untersuchen wir einmal unter der UV-Lampe eine große Zahl von Kalkspatkristallen der verschiedensten Fundorte, so ergibt sich eine merkwürdige Tatsache: alle Vorkommen von Bleiberg in Kärnten z. B. leuchten nicht oder schwach gelblich, Stufen von Pribram dagegen teils intensiv ziegelrot, andere nicht — u. zw. sind hier die jüngeren Kristalle die rot fluoreszierenden, während die älteren Bildungen der Unterlage die negativen Leuchter sind — und so finden wir für andere Fundorte, die reichlich Material liefern, recht ver-

---

[51] Jeder kann den Versuch leicht machen; man decke die Gasflamme des Gaskochers mit einem Eisenblech ab und streue die Probe auf das Blech, das nicht zum Glühen kommen darf. Nach kurzer Zeit wird das Aufleuchten beginnen.

[52] Nach dem Mineral Fluorit (Flußspat), weil dieser in besonderem Maße die Eigenschaft zu fluoreszieren besitzt.

[53] Solche Versuche können nicht ohne weiteres mit einer Quarzlampe in befriedigender Weise nachgeprüft werden; es müssen durch geeignete Filter alle Lichtstrahlen von größeren Wellenlängen entfernt werden. Nach Anbringung eines solchen Filters (Uviolglas) und Abblenden des übrigen Lichtfeldes kann man aber eine geeignete Ultraviolettlampe (UV-Lampe) herstellen.

schiedenes Verhalten. Wir sind also bis zu einem gewissen Grade in der Lage, schon durch diese qualitative Betrachtungsweise zwischen den einzelnen Lagerstätten unterscheiden zu können, und es zeigt sich weiter, daß die Fluoreszenz auch vom relativen Alter des Minerals abhängig sein kann, wie dies der Fall Pribram gezeigt hat. Es muß sich somit bei derartigen Beobachtungen manches Interessante über eine Mineral-Lagerstätte aussagen lassen.

Es hat sich im Verlauf weiterer Versuche ergeben, daß der Leuchteffekt verstärkt werden kann, wenn man vorher die gegebenenfalls vorhandene Thermolumineszenz vertreibt, indem man das Mineral entsprechend lange erwärmt und zum Ausleuchten bringt und — falls das Mineral es ohne Zerstörung verträgt — einige Minuten ausglüht. Danach kommt oft eine charakteristische Fluoreszenz überhaupt erst zum Vorschein. Das war z. B. bei den natürlichen Sulfaten Baryt ($BaSO_4$), Zölestin ($SrSO_4$) und Anhydrit ($CaSO_4$) der Fall. Ohne Vorbehandlung durch Ausglühen zeigten sie keine nennenswerten Unterschiede, sie leuchteten weiß oder gar nicht, während nachher die Baryte mit wenigen Ausnahmen orangerot oder orangegelb leuchteten, Zölestine fluoreszierten nachher intensiv grün und Anhydrite (mit wenigen Ausnahmen) azurblau.

Durch einen weiteren Kniff gelang es ferner, bei manchen Mineralen, die auch auf obige Weise nichts zeigten, nach Aufschluß geringer Mengen in Boraxschmelzen (Perlen)[54] diese zur Fluoreszenz zu bringen; überraschenderweise verleihen manche Elemente schon in äußerst geringen Mengen den Perlen eine spezifische Fluoreszenz und zeigen sich dadurch an.

Selbstverständlich hat man nach den zahlreichen tastenden Vorversuchen qualitativer Art mit physikalischen Hilfsmitteln die Erscheinung exakter gefaßt. So läßt sich bei spektroskopischer Prüfung des Fluoreszenzlichtes etwa die Anwesenheit von Erbium, Samarium, Dysprosium, Europium, Cer und Uran feststellen, und das gibt uns die Möglichkeit, solche seltene Elemente in den verschiedenen fluoreszierenden Mineralen nachzuweisen und zugleich die geochemische Verbreitung dieser Elemente ins rechte Licht zu rücken.

Bei näherer Untersuchung einer größeren Reihe von Apatiten der verschiedenartigsten Vorkommen hat sich weiter folgendes gezeigt: Apatite aus dem Böhmisch-sächsischen Erzgebirge leuchteten zum größten Teil sehr intensiv gelb, solche aus den Alpen dagegen schwach lila oder rötlich oder gar nicht, nur einzelne rosagefärbte seltene Vorkommen fluoreszierten hellviolett. Viele andere Vorkommen verhielten sich überhaupt negativ. Es wurde aus dem extrem starken Leuchten der erzgebirgischen Vorkommen, das zu dem der alpinen Vorkommen und anderen in auffallendem Gegensatz steht, geschlossen, daß die starke natürliche radioaktive Bestrahlung im Erzgebirge (dieses ist reich an radioaktiven Mineralen!) der Anlaß sein könnte. In der Tat erhielt man nach künstlicher Radiumbestrah-

---

[54] S. S. 164.

lung bei Apatiten aus den Alpen u. a. den gleichen Leuchteffekt. Das beweist nun, daß neben den eingebauten Spurenelementen noch eine gewisse natürliche Radiumbestrahlung notwendig ist, um eine Fluoreszenz herbeizuführen. Diese ist also von mehreren Faktoren abhängig — deswegen das verschiedene Verhalten ein und desselben Minerals je nach seiner Bildungsgeschichte — und kommt bei einem Optimum der Bedingungen am klarsten zum Vorschein. Bei zu niedrigem oder auch zu hohem Gehalt an fremden Beimengungen und bei zu schwacher aber auch bei zu starker (oder zu lange andauernden) natürlicher Radiumbestrahlung wird die Fähigkeit zur Fluoreszenz herabgesetzt. Gleiche Beimengungen in den alpinen und erzgebirgischen Apatiten vorausgesetzt, müssen die schon wegen ihres geringeren geologischen Alters weniger intensiv bestrahlten alpinen Apatite schwächer leuchten. Als Spurenelemente konnten beim Apatit Mangan (Ursache der Gelbfluoreszenz), Cer, Europium (Ursache der Blaufluoreszenz) neben anderen seltenen Elementen nachgewiesen werden.

Es seien hier nur noch einige Angaben über die Untersuchung bei weiteren Mineralen gebracht. Am eingehendsten wurde der Flußspat untersucht; die häufige hellgelbgrüne Fluoreszenz, die merkwürdigerweise bei Tieftemperaturen (in flüssiger Luft) auftritt, ist auf einen Gehalt an Ytterbium zurückzuführen, die blaue Fluoreszenz auf Europium (zum Teil Cer) und die seltenere rote Fluoreszenz auf Samarium. Dabei ist erstere Fluoreszenz hauptsächlich an Fluorit-Vorkommen in Graniten und Pegmatiten gebunden, während Fluorite aus Erzlagerstätten in Verbindung mit basischen Gesteinen reich an Europium sind. Auch hier ist somit wieder eine gesetzmäßige Verteilung der seltenen Elemente zu erkennen. Auch beim Scheelit ergab sich eine Verschiedenheit nach dem Vorkommen, solche aus Pegmatiten führen hauptsächlich Terbium und Erbium, solche aus Erzlagerstätten und basischen Gesteinen vorwiegend Samarium. Die Kalkspate leuchten vielfach ziegelrot; das bedingt die Beimischung von Mangan, dessen optimaler Gehalt hier recht hoch ist (3,6 %). Das Weißleuchten und das oft bemerkbare Nachleuchten[55] — die sogenannte Phosphoreszenz — ist auf organische Beimengungen zurückzuführen. Von einem ganz merkwürdigen Vorkommen wird weiter unten noch die Rede sein. Einige Uranminerale leuchten intensiv grün, andere erst in der Boraxperle und zeigen dadurch den Urangehalt an. Manche Willemite fluoreszieren hellgrün, manche Skapolithe grell gelb usf.

Bei mehreren Mineralen sind wir über die Natur der Beimengungen noch nicht im klaren, so bei den rotgelb fluoreszierenden Sodalithmineralen, bei gewissen rosafluoreszierenden Aragoniten, bei obigem Skapolith und bei den angeführten Sulfaten z. B. Hier hat die wissenschaftliche Forschung noch viele Fragen zu lösen.

---

[55] Nach Entfernung von der UV-Lampe leuchten manche Minerale noch kurze Zeit nach.

Zusammenfassend kann folgendes gesagt werden: die Fluoreszenz ist zunächst ein Hilfsmittel zur Erkennung eines Minerals und gehört somit heute mit zu den Bestimmungsmethoden. Nebenbei verrät sie auch manches über den kristallographischen Aufbau, da ein gegebenenfalls sonst nicht sichtbarer Zonarbau oder eine Sanduhrstruktur (s. S. 105) durch die verschiedene Fluoreszenz der Zonen und Anwachspyramiden zum Vorschein kommt. Die Fluoreszenz läßt uns ferner Unterschiede der einzelnen Vorkommen erkennen und sie führt zum Nachweise bestimmter Beimengungen im Mineral in Abhängigkeit von seiner Bildungsgeschichte, was von Bedeutung ist und uns nebenbei über die Verbreitung dieser Elemente Aufschluß gibt.

Aus diesen kurzen Bemerkungen und den wenigen Beispielen geht schon hervor, daß die Fluoreszenz auch bei der Gesteinsuntersuchung eine Rolle spielen muß. Sie weist oft sofort auf Gemengteile hin, die uns bei der üblichen Untersuchung leicht entgehen können. Aber auch gesteinsgenetische Fragen kann die Fluoreszenz klären helfen. Die Feldspate z. B. leuchten vielfach blau, die Ursache ist auf einen Gehalt von Europium (zum Teil Cer) zurückzuführen; da sich nun die Feldspate verschiedener Gesteine recht verschieden verhalten können, so ist es z. B. möglich, bei gefeldspateten (injizierten) Gesteinen oftmals herauszufinden, woher diese Feldspatinjektionen stammen. Das ist häufig von großer Bedeutung. Auch organische Beimengungen in Gesteinen verraten sich durch ihre Fluoreszenz sofort; aus sogenannten Ölschiefern wurden sie zum Teil extrahiert und erwiesen sich als Porphyrin-Verbindungen, die tierischen Resten entstammen. Solche hochmolekulare organische Verbindungen gehen mitunter auch in einige Minerale ein. Ein roter Kalkspat von Deutsch-Altenburg (NÖ.) fluoresziert schön rot; hier ist aber nicht das Mangan die Ursache, sondern eine Gallium-Porphyrin-Verbindung. Auch bei einigen Quarzvorkommen scheint dies der Fall zu sein.

In Bohrkernen werden Ölspuren durch die Fluoreszenz angezeigt, und bei der Untersuchung der Öle selbst spielt die Fluoreszenz eine gewisse Rolle, sie ist somit auch in der Praxis von Bedeutung. Auch die Edelsteinuntersuchung bedient sich ihrer mit Erfolg. Das gleiche gilt für den Bergbau. Hier gibt es oft fluoreszierende Minerale, wie Flußspat, Kalkspat, Apatit u. a., und aus der Art ihrer Fluoreszenz und der sie bedingenden Beimengungen können Schlüsse auf die Herkunft des Lagerstätteninhalts gezogen werden. So sind auch hier Fluoreszenzerscheinungen geeignet, die Lagerstätte besser zu verstehen. Ja selbst zum Aufsuchen gewisser Minerale benutzt man in manchen Bergbauen die UV-Lampe.

So mannigfach heute die Anwendung der Fluoreszenz im Reich der anorganischen Materie ist, so wenig sind wir vorläufig über die rein wissenschaftliche Seite befriedigend orientiert. Viele Fragen nach dem Warum gibt es da noch zu lösen, aber auch qualitative Arbeit wäre in mancher Richtung noch zu ergänzen und zu erweitern.

In den biologischen Wissenschaftszweigen, der Botanik, Zoologie und Medizin, spielt die Fluoreszenz ebenfalls eine große Rolle. Die Zielsetzung ist hier eine prinzipiell andere, handelt es sich ja nicht um die Feststellung von Spurenelementen. sondern um bessere Sichtbarmachung von Strukturen in den Geweben, als dies die gebräuchlichen Färbemethoden erlauben. Zu diesem Zwecke wird nicht mehr die „primäre" Fluoreszenz beobachtet, sondern das Präparat wird mit einer Lösung (den sogenannten Fluorochromen) infiltriert, die selbst fluoresziert und die gewünschten Bilder dadurch zum Vorschein bringt („sekundäre Fluoreszenz). Es ist in der Natur der anorganischen Materie bedingt, daß diese Art der Untersuchung bei den Mineralen noch nicht angewandt wurde, und es ist fraglich, ob sie uns neuerlich einen Schritt weiterbringt. Zur Beantwortung gewisser Fragen scheint dies jedoch ziemlich wahrscheinlich zu sein[56].

XX. Unsere Vorstellungen vom Erdinnern

Hatten wir bisher so weitgehende Betrachtungen über die Kristalle angestellt, die als Mineralkristalle Bestandteile unserer Erdrinde sind, so ist es wohl naheliegend, auch den Gesamtverhältnissen im Aufbau des Erdkörpers einen Augenblick unserer Aufmerksamkeit zuzuwenden. Handelt es sich dabei doch um Vorstellungen, die von altersher die Geister stark bewegt haben. Es ist daher wohl verständlich, daß der Leser dieses Buches auch über diesbezügliche Fragen einigermaßen Aufschluß erhalten möchte.

Im gegenwärtigen Zeitpunkt, wo die Meinungen auf diesem Gebiet noch so völlig ungeklärt sind, ist es allerdings eine schwierige Aufgabe, ein einheitliches, widerspruchsloses Bild zu entwerfen. Galt es noch vor wenigen Jahren als eine ziemlich gut gestützte Ansicht, im Innersten der Erde einen Nickeleisenkern für wahrscheinlich zu halten, so ist durch die neueren Theorien gerade diese von der Mehrzahl der Forscher vertretene Meinung heutzutage stark ins Wanken geraten. Es soll daher in den folgenden Zeilen versucht werden, jene älteren Vorstellungen den neuen Theorien über den stofflichen Aufbau der Erde gegenüber zu halten.

Die überwiegende Mehrzahl der Astronomen und Astrophysiker nehmen nach wie vor eine Abstammung des Erdkörpers von der Sonne an. Im Sinne dieser *heliogenen* Theorie ist man der Überzeugung, daß unsere Erde und die anderen Planeten unseres Sonnensystems ihrem Fixstern — der Sonne — entstammen und nach ihrer Loslösung infolge Ausstrahlung von Wärme in den Weltenraum langsam in den jetzigen Zustand eines Gestirns mit fester Kruste gelangt sind. Dabei wird für unser Planetensystem, und damit auch für unsere Erde, ein Alter von rund drei Milliarden Jahren angenommen.

---

[56] Zusammenfassende Darstellung und Literaturangaben siehe: H. Haberlandt u. A. Köhler in „Mikroskopie", Jg. 1949, S. 102 bis 118; K. Przibram: Lumineszenz und Verfärbung. Wien: Springer-Verlag, 1953.

Speziell hinsichtlich unseres Planeten hatte man auf Grund verläßlicher geophysikalischer Daten, nämlich jener der Erdbebenkunde (Seismologie), eine begründete Vorstellung über den Gesamtaufbau der Erde entwickelt, wonach man in der Hauptsache eine Gliederung in drei konzentrische Schalen annahm: eine Silikatschichte, eine Mittelzone und den Eisenkern der Erde. Besonders bezeichnend ist dabei, daß man für sämtliche Zonen den festen Aggregatzustand annehmen zu müssen glaubte, dies also (in gewissem Sinne) auch für den Eisenkern. In einer Tiefe von rund 2900 km war eine sprunghafte Änderung in den Verhältnissen der Fortpflanzung der Erdbebenwellen konstatiert worden, u. zw. in der Weise, daß die longitudinalen Bebenwellen in dieser Tiefenlage eine plötzliche Geschwindigkeitsabnahme von ca. 13 auf $8^1/_2$ km/s erfuhren (Unstetigkeit I. Ordnung), die Transversalwellen hingegen bei dieser Diskontinuitätsgrenze verschwanden, d. h., absorbiert und reflektiert wurden; in tiefere Bereiche drangen sie jedenfalls nicht ein. Eine andere Diskontinuität — eine solche II. Ordnung (d. i. Änderung in der Geschwindigkeits-*Zunahme* für Longitudinalwellen mit zunehmender Tiefe) — war in einer Tiefe von rund 1200 km nachgewiesen worden.

Unter Berücksichtigung dieser Feststellungen vertrat man die Ansicht, daß im Verlaufe der Abkühlung von einem ursprünglich glühend-gasförmigen Erdball zunächst ein schmelzflüssiger Zustand für die ganze Erde durchlaufen worden sei. Und so lag die Annahme nahe, eine Saigerung nach der Dichte für wahrscheinlich zu halten — geradeso wie wir das beim Hochofenprozeß beobachten können. Dort sehen wir bei der Erschmelzung der Hochofenbeschickung — dessen Material aus Erzen und Zuschlägen besteht, so daß praktisch alle häufigen Elemente darin vertreten sind — eine Sonderung der Schmelze nach der Schwere eintreten, u. zw. in die folgenden drei Schalen: zu unterst der metallene Kern, in der Mitte die leichteren Verbindungen der Metalle mit Sauerstoff und Schwefel (die Oxyd-Sulfidschicht) und zu oberst die relativ leichten Verbindungen der Kieselsäure, die „Schlacke".

Durch das Studium der Meteoriten (s. S. 155 ff.) erhielt die Vorstellung, daß eine analoge Differentiation auch beim abkühlenden Erdkörper eingetreten sei, eine weitere Stütze. Man kennt zwei Haupttypen von Meteoriten, welche doch als Bruchstücke geborstener Himmelskörper angesehen werden, nämlich Stein- und Eisenmeteoriten, welch letztere aus Nickeleisen bestehen. So glaubte man berechtigt zu sein, eine ebensolche Zusammensetzung aus Eisen und Nickel („Nife") auch für den innersten Erdkern annehmen zu dürfen.

Um eine Vorstellung von dem schalenförmigen Aufbau unserer Erde (mit einem mittleren Radius von 6370 km) zu vermitteln und namentlich um über die Dicke der einzelnen angenommenen Schalen einen Eindruck zu gewinnen, möge die beigegebene Skizze nach V. M. Goldschmidt (Abb. 156) dienen. Wir erkennen daraus, daß die äußerste Erdkruste, die uns zugängliche und gut erforschte Gesteinshülle, nur eine dünne Schicht im Vergleich zu den darunter befindlichen Silikaten und den folgenden Anreicherungen der oxydischen und sulfidischen Metallverbindungen bildet. Die äußere Gesteinshülle entspricht der oben schwimmenden Schlacke im Hochofenprozeß; wir nennen sie die Silikathülle. Diese gliedert sich wieder in die mindestens 20 km dicken Kontinentalschollen und in die darunter befindliche Basaltschicht bis in eine Tiefe von rund 120 km.

Die mittlere Dichte der die Kontinente aufbauenden kieselsäurereichen Gesteine beträgt ca. 2,7, jene der darunter befindlichen Basaltschicht ca. 3,0. Anschließend an diese kristalline Kruste von Gesteinskörpern wohlbekannter Zusammensetzung sollte eine mächtige Schale hochkomprimierter Silikate folgen, über deren Zusammensetzung die Meinungen der Hauptschulen der Geochemiker auseinander gingen. V. M. Goldschmidt

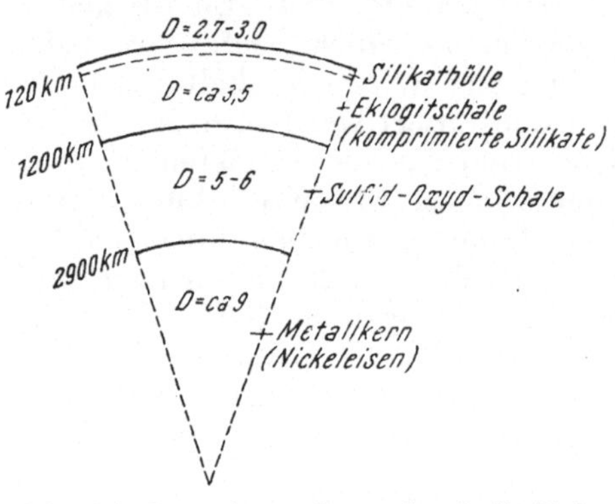

Abb. 156. Querschnittschema durch die Erde.
(Nach V. M. Goldschmidt)

nahm, den Vorstellungen P. Eskolas folgend, eine sogenannte Eklogitfazies an, während die amerikanischen Forscher unter Führung H. S. Washingtons von einer Peridotitschale[57] sprechen. Diese dreigeteilte Silikatzone kristalliner Konsistenz sollte bis zu der Unstetigkeitsgrenze II. Ordnung in ca. 1200 km Tiefe unter der Erdoberfläche reichen.

An die Silikatschale schließt sich nach Innen die Mittelzone an, die sich bis zum Nickeleisenkern der Erde erstreckt, dessen Beginn durch die Diskontinuitätsgrenze I. Ordnung in 2900 km Tiefe mit Sicherheit gekennzeichnet erschien. Goldschmidt war geneigt, in Ansehung der Sonderungsverhältnisse beim Hochofenprozeß für die Mittelzone eine Sulfidschale von Schwermetallen anzunehmen, während Washington dabei in erster Linie an Oxyde dieser Metalle dachte. Später jedoch näherten sich Goldschmidts Anschauungen denen von Washington, und er bezeichnete die umstrittene Mittelschicht fortan als Sulfid-Oxyd-Schale.

Der wesentliche Unterschied beider Auffassungen war aber darin gelegen, daß Goldschmidt an der strengen Dreiteilung der Erdzonen im großen ganzen festhielt, während Washington für einen *kontinuierlichen* Übergang von der Silikatschale durch zunehmenden Gehalt an freiem Eisen bis zum reinen Metallkern eintrat. Das wiedergegebene Querschnittsschema durch die Erde nach V. M.

---

[57] Peridotit (Olivinfels) ist ein im überwiegenden Maße aus Olivin bestehendes Gestein.

Goldschmidt läßt auch die angenommenen Dichteverhältnisse der einzelnen Schalen erkennen, die mit der bekannten mittleren Erddichte von 5,55 .. im Einklang sind.

Unter den damals vertretenen Anschauungen, wonach die radioaktiven Substanzen zum weitaus überwiegenden Teil in der äußersten Silikathülle angereichert sein sollten und in den tieferen Erdschalen keine nennenswerte Mengen dieser für die Wärmeproduktion maßgeblichen Stoffe mehr vorhanden wären, gelangte man für das Erdinnere zur Annahme verhältnismäßig bescheidener Wärmegrade, beispielsweise 2000^0 C; hingegen berechnete man für die Druckverhältnisse in der Nähe des Erdmittelpunktes ca. drei Millionen Atmosphären.

Die neuen Vorstellungen über die stofflichen Verhältnisse im Aufbau der Gesamterde, die durch die Arbeiten von W. Kuhn und A. Rittmann begründet wurden, bieten ein wesentlich anderes Bild: Vor allem ist nach ihrer Theorie das Erdinnere — abgesehen von dem dünnen kristallinen Gesteinsmantel — in der Hauptsache als *flüssige Materie* zu betrachten, die sich allerdings in den innersten Bereichen in einem überkritischen Zustand befinden dürfte, d. h. bei solchen Temperaturen und Drucken, bei denen eine Unterscheidung von flüssig und gasförmig jeglichen Sinn verliert.

Was aber die stoffliche Sonderung zu jenem von Goldschmidt vertretenen Schalenaufbau betrifft, so wird diese Auffassung zu Gunsten einer kontinuierlichen Änderung der aufbauenden Substanz fallen gelassen. In gewissem Grade war das ja auch schon bei den Ansichten Washingtons der Fall.

Das prinzipiell Neue — das Umstürzlerische — liegt jedoch darin, daß der innere Erdkern nun kein Metallkern mehr sein soll, sondern extrem hochkomprimierte, stark wasserstoffhaltige „Solarmaterie" mit einer Temperatur von 10000 bis $12\,000^0$ C. Dieser aus einer im wesentlichen unveränderten Sonnensubstanz bestehende Erdkern wird erheblich größer angenommen als der ursprüngliche Nickeleisenkern; sein Radius wird mit 4000 km angegeben (gegenüber 3500 km für den metallischen Kern der älteren Vorstellung).

Es ist wohl auch von besonderem Interesse, daß nun namentlich in den beiden oberen Schalenteilen der Mittelzone metallisches Eisen in flüssiger Form entmischt in einer oxydreichen Silikatschmelze im Überschuß angereichert vertreten sein soll.

Ein solcher Grundplan des Aufbaues der Erdsubstanz läßt die empirisch gefundenen Tatsachen der Meteoritenkunde gleichfalls verständlich erscheinen, ohne zur Annahme eines metallischen Kerns gezwungen zu sein.

Wir wollen nun im folgenden die beiden extrem voneinander abweichenden Auffassungen an Hand der Abb. 157 dem Leser vor Augen führen und versuchen, die Argumente zur Begründung der neuen Theorie kurz zu skizzieren.

Die kristallin erstarrte Kruste wird natürlich mit jener der älteren Auffassung übereinstimmend angenommen, wobei nur zu bemerken wäre, daß ihr Tiefgang statt mit 120 km nur mit 70 bis 80 km angegeben ist. Diese Tiefenlage entspricht tatsächlich einer Unstetigkeit I. Ordnung in bezug auf die Fortpflanzung der longitudinalen Erdbebenwellen; sie ist allerdings nur von geringfügiger Größe: die Fortpflanzungsgeschwindigkeit sinkt dort sprunghaft von 8,0 auf 7,9 km, um bei weiterem Eindringen (allerdings in ungleichem Grade) wieder anzusteigen, u. zw. bis zu jener schon oben genannten deutlichen Diskontinuitätsgrenze bei 2900 km Tiefe. Diese erste Diskontinuität bei 70 bis 80 km wird als die Grenze zwischen kristallinem Gesteinsmantel und darunter befindlicher flüssiger Magmazone angegeben.

Diskontinuitäten II. Ordnung mit einem Wechsel in der Zunahme der Geschwindigkeitsbeträge für Longitudinalwellen waren nach älteren Beobachtungen dann bei 1200 km, 1700 km und 2450 km Tiefe errechnet worden. Die Grenzschicht bei 1200 km war oben bereits erwähnt worden; die beiden anderen sind in Abb. 157 (Bild links) bei der dort ersichtlich gemachten Mittelzone Z (nach älterer

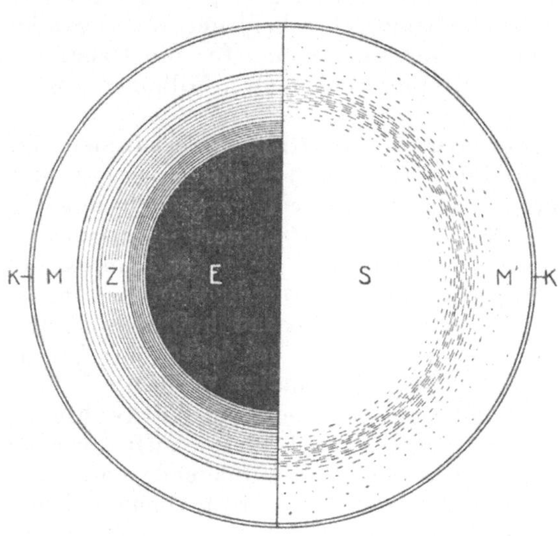

Abb. 157. Vergleich älterer und neuerer Vorstellungen vom Innenbau der Erde. (Nach Kuhn-Rittmann.) Links alte Auffaßung: K feste Erdkruste; M Mantel komprimierter Silikate; Z Zwischenschichten (Mittelzone oder Sulfid-Oxyd-Schale); E Eisenkern (Nickeleisen). Rechts neue Auffaßung (Kuhn-Rittmann): K feste Erdkruste; M' oxydreiche Magmazone geschmolzener Silikate mit nach der Tiefe zunehmendem Gehalt an metallischem Eisen; S praktisch unveränderte (stark wasserstoffhaltige) Solarmaterie

Auffassung) eingezeichnet. Nach neueren Untersuchungen wurden die letztgenannten Unstetigkeitsflächen zum Teil wieder in Frage gestellt. Doch kann als sicher gelten, daß bis zu einer Tiefe von mehr als 1000 km die Geschwindigkeitszunahme im Mittel für jeden Kilometer wenigstens 0,003 km/s beträgt, während sie zwischen 1200 und 2700 km nur noch 0,0008 km/s ausmacht. Es ist daher wohl berechtigt, daraus auf eine mehr oder weniger allmähliche Änderung im stofflichen Bestand in einer Tiefe von 1000 bis 1200 km zu schließen.

So ergibt sich nach der neuen Auffassung von Kuhn-Rittmann im einzelnen das folgende Bild (s. rechte Hälfte von Abb. 157):

Die äußere kristalline Erdkruste reicht in eine Tiefe von 70 bis 80 km. Sie besteht aus einer unterbrochenen Schicht von in der

Hauptsache kieselsäurereichen Gesteinen (Typus Granit), die die Kontinentalschollen ausmachen, und einer darunter befindlichen zusammenhängenden Schale kieselsäurearmer, sogenannter basischer Gesteine von olivinbasaltischer Zusammensetzung, auf welcher — bildlich gesprochen — die Kontinentalschollen „schwimmen". Diese Basaltschicht bis in eine Tiefe von mindestens 70 km reicht offenbar nach oben hin bis an den Boden der Ozeane heran.

Von 80 km Tiefe unter der Erdoberfläche angefangen befindet sich — im Gegensatz zu der Auffassung von Goldschmidt und Washington — *schmelzflüssiges* Magma basaltischer Zusammensetzung, das nach unten immer olivinreicher wird. Freilich muß angenommen werden, das der Übergang von der kristallin erstarrten Kruste zur flüssigen Magmazone nicht sprunghaft erfolgt, daß sich vielmehr in Form eines Kristallbreies eine Art Übergangszone einschaltet.

In einer Tiefe von 1000 bis 1200 km beginnt dann das Magma immer reicher an Eisen zu werden, das vermutlich in der oxydreichen Schmelze der Silikate als *metallisches Eisen* in Form von Tropfen und später wohl auch in größeren Schlieren entmischt ist, und möglicherweise in einem gewissen Bereich stark überwiegt; dabei nimmt gleichzeitig der ursprüngliche Gasgehalt, vor allem Wasserstoff, zu und dürfte bei einer Tiefe von 2200 km rapid ansteigen. Es ist wohl berechtigt, hier bereits *überkritische Zustände* anzunehmen, so daß von dieser Tiefe an, trotz eines noch vorhandenen Eisenüberschusses, tatsächlich *homogene* Materie vorliegt. Zwischen 2400 und 2500 km Tiefe müßte in allmählichem Übergang die in den oberen Partien der Erde zustande gekommene stoffliche Differentiation völlig verschwunden sein, so daß an Stelle des ursprünglich angenommenen Nickeleisenkernes nun stofflich unveränderte, aber unter ungeheurem Druck stehende Solarmaterie erhalten geblieben wäre. Der Radius dieses homogenen Innenkernes müßte etwa 500 km größer als der des alten Eisenkerns angenommen werden, nämlich mit 4000 km.

Die aus den Tatsachen der Erdbebenforschung erschlossenen Diskontinuitätsgrenze in 2900 km Tiefe würde nach der Kuhn-Rittmann-Theorie mithin keine stoffliche Schalengrenze mehr vorstellen, sondern — wie wir noch sehen werden — durch andere Umstände zu erklären sein.

Mit den Erfahrungen der Meteoritenkunde steht auch diese neue Auffassung in gutem Einklang; die Eisenmeteoriten würden eben einer Zone der geborstenen Himmelskörper entstammen, die der durch Eisenüberschuß gekennzeichneten Partie der Mittelschale unseres Erdkörpers entspricht, auch wenn es dort nicht zur Ausbildung einer zusammenhängenden Eisenschale kommt. Das Häufigkeitsverhältnis von Stein- zu Eisenmeteoriten spricht sogar zu Gunsten der neuen Erdhypothese, da anderenfalls die Eisenmeteoriten weitaus häufiger sein müßten.

Das hier entwickelte Bild über den Aufbau der Erde fußt auf der Voraussetzung, daß eine durchgreifende Sonderung nach der

Schwere analog dem Vorgang beim Hochofenprozeß für die Erde als Ganzes entschieden abzulehnen ist. Wohl werden für die oberen und mittleren Zonen Differentiationen aus verschiedentlichen Ursachen — darunter auch Diffusion und vor allem infolge Gastransportes — für den Entwicklungsgang der Ur-Erde ins Treffen geführt, keiner dieser Vorgänge jedoch könnte imstande sein, seine Wirkung bis zum Erdkern zu erstrecken; eine Schwere-Sonderung bis zum Innersten schon deshalb nicht, weil die Schwerkraft im Erdmittelpunkt selbst Null ist.

Unverständlich muß jedoch die Tatsache jener ausgeprägten Diskontinuitätsgrenze I. Ordnung in einer Tiefe von 2900 km bleiben mit dem auffälligen Sprung in der Fortpflanzungsgeschwindigkeit der Longitudinalwellen und dem Aufhören für die Durchlässigkeit transversaler Wellen, wenn sich jetzt — nach der neuen Auffassung — dort überhaupt keine stoffliche Schalengrenze mehr befindet, vielmehr der *undifferenzierte* Kern von Solarmaterie im überkritischen Zustand schon oberhalb derselben bei rund 2400 km Tiefenlage beginnen soll.

Es ist da ein Umstand bei der Deutung der genannten Diskontinuitätsgrenze unbeachtet geblieben, der auch ohne Annahme einer stofflichen Unstetigkeit nach Kuhn-Rittmann rein schon aus den für die Fortpflanzung der Bebenwellen maßgeblichen elastischen Eigenschaften der Materie erklärt werden kann. Das gilt sowohl für die erfolgende Absorption und Reflexion der Transversalwellen als auch für die Geschwindigkeitsabnahme der Longitudinalwellen, sobald die Viskositätsverhältnisse und der Torsionsmodul oder Righeitsfaktor die entsprechenden Werte erreichen; jedenfalls ist der Grund nicht ausschließlich darin zu erblicken, daß die betreffende Substanz sich oberhalb oder unterhalb des Kristallisationspunktes befindet.

Dieses Beispiel zeigt eindrucksvoll, wie auch einwandfrei beobachtete physikalische Messungsdaten eine ganz verschiedene Auslegung hinsichtlich ihrer Ursachen zulassen und daher alle diese Grundlagen nur mit äußerster Vorsicht und unter Berücksichtigung aller maßgeblichen Umstände für die daraus abzuleitenden Schlußfolgerungen verwendet werden dürfen.

Unter der jetzt als begründet verfochtenen Ansicht, wonach nirgends im Erdinnern ausgesprochen sprunghafte Konsistenzänderungen der Materie mehr angenommen werden, ergibt sich vom Beginn der magmatisch-flüssigen Schale (bei 70 bis 80 km Tiefe) eine kontinuierliche Dichtezunahme von etwa 3,3 auf 4,4 g/cm³ bei 1200 km, um dann linear bis zu 2450 km auf 7,9 g/cm³ rasch anzusteigen, von wo an sie dann wieder langsamer wächst. In einer Tiefe von etwa 3600 km erreicht sie den Wert 9 und steigt dann bis zum Erdmittelpunkt bis auf 9,9.

Wie aber soll unter der Annahme von Solarmaterie im Innenkern der Erde eine so ungewöhnlich hohe Dichte dort möglich sein? Kompressibilität allein vermag dies nicht zu erklären. Entgaste

Solarmaterie würde bei normalen Temperatur-Druckbedingungen, wie sie an der Erdoberfläche herrschen, eine Dichte von etwa 3,3 aufweisen. Bei Einbeziehung der Gase hingegen (namentlich des Wasserstoffes) würde diese Materie unter den genannten Bedingungen sogar leichter als Luft sein.

Aber gerade dieser Wasserstoffgehalt eröffnet eine Möglichkeit, bei den unfaßbar hohen Drucken — wir nannten bereits oben drei Millionen Atmosphären —, unter denen sich die im Erdkern eingeschlossene Materie befindet, eine abnorme Steigerung der Dichte herbeizuführen, wenn wir uns vorstellen wollen, daß die Wasserstoffatome infolge der immensen Druckwirkung in die Zwischenräume zwischen den Atomen der schwereren Elemente gelangen könnten, gewissermaßen hineinschlüpfen und somit das Gewicht pro Volumeinheit erhöhen. Um diese Vorstellung zu versinnbildlichen, sei ein Vergleich angeführt, der zwar (wie jeder Vergleich) „hinkt“: nasser Sand ist schwerer als das gleiche Volumen trockenen Sandes. So wäre zu verstehen. daß unter hoher Druckwirkung stehende, wasserstoffreiche Solarmaterie ein bedeutend höheres spezifisches Gewicht erreicht als die sonst gleiche, aber wasserstoffreie Materie unter dem nämlichen Druck.

Es ließen sich im Zusammenhang mit den aufgerollten Fragen noch vielerlei Betrachtungen anstellen, die von hohem Interesse wären. Doch möge im gegebenen engen Rahmen dieser Schrift das Gesagte genügen, um wenigstens die Hauptmomente berührt zu haben, die diese nun eintretende Wandlung in den Ansichten über den Innenbau der Erde kennzeichnen.

XXI. Vorkommen von Gold und Platin in der Erdkruste

Die Grundstoffe der uns zugänglichen Erdkruste und damit die für unsere Wirtschaft notwendigen Rohstoffe sind glücklicherweise nicht gleichmäßig verteilt. Die Natur hat bei ihrer Arbeit bald hier, bald dort das eine oder andere Element angereichert; und nur dadurch wird es der Technik möglich, sie nutzbringend zu erfassen. Wäre z. B. das Gold mit seiner geringen Menge von weniger als ein Millionstel Prozent gleichmäßig verteilt, würden wir es nie gewinnen können. Das gleiche gilt natürlich auch für das wichtige Eisen, das etwa 5 % einnimmt, und für die anderen Metalle.

Vorkommen, Verbreitung und Konzentration aller Elemente, insbesondere der nutzbaren, zu erkunden, ist u. a. die hohe Aufgabe der Geochemie. Sie gibt uns einen wunderbaren Einblick in den Stoffhaushalt der Erde und läßt uns die Gesetze ahnen, nach denen die Natur vorgeht, Gesetze — von denen unsere ganze Zivilisation und Technik abhängt und denen wir alle, insbesondere Wirtschaftler, völlig Rechnung tragen müssen. Ihr Nichterkennen oder Mißachten kann nur der Menschheit zum Schaden gereichen. Es ist hier nicht der Raum für das Eingehen auf geochemische Tatsachen und Vorstellungen, es sei daher nur auf das ausgezeichnete Buch von F. Machatschki[58] hingewiesen, das jedermann lesen sollte. Nur die Metalle Gold, Platin und Eisen sollen als Beispiele herausgestellt und im Rahmen unseres Planes bearbeitet werden.

Das Gold erregte wegen seiner schönen Farbe und seines Glanzes schon frühzeitig die Aufmerksamkeit des Menschen. Schon in vorhistorischer Zeit wurde es als Schmuck verwendet, und wir finden es in der ältesten Literatur bereits erwähnt. Es hat seine Wertschätzung durch die ganze Menschheitsgeschichte hindurch bewahrt, ja es ist der Wertmesser aller irdischen Güter geworden. Die Begierde nach seinem Besitz beherrscht heute wie früher die Gemüter: „Nach Golde drängt, am Golde hängt doch alles — ach wir Armen!"

Die primären Goldvorkommen sind hydrothermaler Entstehung und mit Schwefelverbindungen anderer Metalle, auch mit Silber, vergesellschaftet. Goldverbindungen mit Tellur sind z. B. der Sylvanit und Nagyagit. Vielfach ist es feinverteilt in Pyrit, Arsenkies u. a., so daß der Gehalt in diesen Erzen 5 bis 10 % erreichen kann. Bei seiner schweren chemischen Angreifbarkeit geht es nur in geringem Maße in wässerige Lösungen ein und gelangt auf diesem Wege ins Meer, dessen Goldgehalt zwar nur einige Tausendstel Milligramm pro Kubikmeter enthält, was insgesamt jedoch eine gewaltige Menge ausmacht. Wichtig ist, daß das Gold eben durch seine chemische Widerstandskraft sekundär in Seifen (s. S. 95) angereichert wird. Solches Seifengold wird in erster Linie gewonnen.

Gute Kristalle (Oktaeder, Rhombendodekaeder und Würfel) sind sehr selten; die Kanten sind meist gerundet und die Kristalle vielfach verzerrt. Zwillinge nach dem Oktaeder (s. Abb. 139) sind häufig; gerade sie neigen sehr zu blechförmiger Ausbildung, wie überhaupt Bleche, moosartige Gestalten, farn- und baumförmige und andere Skelettformen bei den kristallisierten Goldstufen vorherrschen[59]. Auf sekundärer Lagerstätte bildet es Klümpchen (zum Teil große Klumpen), Körner, Flitter und Sande.

Die Farbe ist umso heller, je mehr Silber beigemischt ist. Die Dichte ist 19,28 für reines, geschmolzenes Gold. Chemisch ist vor allem das Silber bis zu 30 % isomorph beigemischt; solches lichtes Gold heißt man *Elektrum*. Von gewöhnlichen Säuren wird das Gold — wie das Platin — nicht angegriffen, nur Königswasser löst beide. Bemerkenswert ist die außerordentliche Dehnbarkeit des Goldes; es läßt sich zu ungemein dünnen Blättchen aushämmern, die dann grün durchscheinend werden (Blattgold).

Bei der geringen Neigung, mit anderen Elementen Verbindungen einzugehen, wird die Hauptmasse als gediegenes Gold gefunden. Nur wenige Verbindungen (s. o.) sind bekannt. Bei den Vorkommen unterscheiden wir zwischen den primären und sekundären. Das Gold der ersteren (das sogenannte *Berggold*) ist wieder teils an alte Granite und Gneise gebunden („alte Goldlagerstätten"), teils an jün-

---

[58] Vorräte und Verteilung der mineralischen Rohstoffe. Ein Buch zur Unterrichtung für jedermann. Wien: Springer-Verlag, 1948.
[59] Vgl. die Stufen aus Mineraliensammlungen!

gere Erstarrungsgesteine („jüngere Golderzgänge"). Das Gold auf sekundärer Lagerstätte bezeichnen wir als *Seifengold*.

Auf den alten Goldlagerstätten tritt das Gold in erster Linie mit Quarz, aber auch mit anderen Mineralen auf Klüften und Gängen auf. Häufige Begleiter sind Pyrit und Arsenkies. Die Verbreitung ist eine große, so daß auf einzelne Fundstellen hier nicht eingegangen werden soll. In den jüngeren Golderzgängen ist das Gold an Gänge geknüpft oder es imprägniert junge vulkanische Gesteine und deren lockere Auswurfsmassen (Tuffe) in verschiedenem Maße gemeinsam mit eigentümlich rauhem Quarz, Chalzedon, Manganspat, Kalkspat, Baryt und anderen. Begleiter sind ferner Zinkblende, Fahlerz, Pyrit, Silbererze und die Tellurverbindungen von Silber und Gold. Als Beispiele seien nur die benachbarten Vorkommen von Siebenbürgen mit den bekannten Fundorten Nagyag, Verespatak, Offenbanya und die von Schemnitz genannt.

Vom praktischen Gesichtspunkte aus gesehen hat das Seifengold wesentlich größere Bedeutung als das Berggold. Die goldführenden Gesteine mit ihrem geringen Gehalt an dem Edelmetall werden im Laufe der geologischen Zeiten zerstört und beim Abtransport der Zersetzungsprodukte durch fließendes Wasser wird das Gold infolge seiner Schwere und Unangreifbarkeit angereichert und abgesetzt. Solche Seifen, die auch andere gegen Abnützung und Auflösung widerstandsfähige Minerale enthalten, wie Diamant, Zirkon, Korund, Zinnerz, Granat und Magnetit, bedingen eine bequeme Gewinnung. Hier findet sich das Gold in staubförmiger Verteilung, als feine Flitter bis zu größeren Körnern, die man durch „Waschen" des Seifenmaterials gewinnt.

Es ist eine interessante und noch nicht geklärte Frage, wie sich das Gold hier zu größeren Körnern und selbst Klumpen ausbildet. Der mechanische und der chemische Erklärungsversuch stehen sich scheinbar diametral gegenüber. Daß mechanische Aufbereitung des Muttergesteins in hervorragendem Maße beteiligt ist und die Grundursache der Seifenbildung überhaupt darstellt, ist unbestreitbar, erklärt jedoch nicht z. B. die größere Reinheit des Seifengoldes oder das Vorkommen der großen, stets rundlichen Goldkörner und -klumpen, deren Oberflächenbeschaffenheit nicht auf mechanischem Wege zustande gekommen sein kann. Es sind also augenscheinlich auch chemische Vorgänge dabei beteiligt. Das Gold geht hierbei zum Teil in Lösung und wird besonders in tieferen Partien der Seife wieder angereichert oder es kann sich an bereits vorhandene Zentren ansetzen und so zu jenen großen Klumpen führen, die aus dem Muttergestein nicht stammen können. Das nähere Studium der Gründe für die eine und die andere Auffassung zeigt klar, daß nur in der Synthese beider das Richtige liegt. Mechanische *und* chemische Zerstörung des Muttergesteins, Abtransport und Wiederablagerung unter Mithilfe chemischer Vorgänge erklären das Bild am besten.

In alten Kulturländern sind die Seifen längst abgebaut. Man hat seitdem viele andere gefunden, die den Großteil der Goldproduktion von heute liefern. Man beutet am billigsten die geologisch jungen Seifen aus, da ihre lockere Beschaffenheit die Arbeit sehr erleichtert. Ältere „fossile" Seifen sind zum Teil schon durch Diagenese (s. S. 94) verkittet, die Gewinnung ist dann eine zeitraubendere und kostspieligere; ein Beispiel dafür sind die verfestigten Geröllmassen des Witwatersrandes in Transvaal, die einer uralten geologischen Formation angehören.

Seifenlagerstätten sind sehr verbreitet; besonders ergiebig sind die afrikanischen, die etwa ein Drittel der Weltproduktion fördern. Es folgen der Fördermenge nach die russischen, dann die aus Kanada und den USA. Die europäischen Vorkommen sind dagegen längst unbedeutend (etwa 2 $\%$ der Gesamtproduktion). Während früher auch in den Sanden des Rheins und der Donau Gold gewaschen wurde, sind heute nur mehr die primären Vorkommen von Siebenbürgen von Belang. Die Gewinnung in den Hohen Tauern stößt heute auf verschiedene Schwierigkeiten. In neuerer Zeit ist Schweden (Boliden) ein Goldproduzent geworden.

Schließlich sei noch einer Gewinnungsart gedacht, die bei Verhüttung von anderen Mineralen das Gold als willkommenes Nebenprodukt liefert. Bleiglanz, Kupferkies, Pyrit, verschiedene Silbererze enthalten einen kleinen Prozentsatz an Gold, der bei der heute verfeinerten Reindarstellung der Metalle mit gewonnen wird.

Weit jüngeren Datums ist die Kenntnis des *Platins*. Es steht nicht genau fest, wann es entdeckt wurde; angeblich wurde es schon zur Verzierung eines altgriechischen Schmuckkästchens verwendet. Die ersten, sicher festgestellten Funde wurden in der Mitte des 18. Jahrhunderts in Kolumbien gemacht, denen bald weitere folgten. Erst im 19. Jahrhundert ist mit der Möglichkeit, das Platin im Knallgasgebläse zu schmelzen, seine technische Verwendung von Bedeutung geworden und damit ist das Interesse an dem Edelmetall sehr gestiegen.

Im Gegensatz zum Gold ist das primäre Platin eine Ausscheidung in basischen Gesteinen im Zusammenhang mit sulfidischen Erzen. In manchen Kupfer- und Nickelerzen kann der Platingehalt so hoch werden, daß das Platin Hauptprodukt wird wie in Südafrika.

Das Platin kristallisiert kubisch, selten mit Andeutung von Kristallflächen, meist liegen nur unregelmäßige Körner und Flitter vor. Gleich dem Gold kommt es hauptsächlich gediegen vor, seltener in Verbindung mit Arsen in der Form des Sperryliths ($PtAs_2$). Chemisch ist es fast stets durch größere Mengen von Eisen, oft auch durch Gold, Silber, Blei und Kupfer verunreinigt. Auch die übrigen Platinmetalle, wie Iridium, Osmium, Palladium, Rhodium und Ruthenium gehen gemeinsam mit dem Platin.

Die Farbe ist grau bis silberweiß[60]. Bemerkenswert ist die hohe Dichte mit 21,5 und die weitgehende Dehnbarkeit.

---

[60] Wegen der Ähnlichkeit mit dem Silber wurde es von den Spaniern als „platina" (Verkleinerungswort von „plata" — Silber) bezeichnet.

Die ersten Funde und die später (am Anfang des 19. Jahrhunderts) gemachten im Ural, die zu größter Bedeutung kamen, stammten alle aus Seifenlagerstätten, wo sich das Platin in Körnern und Flitterchen (selten als größere Klümpchen) mit Gold und anderen Seifenmineralen fand. Man konnte bald feststellen, daß die ursprüngliche Lagerstätte an ultrabasische Gesteine, Peridotite, gebunden sein müßte; in der Tat erwiesen sich diese als das platinführende Muttergestein. Der Gehalt an dem Edelmetall ist jedoch so gering, daß es technisch nicht möglich ist, es daraus zu gewinnen, es bedarf erst der Anreicherung in Seifenlagerstätten (s. oben). Erst später wurde das Platin auch auf primärer Lagerstätte in gewinnbarer Menge gefunden (s. unten).

Die Förderung im Uralgebiete war lange Zeit marktbeherrschend, und es erschien wenig aussichtsreich, neue, gleichbedeutende Funde an ihre Seite zu stellen. Seifenlagerstätten sind aber einmal abgebaut, und bei dem großen Verbrauch des Edelmetalls mußte man mit einer Verknappung rechnen. Im ersten Weltkriege machte sich diese schon bedenklich bemerkbar und die Preise stiegen gewaltig in die Höhe, obwohl für manche Zwecke ein brauchbarer Ersatz gefunden wurde.

In diese Verhältnisse schien eine gewaltige Bresche geschlagen zu sein, als vor etwa 30 Jahren H. Merensky in Transvaal seine Platinfunde machte. Es hatte den Anschein, als wäre hier eine unerschöpfliche Quelle des Edelmetalls vorhanden, die wissenschaftlich und praktisch zugleich interessant war. Das so vortrefflich prospektierte Afrika bot wieder einmal eine Überraschung.

Chrom- und Nickelerze mit Spuren von Platin waren in besagtem Gebiete seit längerem bekannt; erst seitdem Merensky Goldproben mit beigemengten Platinkörnern in die Hand bekam, war der Anlaß zur systematischen Untersuchung gegeben. Die Verfolgung der Seifen führte bald zur Entdeckung von einzelnen Hügeln von nur wenigen hundert Metern Erstreckung — Kopjes genannt — die aus einem Olivinfels bestanden und in dem das Platin in größerer Menge, selbst in mehreren Millimeter großen Körnern entdeckt wurde. Da sich diese Kopjes schlotartig in die Tiefe fortsetzten, ähnlich den diamantführenden Pipes, so war immerhin mit einer größeren Ausbeute von Platin auf primärer Lagerstätte zu rechnen. Von weit größerer Bedeutung war aber die Entdeckung, daß in einer riesigen Masse von Erstarrungsgesteinen von mehr als 80 000 Quadratkilometern Ausdehnung eine zwei bis fünfzehn Meter mächtige, weithin sich erstreckende Lage eines sogenannten Norites vorkommt, die einen konstanten und nicht unbeträchtlichen Gehalt an Platin führte. Ein Zufall gestattet es, dieses „Platin Reef", wie Merensky diesen Zug bezeichnete, leicht zu verfolgen, da sein Aussehen wegen petrographischer Eigentümlichkeiten anders ist als das seiner Nachbargesteine. Bemerkenswerterweise liegt hier das Platin nicht gediegen vor, sondern in der Verbindung $PtAs_2$ als Sperrylith.

Troß dieser epochemachenden Entdeckung ist es seither wieder etwas stiller um diese Vorkommen geworden. Auf jeden Fall aber haben wir hier unerschöpfliche Mengen auf primärer Lagerstätte. Offenbar stammt das basische Muttergestein aus großen Erdrindentiefen und das Platin selbst verdankt seine Entstehung besonderen Differentiationsvorgängen in demselben. Geochemische und geologische Forschungen haben sich in diesem Beispiele wieder als höchst wertvoll zur Auffindung einer nußbaren Lagerstätte erwiesen.

Von ganz besonderer Bedeutung für die Gewinnung von Platinmetallen ist Kanada geworden, seitdem man den Kupfer- und Nickelgehalt der großen Magnetkiesanreicherungen im Sudburydistrikt in Angriff genommen hat und als Nebenprodukt das Platin gewinnt. Hier ist die Beimengung von Palladium besonders groß. Kanada steht damit an erster Stelle in der Weltproduktion (etwa 50 %); es folgen dann Rußland, Südafrika und Kolumbien.

XXII. Vorkommen von Eisen in der Erdrinde

Wichtiger und wertvoller als Edelmetalle, wie Gold und Platin, ist für den Menschen das Eisen, ohne das die hohe Entwicklung unserer Technik von heute gar nicht zu denken wäre. Ganz außerordentliche Mengen dieses Metalles werden gebraucht und riesengroß ist der Verschleiß. Die Natur hat uns aber auch unerschöpfliche Rohstoffquellen geschenkt. Obwohl die Hauptmasse von Eisen in Verbindung mit dem Nickel nach unseren Vorstellungen an tiefe Erdzonen gebunden ist (s. S. 137, 138), sind doch in der ganzen uns greifbaren Erdkruste viele eisenhaltige Minerale vorhanden. Nach H. S. Washington ist das Eisen an der Zusammensetzung der festen Erdrinde mit ungefähr 5,12 % beteiligt, es folgt somit bezüglich der Menge dem Sauerstoff (46,43 %), dem Silizium (27,77 %) und dem Aluminium (8,14 %). Troßdem ist nur stellenweise die Anreicherung von Eisen eine so große, daß wir ein technisch nußbares Eisenerz vor uns haben, von dem weiter unten die Rede sein soll.

Während das Gold und Platin hauptsächlich gediegen in der Natur vorkommen, seltener in Verbindungen, kommt das Eisen infolge seiner großen Affinität zu anderen Elementen mit seltenen Ausnahmen nur in Verbindungen vor; die natürlichen „tellurischen"[61] Eisen sind jedoch nur von wissenschaftlichem Interesse. Zuerst fand solches (1870) Nordenskjöld bei Ovifak auf der Insel Disko an der grönländischen Küste in Form von Klumpen, Körnern und Flittern in einem Basalt eingebettet. Die Entstehung war lange Zeit umstritten, man dachte an Eisentrümmer, die der Basalt aus größeren Erdtiefen heraufgebracht hätte oder an Meteoreisen, das zufällig in die ausfließende Basaltlava geraten wäre. Ein kleiner Nickel- und Kobaltgehalt schien dies zu bestätigen. Es stellte sich jedoch später heraus, daß die Beimengungen von Kohlenstoff (als Cohenit

---

[61] Von den meteorischen Nickeleisen sei hier abgesehen (s. S. 156 ff.)

[Fe_3C]) sowie von Nickel und Kobalt anders zu erklären sind; es ergaben die Eisen, deren größter Klumpen über 20 t wog, nach Anätzen auch nicht die Widmannstetterschen Figuren (s. unten), so daß meteorisches Eisen nicht in Frage kam. Spätere Funde kleiner Körner und Flitter in anderen Ergußgesteinen — z. B. vom Bühl bei Kassel, Antrim in Irland, in der Auvergne — haben gezeigt, daß es sich hier um eine Reduktion eisenhaltiger Verbindungen handelt. So wie wir im Hochofen das Eisen aus seinen Verbindungen mittels Zusatz von Kohle reduzieren, so hat auch die Natur in ihrem „natürlichen Hochofen" gearbeitet. In der Tat durchbricht der Basalt von Disko ein Braunkohlenlager, was zur Abscheidung von gediegen Eisen durch Reduktion führte.

Es gibt aber auch sehr nickelreiche tellurische Eisen, die unter den Namen *Awaruit, Josephinit* und *Souesit* beschrieben wurden. Man fand sie in Peridotiten (sehr kieselsäurearme Gesteine) in zum Teil recht großen Klumpen. Sie gehören jedoch mehr zu dem tellurischen Nickel als zum Eisen und sie besitzen gleichfalls keinen praktischen Wert.

Für die heutige Massengewinnung von Eisen kommen in erster Linie nur folgende Erze in Betracht: *Magnetit oder Magneteisenerz* $= Fe_3O_4$ mit (theoretisch) 71,42 $^0/_0$ Fe, *Hämatit oder Eisenglanz* mit seinen Abarten $= Fe_2O_3$ mit rund 70 $^0/_0$ Fe, die Eisenhydroxyde *Limonit* oder *Brauneisenerz* und Abarten mit schwankendem Eisengehalt und der *Siderit* oder *Eisenspat (Spateisenstein)*, $FeCO_3$ mit einem Höchstgehalt von 48,3 $^0/_0$ Fe. Solche Eisenerze hat der Mensch schon frühzeitig gekannt und aus ihnen das Eisen hergestellt.

Der *Magnetit* von schwarzer Farbe und schwarzem Strich, metallglänzend, kristallisiert kubisch, vorwiegend in Oktaedern (s. Abb. 44) seltener in Rhombendodekaedern (s. Abb. 43). Häufig trifft man Zwillinge nach dem Oktaeder (111) an, wie in Abb. 139 Gut ausgebildete Kristalle kommen ein- und aufgewachsen vor (vgl. die prächtigen Kristalle z. B. in Chloritschiefern der Alpen.

Chemisch ist dem Fe_3O_4 fast stets etwas Titan und Magnesium isomorph beigemischt, besonders bei Bildungen höherer Temperaturen. Lange bekannt ist das magnetische Verhalten; zersetzte Stücke sind auch polarmagnetisch (natürlicher Magnet!).

Als Gemengteil der Gesteine ist der Magnetit ungemein häufig anzutreffen. In Erstarrungsgesteinen ist er umso reichlicher vertreten, je basischer das Gestein ist. Die Schwarzfärbung solcher Gesteine beruht zum großen Teil auf seiner Anwesenheit (man denke an die schwarzen Basalte). Aber auch in hellen Gesteinen, wie in den Graniten, ist er spärlicher Gemengteil. In diesen Fällen ist er überall magmatischer Entstehung, d. h. aus einem Schmelzfluß auskristallisiert. In solchen Schmelzen können Differentiationen (Stofftrennungen) stattfinden, die den spärlich vertretenen Magnetit anreichern und so zu Lagerstätten führen, die ungemein reich an Erz sein können. Wir kennen derartige Anhäufungen riesigen Ausmaßes z. B. aus Schweden und Finnland, aus den USA, aus Transvaal. Gewöhnlich sind aber solchen durch Differentiation entstandenen Lagerstätten auch noch andere Minerale beigemengt, wie Titanomagnetit, Ilmenit, Spinell und andere. Der starke Titan- und Magnesiumgehalt läßt solche Erze trotz ihrer Menge als Eisenerze nicht verwenden.

In anderen Fällen kommt der durch die Differentiation angereicherte Magnetit unter Mithilfe von leichtflüchtigen Stoffen in größerer Menge ohne diese unwillkommenen Begleiter zur Bildung. Das Phosphatmineral Apatit ist dann gerne mit ihm vergesellschaftet. Die Vorkommen von Kirunavaara und Luossavaara in Nordschweden sind Beispiele für solche Lagerstätten, die größten Anreicherungen von Magnetit in der bekannten Erdkruste überhaupt! Von Grängesberg (Schweden), den Adirondacks u. a. O. kennt man gleichfalls gewaltige nutzbare Lagerstätten dieser Art.

Auch die Kontaktmetamorphose (s. S. 93) kann zur Anhäufung gewinnbarer Mengen führen. Derartige Vorkommen sind wieder arm an Phosphor; Begleitminerale sind Sulfide, wie Kupferkies, Magnetkies, oder Silikate, wie Hedenbergit und eisenreicher Granat. Kristallographisch ist das Vorherrschen des Rhombendodekaeders bei Kontaktmagnetiten bemerkenswert. Vorkommen dieser Art sind z. B. Dannemora in Schweden, im Banat u. a.

Im Bereiche eines Kontakthofes können auch andere Eisenerze in Magnetit umgewandelt werden, wie der Hämatit und Siderit. Umwandlung von Gesteinen durch Regionalmetamorphose (s. S. 96) führt ebenfalls zum gleichen Resultat. Auch in Klüften aus wässerigen Lösungen ist die Magnetitbildung möglich und selbst in Absatzgesteinen kann der Magnetit, wenn auch selten, primär entstehen; im allgemeinen ist er jedoch hier das Produkt der Aufbereitung der Magnetite aus anderen Gesteinen. Die Bildungsweise ist also eine recht mannigfaltige.

Der *Hämatit* (Fe_2O_3) mit rund 70 % Fe kristallisiert im trigonalen Kristallsystem mit großem Formenreichtum. Bei hoher Bildungstemperatur herrschen pyramidale Formen vor oder würfelähnliche Rhomboeder, bei niederer Temperatur wird die Gestalt flachlinsenförmig bis tafelig, schließlich schuppig. Im übrigen tritt er auch körnig, faserig, dicht bis erdig auf. Die Farbe ist schwarz, bei erdiger Ausbildung rot, der Strich rotbraun (kirschrot); letztere Eigenschaft ist ein sicheres Unterscheidungsmerkmal gegenüber dem Magnetit. Ganz dünne Täfelchen werden rot durchsichtig (s. beim Avanturinfeldspat S. 130). Die Rotfärbung der Gesteine ist auf seine Anwesenheit in feiner Verteilung zurückzuführen.

Die Bildungsweise ist eine verschiedene; hydrothermale und pneumatolytische Vorkommen besitzen jedoch nur mineralogisches Interesse (schöne Tafeln und Rosetten aus alpinen Klüften, dünne Blättchen auf Lava, durch Reaktion zwischen Gasen entstanden (s. S. 93). Zur Bildung abbauwürdiger Mengen kommt es nur durch Regional- oder Kontaktmetamorphose, z. B. in Glimmerschiefern Brasiliens (sogenannte Itabirite), in Krivoi Rog in der Ukraine u. a. O. Oft begleiten ihn andere Erze, wie Magnetit, Pyrit (z. B. in Norberg in

Schweden und an verschiedenen Orten Norwegens). Als Kontaktvorkommen seien die vom Banat und von Elba (bekannt durch die schönen Kristalle in den Sammlungen) erwähnt.

In faseriger und zugleich schaliger Ausbildung bezeichnen wir den Hämatit als *roten Glaskopf*, dicht heißt er *Blutstein*. In dieser Form finden wir ihn vielfach auf Gängen und in größeren Schichten, die sich im Zusammenhang mit untermeerischen Erstarrungsgesteinen bilden oder auch durch Verwitterungsvorgänge in oberflächlichen Schichten. Riesige Vorkommen dieser Art kennen wir z. B. aus Minnesota.

Eine wichtige Rolle für die Erzgewinnung spielt auch die Gruppe der *Eisenhydroxyde*. Das verschiedene Aussehen und der wechselnde Wassergehalt haben zu einer Reihe von Namen für die Abarten geführt, wie *Hydrohämatit* oder *Turgit (Turjit)* $= Fe_2O_3 \cdot \frac{1}{2} H_2O$, *Goethit, Nadeleisenerz, Lepidokrokit, Rubinglimmer* (je nach nadeliger oder schuppiger Ausbildung) $= Fe_2O_3 \cdot 1 H_2O$; *Hydrogoethit* $= Fe_2O_3 \cdot 1\frac{1}{2} H_2O$, *Brauneisenstein* oder *Limonit* $= Fe_2O_3 \cdot 1\frac{1}{2} H_2O$, *Xanthosiderit (Gelbeisenerz)* $= Fe_2O_3 \cdot 2 H_2O$ und *Stilpnosiderit* $= Fe_2O_3 \cdot 3 H_2O$. Erst neuere röntgenographische Strukturuntersuchungen haben erwiesen, daß es *nur zwei* kristallisierte Eisenhydroxyde gibt, das sogenannte $\alpha - Fe_2O_3 \cdot H_2O$ und das $\gamma - Fe_2O_3 \cdot H_2O$, die beide rhombisch kristallisieren. Die wechselnde Wassermenge ist auf verschiedenen Gehalt an absorbiertem Wasser zurückzuführen.

Der *Limonit* ist selbst wieder von recht verschiedenem Aussehen. Faserige, konzentrisch-schalige Gebilde, analog dem roten Glaskopf, heißen *brauner Glaskopf*. Aggregate erbsengroßer Kügelchen *Oolithe*. Daneben gibt es erdige, stalaktitische Bildungen u. a. Alle hierher gehörigen Minerale haben gelbe bis braune und braunschwarze Farben und gelbbraunen Strich (Unterscheidung vom Hämatit!).

Die Verbreitung ist eine außerordentlich große, da die Verwitterung eisenhaltiger Minerale an der Erdoberfläche meist zur Limonitbildung Anlaß gibt (Ursache der Braunfärbung zersetzter Gesteine und vieler Böden). Auch in stehenden Wässern bildet er sich häufig (z. B. das *Raseneisenerz*). Mächtige Lager von Oolithen (sogenannte *Minetten*) finden sich in Absatzgesteinen besonders der Jura- und Kreideformation. Ein bekanntes Beispiel ist die Minette von Lothringen.

Der *Siderit* oder *Spateisenstein* $(FeCO_3)$ mit höchstens $48\,\%$ Fe kristallisiert trigonal, vorwiegend in Rhomboedern (Abb. 21 b). Gute Kristalle findet man auf verschiedenen Gängen (z. B. in Pribram, Traversella im Piemont, Cornwall), vergesellschaftet mit Quarz, Kupferkies, Zinkblende u. a. Halbkugelige und faserige Bildungen nennt man *Sphärosiderite*. Die großen Massen sind körnig. Die Farbe ist erbsengelb, gelblichbraun bis braun und blauschwarz; letztere Farben weisen auf Veränderungen in Limonit bzw. auf Ausscheidung des isomorph beigemengten Mangans hin.

Chemisch ist er selten reines $FeCO_3$, fast stets sind wechselnde

Mengen von $CaCO_3$ und $MnCO_3$ beigemengt. Stark durch Ton verunreinigt ist der *Toneisenstein*, durch kohlige Substanzen schwarz gefärbt ist der *Kohleneisenstein*; beide Abarten finden sich als Lager in Absatzgesteinen oft von großer Verbreitung.

Die oben erwähnten Kristalle aus Gängen besitzen nur selten praktischen Wert. Zu nutzbaren Lagerstätten kommt es nur durch metasomatische Verdrängung (s. S. 94) von Kalksteinen und Dolomiten in großem Maßstabe. Solche Sideritlagerstätten kennen wir z. B. in unseren Alpen vom Semmering bis zum Brenner mit dem berühmten Erzberg in Steiermark, von dem schon die alten Römer ihr „norisches Eisen" bezogen haben. Auch in den Südalpen gibt es derartige Lager, das größte bei Hüttenberg in Kärnten. Interessant ist die rezente Bildung ganz weicher, käsiger weißer Massen in Torfmooren (sogenanntes *Weißeisenerz*).

Der Eisenspat verwittert leicht zu Limonit, der für die Verhüttung angenehmer ist. Hierbei scheidet sich das Kalziumkarbonat als Aragonit (die schönen „Eisenblüten" vom Erzberg!) aus, der Mangangehalt führt zur Entstehung verschiedener Manganminerale. Trotz der großen Massen unseres Erzberges ist der Siderit doch nur ein bescheidenes Eisenerz gegenüber den oben erwähnten eisenreicheren Erzen. Sein Eisengehalt liegt nahe der Grenze der rentablen Verwertungsmöglichkeit.

Andere Minerale, wie z. B. die Silikate *Chamosit* $(Fe, Mg)_3$ $\cdot [Al_2 Si_2 O_{10}]\, n\, H_2 O$? und der ähnliche *Thuringit* spielen nur als Zuschläge zu anderen Eisenerzen eine gewisse Rolle. Auch der allgemein verbreitete und auch in gewaltigen Massen auftretende *Pyrit* (FeS_2) dient in erster Linie zur Erzeugung von Schwefelsäure; nur S-freie Abbrände können als Eisenerze betrachtet werden. Auch der chemisch ähnlich zusammengesetzte *Magnetkies* (FeS) dient bei größeren Vorkommen magmatischer Entstehung wegen des in ihm fein verteilten Platin- und Nickelgehaltes (Sudbury-Distrikt) u. a. zur Pt- und Ni-Gewinnung, sonst zur Herstellung von Eisenvitriol und Rostschutzfarben (z. B. Bodenmais, Bayern). Desgleichen ist die Verbindung $FeTiO_3$ *(Ilmenit* oder *Titaneisenerz)* als Eisenerz unbrauchbar. Man stellt jedoch das Ferrotitan aus ihm her, das bei der Stahlveredlung (s. u.) eine Rolle spielt. Die vielen anderen Fe-haltigen Minerale, wie z. B. Kupferkies, Arsenkies und eisenhältige Silikate kommen für die Eisengewinnung gleichfalls nicht in Frage.

Obige Eisenerze sind heute die Ausgangsprodukte für die Darstellung des Eisens im großen. Ungemein reichlich sind die Vorräte an guten Eisenerzen, die uns die Natur beschert hat, und selbst für den Fall, daß sie zu Ende gingen, bietet sie uns immer noch eisenhaltige Minerale genug; die Technik würde dann Mittel finden, auch sie rentabel auszubeuten.

Mit der Herstellung von Eisen, wie es unsere Vorfahren schon lange praktizierten — nachdem zuerst das leichter gewinnbare Kupfer verwendet wurde — ist die Technik von heute nicht mehr zufrieden. Schon frühzeitig hat man die Legierung des Eisens mit

Kohlenstoff kennen gelernt (Stahl) und im Laufe der jüngeren Zeit setzt man dem Eisen verschiedene Schwermetalle (auch das Leichtmetall Silizium) zu, was uns in die Lage versetzt, hochwertige Stahlsorten von verschiedener Qualität zu erzeugen, wie sie die eisenverarbeitende Industrie heute benötigt. Man nennt diese Zusatzmetalle daher „Stahlveredler".

Die Metalle Mangan, Chrom, Nickel, Kobalt, Wolfram, Molybdän und Vanadium sind da von großer Bedeutung neben einer Anzahl von weiteren, wie Titan, Zirkon u. a.

In größtem Maße wird das Mangan gebraucht. Folgende Manganminerale kommen hier in Frage: *Psilomelan* (im wesentlichen MnO_2), *Pyrolusit* (MnO_2), der *Hausmannit* (Mn_3O_4)[62], der *Braunit* ($3 Mn_2O_3 . MnSiO_3$), der *Manganit* ($MnOOH$), der *Manganspat* oder *Rhodochrosit* ($MnCO_3$) und der *Rhodonit* ($MnSiO_3$). Die meisten sind sedimentärer Entstehung. Auch hydrothermale Bildung ist möglich (z. B. Manganspat) oder kontaktmetamorphe Bildung wie bei Rhodonit. Die seinerzeit reichlichen Vorkommen in hydrothermalen Gängen Europas sind heute praktisch erschöpft, die Hauptmaße von Mangan liefern jetzt die großen Vorkommen sedimentärer Entstehung, an denen besonders Rußland reich ist. Oft sind die Eisenerze (wie Siderit) selbst schon manganhaltig, was für die Stahlerzeugung günstig ist.

Sehr wichtig ist das Chrom, das nur aus *Chromit* ($FeCr_2O_4$) technisch gewonnen wird. Dieses Mineral ist ausschließlich an ultrabasische Gesteine, wie Olivinfels und Serpentin, gebunden, wo es sich mitunter stark anreichern kann. Hauptproduzenten sind die Türkei und Südafrika. In Europa ist nur der Balkan von Bedeutung. Unser österreichisches Vorkommen von Kraubath in Steiermark ist praktisch bedeutungslos.

Das in der äußeren Gesteinshülle etwas spärlicher vorkommende Nickel[63] geht mit dem noch selteneren Element Kobalt meist zusammen. Hydrothermale Gänge von Ni-Co-Mineralen — z. B. *Nickelin* ($NiAs$), *Millerit* (NiS), *Weißnickelkies* ($NiAs_2$), *Speiskobalt* ($CoAs_2$), *Glanzkobalt* ($CoAsS$), *Gersdorffit* ($NiAsS$) und wenige andere — waren einst z. B. im Böhmisch-Sächsischen Erzgebirge reichlich zu finden, heute sind sie fast ausgebeutet.

In basischen, Mg-reichen Gesteinen ist Nickel fast immer in geringer Menge und sehr fein verteilt vorhanden. Bei der Umwandlung und Zersetzung solcher Gesteine werden aber von Natur aus Ni-haltige Magnesiumsilikate wie *Garnierit* angereichert und bilden dann bedeutungsvolle Ni-Co-Lagerstätten (z. B. Neu-Caledonien). Außerdem ist der erwähnte Magnetkies von Kanada mit seinem Gehalt von wenigen Prozenten Ni heute von größter Bedeutung als Ni-Produzent (über 80% der Weltproduktion!). Man kennt seit kurzem auch Ni-arme, aber verbreitete Gesteine in Brasilien und von Celebes, die

---

[62] Die Mn-Oxyde werden in der Technik als „Braunstein" bezeichnet.

[63] Über den großen Gehalt an Nickel und Eisen in inneren Zonen unserer Erde S 137, 138!

wahrscheinlich einmal eine große Rolle spielen dürften, da bei der heutigen Aufbereitungs- und Verhüttungstechnik auch aus anderen sehr nickelarmen Gesteinen Ni als Nebenprodukt gewonnen werden kann.

Das recht seltene Element Wolfram ist nur an zwei technisch verwendbare Minerale gebunden, an *Wolframit* (FeMn)WO_4 und *Scheelit* ($CaWO_4$), wobei letzterer eine weit geringere Rolle spielt. Beide sind an saure pneumatolytische Mineralvergesellschaftungen, besonders an Zinnerze gebunden. Die Vorkommen im Böhmisch-Sächsischen Erzgebirge sind heute gleichfalls erschöpft. In Europa liefert überhaupt nur mehr Westspanien und Portugal Wolframminerale. China, Indien und auch Bolivien sind die Hauptlieferanten von Wolframerzen.

Ähnlicher Bildungsweise ist das gegenüber dem Wolfram noch seltenere Element Molybdän. Als einzige Verbindung kommt praktisch nur das Sulfid MoS_2, der *Molybdänglanz* in Frage. Nur eine untergeordnete Bedeutung hat der *Wulfenit* ($PbMoO_4$) in Pb-Zn-Lagerstätten wie z. B. in Bleiberg in Kärnten. Hauptproduzenten sind die USA mit mindestens 80 $^0/_0$ der Weltproduktion. In Europa ist Norwegen von einiger Bedeutung.

Schließlich sei noch über das Vorkommen von Vanadium etwas ausgesagt, das in der Silikathülle unserer Erde durchaus nicht so selten ist. Die mutmaßlichen Mengen (um 0,02 $^0/_0$) sind allerdings vielfach in den aluminiumreichen Gesteinen mehr oder weniger gleichmäßig zerstreut, da das Vanadium hier das Aluminium zum Teil vertritt. Typische Vanadium-Lagerstätten, also größere Anreicherungen, sind relativ selten. Wo es z. B. in Eisenerzen oder im Mansfelder Kupferschiefer, wenn auch in geringen Mengen, vorkommt, kann es als Nebenprodukt gewonnen werden.

Reichere Vorkommen finden sich in der Verwitterungszone von Pb-Zn-Cu-Lagerstätten (z. B. im Belgisch-Kongo, Süd-Westafrika, in geringem Maße auch am Hochobir und Bleiberg in Kärnten) in Form von Vanadaten als *Vanadinit* $Pb_5[(VO_4)_3/Cl]$ und *Descloizit* $Pb(Zn, Cu)[OH/VO_4]$. In größeren Mengen findet sich das Vanadium im gelbgrünen *Carnotit* ($K_2U_2V_2O_{12} \cdot 3H_2O$) als Imprägnation in Sandsteinen besonders in Utah und Colorado und ist hier Uran- und Vanadiumerz zugleich. In der Gesellschaft des Carnotit tritt auch ein V-reicher grüner Glimmer *(Roscoelith)* auf.

Da das Vanadium vielfach statt Phosphor in Organismen eingebaut wird, so kann es in Sedimenten stark angereichert werden, die organische Substanzen erhalten. Wir kennen es aus Kohlenaschen, aus Aschen von Erdöl und von damit zusammenhängenden Bitumina. Mit der Asphaltbildung im Zusammenhang ist die Bildung des grünschwarzen erdigen Sulfides VS_4 *(Patronit)* aus Peru und Argentinien. Als Quelle der Gewinnung ist in erster Linie letzteres Mineral zu nennen, der Carnotit und zum geringeren Teil auch obige Vanadate aus Afrika. Daneben stammt ein Teil aus den Eisenerzen und aus Kohlenaschen.

XXIII. Sendlinge aus fernen Welten

Jeder hat schon in schönen Sommernächten die Sternschnuppen gesehen und viele haben nach altem Aberglauben dabei einen Wunsch geäußert — der bekanntlich in Erfüllung gehen soll — aber nur selten mag man auch daran gedacht haben, daß hier Boten aus dem Kosmos in die Atmosphäre unseres Planeten geraten sind, infolge des Luftwiderstandes aufleuchten, verdampfen oder sich wieder entfernen.

Aber nur wenigen Menschen ist es gegönnt, das Ereignis zu erleben, wie unter grellen Lichterscheinungen und mächtigem Getöse Stein- oder Eisenmassen — die Meteoriten — auf die Erde fallen. Diese Fremdlinge können wir mit unseren chemischen, physikalischen und mineralogischen Methoden untersuchen. Ihr Studium gibt uns Auskunft über die chemische und mineralogische Beschaffenheit anderer Himmelskörper und läßt uns zugleich Schlüsse ziehen über die Gleichartigkeit des stofflichen Bestandes des Universums überhaupt und beleuchtet nebenbei das vermutete und nur indirekt erschlossene Innere unseres Planeten selbst.

Es ist begreiflich, daß die auffallenden Erscheinungen beim Meteoritenfall die Gemüter der Menschen seit jeher erregten und daß die geheimnisvollen Steine im Aberglauben eine große Rolle spielten und auch heute noch spielen. Schon in prähistorischen Gräbern hat man Meteoritenbruchstücke als Beigaben gefunden, was auf ihre Bedeutung im Kult hinweist. Bei den Römern und anderen alten Völkern wurden Meteoriten in den Tempeln aufbewahrt, und heute noch steht der große Meteorstein Hadschar el Aswad in der Kaaba zu Mekka bei den Mohammedanern in großem Ansehen.

Die Beobachtungen über den Fall von Meteoriten reichen weit zurück und vielfach wurden Berichte darüber aufgezeichnet. Trotzdem ist die Erkenntnis, daß es sich hier um wirkliche Trümmer von Himmelskörpern handelt, erst 160 Jahre alt. Bis dahin galten auch bei den Männern der Wissenschaft jener Zeit alle solche Berichte als unsinnig, gefälscht oder überhaupt als frevelhaft. So behauptete im Jahre 1794 ein Gelehrter auf Grund eines sorgfältigen, von Maria Theresia veranlaßten Protokolls über den Meteorsteinfall von Agram (im Jahre 1751) folgendes: „Daß das Eisen vom Himmel gefallen sein soll, möge der Naturgeschichte Unkundige glauben, mögen im Jahre 1791 selbst Deutschlands aufgeklärte Köpfe bei der damals unter uns herrschenden schrecklichen Ungewißheit in der Naturgeschichte und praktischen Physik geglaubt haben; aber in unserer Zeit wäre es unverzeihlich, solche Märchen auch nur wahrscheinlich zu halten." Es ist für uns heute kaum faßbar, daß noch Ende des 18. Jahrhunderts ein weiterer Gelehrter behaupten konnte, wenn auch ein solcher Stein vor seinen Füssen niederfiele, so würde er zwar behaupten, daß er ihn gesehen habe, aber er würde es nicht glauben. Man war eben eher geneigt an ein Wunder oder an eine Sinnestäuschung zu glauben als an eine Naturerscheinung und man maß den Meteoriten als Himmelsboten eine Vorbedeutung im guten oder schlechten Sinne zu.

Welch ein kühnes Wagnis war es daher für den Wittenberger Physiker Chladni, im Jahre 1794 zuerst die Meinung zu vertreten,

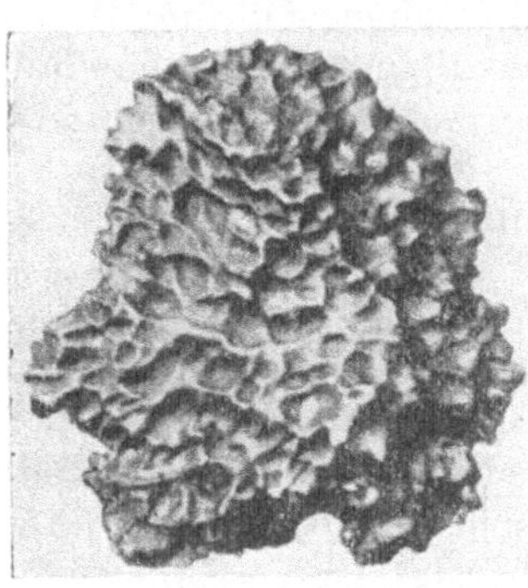

daß die Meteoriten tatsächlich „vom Himmel gefallene" Stein- oder Eisenmassen sind. Troß schwerster Angriffe, die sich sogar zu der Behauptung verstiegen, daß Chladni unter diejenigen Menschen gehöre, „welche alle Weltordnung leugnen und nicht bedenken, wie sehr sie an allem Bösen in der moralischen Welt schuld sind", setzte sich von nun an die richtige Meinung durch, und heute kann und wird niemand mehr an der Natur dieser Gebilde zweifeln.

Die Gestalt der Meteoriten ist sehr verschiedenartig; es überwiegen mehr oder weniger eckige Trümmer, meist mit angeschmolzenen Kanten und Flächen, die beim Flug durch die Lufthülle entstanden

Abb. 158. Meteoreisen von Cabin Creek, USA. (Aus F. Heide, Kleine Meteoritenkunde)

sind. Manche Flächen sind mitunter weniger angeschmolzen als andere, ein Beweis, daß solche Meteoriten erst während des Fluges durch die Luft zerplaßt sind. Kleine Steinmeteoriten haben meist rundliche Formen. Die Oberfläche ist gewöhnlich von einer dünnen

Abb. 159. Meteoreisen von der Hoba-Farm, SW-Afrika. (Nach F. Heide, l. c.)

schwarzen Rinde überzogen, die bei Steinmeteoriten aus Glas, bei Eisenmeteoriten aus Magnetit besteht, bald glatt, bald durch Schmelzerscheinungen mit mannigfachen Vertiefungen behaftet, oft löcherig (s. Abb. 158).

Die Größe der uns bekannt gewordenen Meteoriten schwankt von mikroskopischen Dimensionen bis zu einigen Kubikmetern. Das Eisen von der Hoba Farm in Südwest-Afrika hat ein Gewicht von etwa 60 Tonnen (s. Abb. 159); er ist der größte bisher bekannte Meteorit. Es liegt die Frage nahe, ob es nicht auch noch größere Meteoriten geben kann. Bis vor verhältnismäßig kurzer Zeit war man diesbezüglich noch auf Vermutungen angewiesen, heute wissen wir, daß es bestimmt an mehreren Orten zum Falle so gewaltiger Massen gekommen ist, die eine größere Stadt restlos hätte vernichten können.

Lange bekannt und eingehend untersucht ist eine kraterartige Vertiefung im Canon Diablo in Arizona (Abb. 160). Dieses gewaltige Loch von 1200 m Durchmesser und 170 m Tiefe kann weder als Vulkankrater noch sonst wie gedeutet werden, es tauchte daher die Vermutung auf, daß es beim Aufschlag eines außergewöhnlich großen Meteoriten entstanden sei. Ballistiker berechneten, daß ein Geschoß von 150 m Durchmesser und 10 Millionen Tonnen Gewicht erforderlich wäre, um beim Einschlag einen solchen Trichter zu erzeugen. Praktische Interessen — ein Eisenmeteorit von solchen Ausmaßen würde ja einen wahren Schatz von Nickel und Eisen neben Kobalt und Platin liefern — waren neben wissenschaftlichen der Anreiz zu sorgfältiger Untersuchung. Bohrungen, Abteufen von Schächten haben viel Interessantes zutage gefördert, nur nicht den vermuteten Riesenkörper selbst. Wohl wurden einige Tonnen von Nickeleisen, vermengt mit Trümmern des umgebenden Sandsteins gefunden; der Sandstein selbst ist tiefgründig zermürbt, gefrittet (durch Erhitzung und teilweise Schmelzung verfestigt) und zum Teil mit Oxyden von Nickel und Eisen vermengt. Unzweifelhaft ist somit die Tatsache, daß hier wirklich ein „Meteoritenkrater" vorliegt. Da in mehreren Sagen der Indianer auf das Ereignis einer besonderen Himmelserscheinung angespielt wird, könnte man annehmen, daß sich der Fall in historischer Zeit abgespielt hat. Auch heute noch

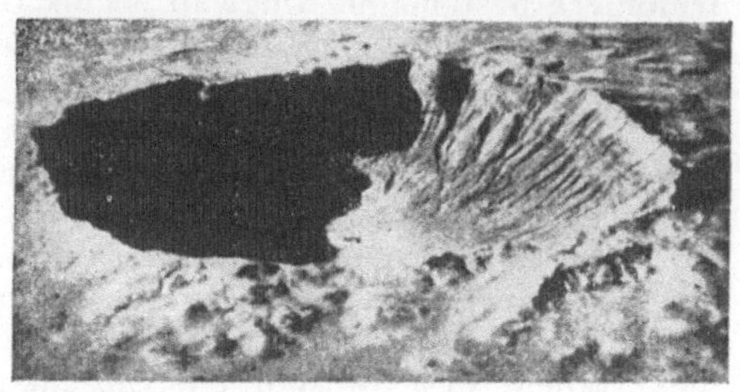

Abb. 160. Meteoriten-Krater von Arizona (Luftbild). Oben in gleichem Maßstabe die Stadt Jena. (Nach F. Heide, l. c.)

ist die Gegend für die Indianer ein Tabu, und keiner beteiligte sich aus Furcht vor der Rache der Götter an den Aufschlußarbeiten.

Seitdem sind mehrere solche Meteoritenkrater bekannt geworden. Hier soll jedoch nur mehr eines Falles eines solchen Riesenmeteoriten gedacht werden, der sich am 30. Juli 1908 an der steinigen Tunguska in Sibirien ereignet hat. Die Erschütterung war ungeheuer und die sibirischen Seismographen zeigten ein Erdbeben an, Luftdruckwellen wurden selbst noch in England registriert. Erst 1927 besuchte eine russische Expedition die kaum bewohnte Gegend der Taiga und fand die Einschlagstelle auf. Merkwürdigerweise fand man nur mehrere kleine und seichte kraterartige Vertiefungen, und keine Spuren von meteorischen Bestandteilen kamen zum Vorschein. Trotzdem ist die Zerstörung des Waldbestandes in einem Umkreis bis zu 40 km Durchmesser nicht anders zu erklären, als daß hier ein kosmisches Geschoß von riesigen Ausmaßen eingeschlagen hat. In letzter Zeit ist auch in Australien ein Riesenkrater beobachtet worden. Nach Fertigstellung dieses Manuskriptes kam die Kunde von einem Riesenmeteoritenkrater in der Felstundra nördlich von Quebec (Kanada), der noch größer ist als der von Arizona. Der Durchmesser beträgt 3,6 km, die Tiefe (im festen Granit!) 20 m. Der aus Granittrümmern bestehende Ringwall ist bis 180 m hoch. (Nach einer Mitteilung von M. Goldsmith im „Universum", 6. Jg., 1951, H. 1, S. 15 bis 17).

Steht somit fest, daß es Riesenmeteoriten gegeben hat, so taucht die große Frage auf: wo sind sie geblieben, warum finden wir nur mehr Spuren ihrer selbst? Mit großer Wahrscheinlichkeit können wir diese Frage auch beantworten. Die Geschwindigkeit kleiner, in unsere Atmosphäre einstürzender Körper wird durch den Luftwiderstand so weit abgebremst, daß sie nur mehr mit geringer Wucht niederfallen; deshalb sind die Einschlaglöcher auch nur recht bescheiden. Bei Meteoriten von 10 m Durchmesser und darüber spielt nach Berechnung die Abbremsung keine Rolle mehr, solche Massen stürzen mit kosmischer Geschwindigkeit auf die Erde nieder. Durch die plötzliche Hemmung beim Aufschlag entwickelt sich so hohe Wärme, die ein völliges Verdampfen des Meteoriten bedingen muß. Es ist daher vergeblich, nach ihnen zu suchen.

Im Rahmen unserer Betrachtung interessiert uns besonders die mineralogische Zusammensetzung dieser Fremdlinge. Die diesbezügliche Untersuchung lehrt, daß sich an ihr eine Anzahl von Mineralen beteiligt, die wir auch auf unserer Erdkruste kennen, es gibt aber auch Gemengteile, die als irdische Minerale bis jetzt nicht gefunden wurden und die sich unter Bedingungen gebildet haben müssen, die anders sind als die in unserer Gesteinshülle.

Folgende Minerale treten auf: Diamant, Graphit, Nickeleisen (Legierung von Nickel und Eisen), Quarz (sehr selten), Tridymit, Magnetit, Chromit, Troilit (FeS), der unserem Magnetkies entspricht, nur ist letzterer schwefelreicher als es der Formel entspricht. An Silikaten finden wir Glieder der Kalk-Natron-Feldspate, Glieder der

Augitgruppe (Enstatit, Bronzit, Hypersthen, Klinoenstatit, Diopsid, Hedenbergit und die gemeinen Augite), ferner Forsterit und Olivin. Besonders die magnesiumreichen Minerale sind bezeichnend (wie Forsterit, Olivin und gewisse Augite). Dagegen fehlen die bei uns so häufigen Kalifeldspate, Nepheline, alkalihaltige Augite, auch wasserhaltige Minerale wie die Hornblenden und solche, die sich bei uns aus wässerigen Lösungen abgeschieden haben.

Daneben treten Verbindungen auf, die wir aus unserer Erdrinde noch nicht kennen, die wir aber künstlich herstellen können: Oldhamit (CaS), Daubréelith ($FeCr_2S_4$), Schreibersit ($(FeNiCo)_3P$, Cohenit ($(FeNiCo)_3C$, Lawrencit ($(FeNi)Cl_2$ und Moissanit (SiC).

Schneiden wir aus einem Eisenmeteoriten eine Platte heraus, polieren sie auf Hochglanz und ätzen dann mit Säuren, so zeigt sich eine eigenartige Struktur; zahlreiche Lamellen durchkreuzen sich unter verschiedenen Winkeln und liefern eine Zeichnung, die man nach dem Entdecker „Widmannstettersche *Figuren*" nennt (Abb. 161). Die breiten Lamellen bestehen im Inneren aus nickelärmeren Nickeleisen, dem *Balkeneisen* oder *Kamazit*, in den Rändern aus nickelreicheren Legierungen, dem sogenannten *Bandeisen* oder

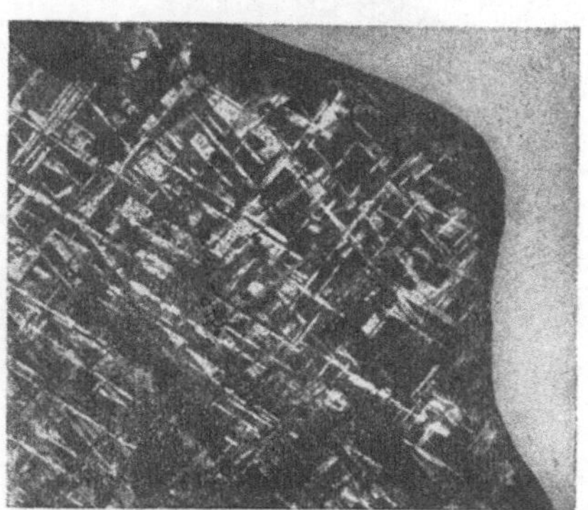

Abb. 161. Widmannstettersche Figuren an Meteoreisen. (Nach F. Heide, l. c.)

Tänit, der beim Ätzen stärker widersteht und daher auf der Platte etwas herausragt. In den Zwickeln der Balken liegt ein innig verwachsenes Gemenge beider, das sogenannte *Fülleisen* oder *Plessit*.

Das Nickeleisen ist somit lamellenartig aufgebaut, und diese Lamellen liegen in obigem Falle der Abb. 161 parallel den Oktaederflächen[64]. Je nach der Schnittlage erscheint die Durchkreuzung der Lamellen verschieden. Auch durch bloßes Erhitzen, ohne Ätzung, kann man die Widmannstetterschen Figuren erzielen; wenn man eine gewöhnliche Eisenplatte kurze Zeit erhitzt, so läuft das Eisen bunt an; das tut auch das Meteoreisen, wobei Kamazit und Tänit verschieden anlaufen und dadurch die Struktur sichtbar machen.

Bei manchen Eisen ist die Lamellierung durch den ganzen Schliff gleich orientiert, sie bestehen somit aus einem einzigen Kristall, andere sind aus mehreren Kristallen zusammengesetzt, wie man an der verschiedenen Orientierung erkennen kann. Wir sind über die Entstehung dieser Struktur nicht genau im Bilde, vermutlich kommt sie durch Entmischung bei der Abkühlung der ursprünglich homogenen Masse zustande. Dafür spricht die Tatsache, daß bei längerem

---

[64] Das Nickeleisen kristallisiert kubisch.

Erwärmen (Tempern) auf 900°, also noch wesentlich unter dem Schmelzpunkt des Nickeleisens, die Struktur verschwindet. Das spricht weiter dafür, daß beim Flug durch die Atmosphäre die Temperatur in inneren Partien nicht über diese 900° hinausgegangen sein kann. Wir kennen aber auch Meteoriten, denen die obige Struktur vollkommen fehlt (sogenannte Ataxite), was vielleicht darauf hindeutet, daß in anderen Fällen eine so hohe Erwärmung stattgefunden hat.

Da nach Temperungsversuchen und nachherigem langsamen Abkühlen die Widmannstetterschen Figuren nicht mehr zum Vorschein kommen, so können wir schließen, daß ungemein langsame Abkühlung nach der Auskristallisation des Eisens durch lange Zeiten hindurch notwendig war, um die Entmischung zu veranlassen. Das spricht wieder dafür, daß sich diese Massen in großen Tiefen eines Himmelskörpers gebildet haben, wo allein diese Bedingungen vorhanden sein konnten.

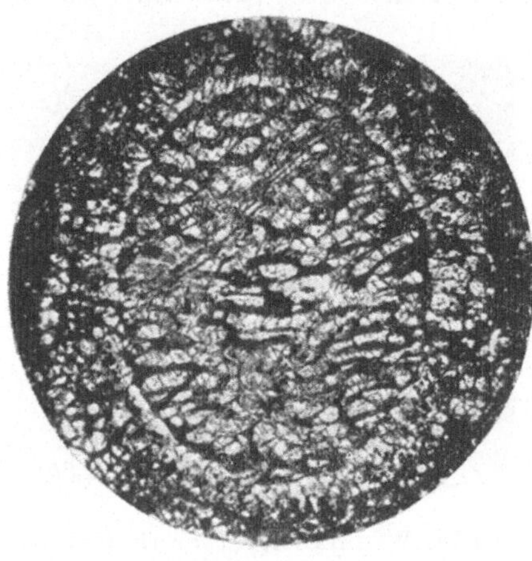

Abb. 162. Olivinchondrum in Chondrit (Vergrößerung etwa 45fach). (Nach H. Heide, l. c.)

Es gibt auch Meteoreisen, die nach dem Anätzen eine feine Lamellierung nach dem Würfel aufzeigen (Neumannsche *Linien*); hier handelt es sich offenbar um eine durch Druckwirkung hervorgerufene Absonderung, die wahrscheinlich erst beim Aufprall auf die Erde zustande kam. Solche Eisen spalten leicht nach dem Würfel; man nennt sie daher *Hexaedrite* zum Unterschied gegen obige *Oktaedrite* und *Ataxite*.

Während die Entmischung bei den Oktaedriten (Kamazit-Tänit) im festen Zustande vor sich gegangen ist, ist besonders bei Übergangstypen zu den Steinmeteoriten schon im flüssigen Zustande eine Stofftrennung erfolgt; neben Troilit und Daubréelith treten oft tropfenförmige Gebilde von Olivin oder Bronzit in zelligem Meteoreisen eingeschlossen auf (sogenannte *Pallasite* und Siderophyre). Die ursprünglich homogene Schmelze unterliegt einer *Differentiation*, d. h. die nicht mischbaren Schmelzen von Nickeleisen, Sulfiden und Silikaten trennen sich (wie Öl in Wasser). Nun würde der große Unterschied in der Dichte dieser Schmelzen erfordern, daß die leichteren Sulfid- und Silikatschmelzen in die Höhe steigen, daß es also zu einer schichtenartigen Anordnung kommen muß. Daß dem nicht so ist, scheint dafür zu sprechen, daß die Schwerkraft in dem Himmelskörper, dem die Meteoriten entstammen, nicht ausgereicht hat, um in der zähen Schmelze eine vollständige „Saigerung" zu bewirken, wie wir das für die Erde annehmen, die wir uns nach den früheren Darlegungen (s. S. 138) schalenförmig aufgebaut denken. Vermutlich, ja höchstwahrscheinlich, stammen somit die Meteoriten von kleinen Himmelskörpern.

Von den Eisenmeteoriten, Pallasiten und Siderophyren gibt es alle Übergänge zu den reinen Steinmeteoriten, die nach dem Mineralgehalt und nach der Struktur vielfach deutliche Anklänge an manche kieselsäurearme irdische Gesteine (wie z. B. Basalte) aufweisen und die öfter tuffartigen Charakter haben wie lockere Auswurfmassen von Vulkanen. Bezeichnend für die Steinmeteoriten ist der Gehalt an sogenannten Chondren[65], Kügelchen von mikroskopischen Dimensionen bis zu Erbsengröße, die man als rasch erstarrte Schmelztropfen auffaßt; fast alle Silikate können solche Tropfen bilden (Abb. 162). Aus irdischen Gesteinen sind sie unbekannt.

Abb. 163. Moldavit. Nat. Größe. (Nach F. Heide, l. c.)

Schließlich sollen hier noch die *Tektite*[66] erwähnt werden, flaschengrüne bis schwärzlichgrüne, an Kieselsäure und Tonerde reiche Gläser ohne Mineraleinschlüsse (s. Abb. 163 u. 164), die in tertiären und diluvialen Schottern im Raume Budweis-Trebitsch zuerst bekannt wurden und als *Moldavite* (auch *Boutellensteine*) bezeichnet wurden. Später fand man ganz ähnliche Gebilde auch in Australien *(Australite)* und in Indien, auf der Malayischen Halbinsel, auf Billiton und Borneo *(Billitonite)*.

Ihre Größe ist gering (bis höchstens Faustgröße), ihre Gestalt tropfenförmig, birnförmig, biskuittförmig usw. und ihre Oberfläche trägt deutliche Spuren teilweiser Anschmelzung. Es wogte um ihre Natur ein langer Streit. Heute müssen wir annehmen, daß auch sie kosmischen Ursprungs sind, Kunstprodukte (von Glashütten oder Schmelzöfen herstammend) können sie allein schon wegen ihrer eigenartigen chemischen Zusammensetzung und

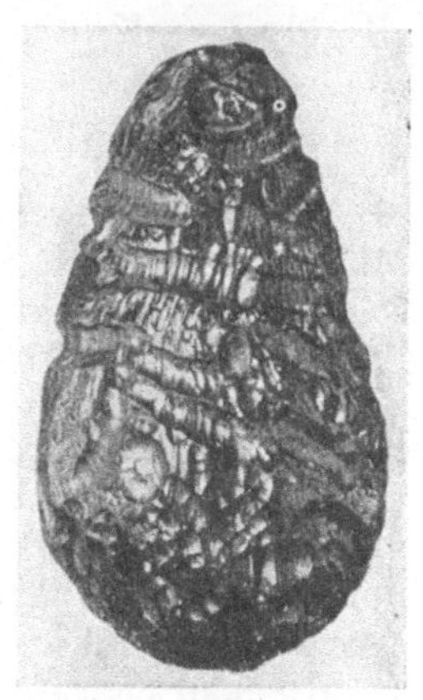

Abb. 164. Billitonit. Etwas vergrößert. (Nach F. Heide, l. c.)

wegen des hohen Schmelzpunktes nicht sein. Auch als vulkanische Auswürflinge kann man sie nicht deuten. Nach der Art der Verbreitung, nach dem Chemismus und nach der zur oberflächlichen An-

---

[65] chondros = Korn.
[66] tektein = schmelzen.

schmelzung nötigen Temperatur, die nur beim Flug durch die Atmosphäre mit hoher Geschwindigkeit erreicht werden konnte, müssen wir schließen, daß auch sie Abkömmlinge von anderen Himmelskörpern sind.

Würden wir alle Meteoriten, nach ihrem Chemismus geordnet, nebeneinanderlegen, so entspricht diese Reihe annähernd einem Profil durch die Erde (s. S. 138). Das lenkt letzten Endes wieder unsere Aufmerksamkeit auf ihre Herkunft. Struktur, Mineralbestand und Chemismus, der nicht willkürlich schwankt, sondern Zusammenhänge zeigt, lassen vermuten, daß die Meteoriten Trümmer eines Körpers aus unserem Sonnensystem sind. Auch die, allerdings noch nicht sehr fest fundierten Angaben über das Alter der Meteoriten (bis höchstens 3000 Millionen Jahre) sprechen eher für eine Zugehörigkeit zum Sonnensystem, da das Alter der Fixsternwelt um etwa drei Zehnerpotenzen höher angenommen wird. Besonders aber der Feinbau der Elemente, das Isotopenverhältnis[67] und die größere Häufigkeit der Elemente mit gerader Ordnungszahl gegenüber ihren Nachbarelementen mit ungerader Nummer stimmen mit den Gesetzmäßigkeiten in irdischen Elementen frappant überein und stützen diese Ansicht. Die wunderbare Gleichheit würden wir bei dieser Annahme leichter begreifen, weil die Gesetze, denen die Materie der Sonne gehorcht, auch in ihren Abkömmlingen herrschen müssen. Oder dürfen wir den kühnen Gedanken wagen, daß sie für das gesamte Weltall gültig sind?

XXIV. Über Mineralbestimmungs-Methoden

Wie schon aus früheren Darlegungen zu entnehmen war, sind die Minerale, stofflich betrachtet, oft unrein und unsauber aufgebaut, so daß wir sie — ganz genau genommen — nicht immer als einheitliche stöchiometrische Verbindungen ansprechen können. Die Tatsache häufiger isomorpher Mischungen (s. S. 62 ff), Verwachsungen, Umwandlungen oder Einbau fremder Elemente erweist eine beträchtliche Variationsbreite und erschwert uns die Deutung des Minerals als eine ganz spezifische, chemisch einheitliche Verbindung. Wir nennen solche Kristallisationsprodukte „Kristallverbindungen". Diesen Umstand müssen wir immer berücksichtigen, wollen wir ein Mineral genau charakterisieren. So ist z. B. der Feldspat chemisch und physikalisch recht verschiedenartig, und wir dürfen ohne spezielle Untersuchungen, genau genommen, nur von einem Mineral der Feldspatgruppe reden.

Es bedarf daher selbst der Fachmann, besonders aber der Studierende und der Sammler. Methoden, die es ihm ermöglichen, eine Mineralart unabhängig von ihrer Inkonstanz in obigem Sinne zu be-

---

[67] Die meisten Elemente bestehen aus zwei oder mehreren Atomarten. Z. B. ist das Element Fe mit dem Verbindungsgewicht 55,84 aus zwei Atomarten mit dem Atomgewicht 54 und 56 zusammengesetzt, u. zw. in einem stets gleichbleibenden Verhältnis, so daß das Verbindungsgewicht 55,84 ist.

stimmen. Selbst bei großer Mineralkenntnis durch Erfahrung gerät man schon durch das verschiedene Aussehen oft ein und desselben Minerals oder durch die Ähnlichkeit verschiedener Minerale im Schwierigkeiten beim Erkennen und muß dann eine Prüfung vornehmen. So sind im Laufe der Zeit verschiedene Wege vorgeschlagen worden, um ein Mineral zu „bestimmen".

Hierbei muß man die Bedürfnisse des Forschers von denen des Studierenden, der Sammler und der Mineralliebhaber trennen. Letztere wollen ja nur die gesammelten oder erworbenen Mineralstufen soweit charakterisieren, daß sie das Mineral oder auch nur die Mineralgruppe auf einfachem und raschem Wege festlegen können. Der hier einzuschlagende Weg hat aber auch für den Studierenden einen erzieherischen Wert: sein Blick für mit dem freien Auge oder mittels einfacher Versuche beobachtbare Eigenschaften der Minerale wird geschärft und zugleich macht ihn die Übung mit den wichtigsten und häufigsten Mineralen durch Anschauungsunterricht bekannt. Auch der Praktiker, z. B. der Bergmann, will ja nur „sein Erz" rasch identifizieren, ohne auf weitere Feinheiten einzugehen. Gerade von den Bergleuten sind schon seit langem Bestimmungsmethoden zu diesem Zwecke ausgearbeitet worden, die besonders an Bergakademien ausgebaut wurden und die im Ausbildungsgang der Studierenden praktiziert werden. Bestimmungsübungen dieser Art werden aber auch an den meisten Universitäten mit Erfolg durchgeführt; sie aus dem Ausbildungsgang zu entfernen, scheint uns keine glückliche Maßnahme zu sein.

Wie nach diesen einfachen Methoden vorgegangen wird, soll in diesem Büchlein, das sich ja nicht an Forscher im eigentlichen Sinne richtet, sondern an Studierende und Liebhaber unserer Wissenschaft, kurz angedeutet werden. Nach dem einen Wege bestimmt man auf Grund der sogenannten „äußeren Kennzeichen". Es wird zunächst die Art des Glanzes festgelegt, dann die Farbe, Strich (Farbe des Mineralpulvers), Härte, Spaltbarkeit und andere Eigenschaften bestimmt, was die Aufteilung in eine Anzahl von Gruppen ermöglicht, innerhalb deren man schließlich mit Hilfe von Tabellen zum Ziele gelangt.

Bei der mitunter großen Ähnlichkeit mancher Minerale oder bei kleinen Mineralproben, die nur wenige der „äußeren Kennzeichen" erkennen lassen, wird dieser Bestimmungsgang unsicher. Darum ist es von Vorteil, leicht durchzuführende, einfache und eindeutige chemische Reaktionen auf bestimmte chemische Elemente durchzuführen. Das sind die vor allem von den Bergleuten verwendeten „*Lötrohrmethoden*" (auch Probierkunde genannt).

Man benützt hier die Flamme einer Kerze oder eines Öllämpchens, wenn möglich eines Bunsenbrenners, ein Lötrohr, eine kleine Anzahl chemischer Reagenzien, Holzkohle, Platindraht oder Magnesiastäbchen und einige weitere Utensilien. Mit Hilfe des Lötrohrs kann man eine sehr heiße oxydierende oder auch reduzierende Flamme erzeugen und auf diese Weise z. B. beim Anblasen einer

gepulverten Mineralprobe auf Holzkohle einen Oxydationsbeschlag
erhalten, der manche chemische Elemente ohne oder nach weiterer Behandlung sofort anzeigt. Ein weiterer Weg besteht darin, auf
einem Platindraht oder einem Magnesiastäbchen einen schmelzflüssigen Tropfen von Borax ($Na_2B_4O_7 \cdot 10\,H_2O$) oder Phosphorsalz
($H[NH_4]\,NaPO_4 \cdot 4\,H_2O$) herzustellen und diese „Perle" mit ganz
wenig feinsten Pulvers der Mineralprobe zu versetzen und oxydierend
oder reduzierend aufzuschließen, wobei die Anwesenheit bestimmter
Elemente an einer charakteristischen Verfärbung der Perle erkennbar ist. Um nur einige Beispiele zu nennen färbt das Mangan die
Boraxperle amethystviolett, Chrom grün, Kobalt blau usw. Wie hier
vorzugehen ist und welche chemischen Elemente mit dieser Methode
nachgewiesen werden können, soll hier nicht ausgeführt werden.
Wesentlich ist, daß alle diese Methoden ein Element nur dann anzeigen, wenn es in beträchtlichem Maße (mindestens ein Prozent) im
Mineral enthalten ist, wenn es also am Aufbau wesentlich beteiligt
ist und nicht etwa nur in Spuren.

Diese Lötrohrmethode erweist sich nicht nur als praktischer zur
Bestimmung, sie ist auch abwechslungsreich und dadurch reizvoll
und kann wegen der bescheidenen Hilfsmittel auch außerhalb eines
Laboratoriums leicht durchgeführt werden. Die verschiedenen Hand-
griffe bei der Bestimmung sind den einschlägigen Bestimmungsbü-
chern zu entnehmen und jedermann kann sich ohne persönliche Anleitung leicht zurechtfinden. Mit Hilfe von Tabellen wird unter Mit-
berücksichtigung äußerer Kennzeichen das zu untersuchende Mineral bestimmt und selbstverständlich sicherer als nach äußeren Kennzeichen allein. Statt nach der einen oder anderen Methode zu
arbeiten, benützt man daher besser die Kombinationen beider[68].

Es wurde auch versucht, auf Grund der Lichtbrechung allein
ein Mineral zu bestimmen. Auch dieser Weg ist durch die wechselnde Größe der Brechungsexponenten vielfach unsicher. Es ist
aber günstig, optische Eigenschaften, wie Auslöschung, optischen
Charakter, Pleochronismus (s. S. 74 ff.) beim Bestimmungsgang mit zu
verwenden. Oft ist es ja möglich, von der zu untersuchenden Mineralprobe ein Spaltblättchen oder ein nadelig entwickeltes Kriställchen
zu erhalten und im Polarisationsmikroskop optisch zu prüfen. Solche optische Erscheinungen sind oft klare Hinweise auf dieses oder
jenes Mineral. Allerdings bedarf es hierzu eines Mikroskopes und
einer gewissen Erfahrung.

Liegen nur sehr kleine Mineralproben oder Aggregate solcher
wie in feinkörnigen und dichten Gesteinen vor, so müssen Versuche,
nach äußeren Kennzeichen oder mit dem Lötrohr zu bestimmen, von
selbst versagen. Hier kann man nur mehr optische Wege beschreiten. Zwischen Kristallsystem und optischem Verhalten besteht, wie
wir S. 74 ff. gesehen haben, ein inniger Zusammenhang. Daraus folgt,
daß man auf Grund optischer Erscheinungen zur Festlegung der

---

[68] Köhler, A.: Bestimmen der Minerale. Wien: Springer-Verlag. 1949.

Symmetrie der Kristalle kommen kann. Ferner ist für jede Mineralart die Lichtbrechung, Doppelbrechung, Lage der optischen Haupt-
schwingungsrichtungen usw. (s. S. 76 ff.) charakteristisch, so daß man
nach der Festlegung dieser optischen Verhältnisse mit großer Sicherheit ein Mineral bestimmen kann. Es erfordert dies freilich große
Übung und Erfahrung und auch der Mithilfe eines Laboranten, der
von dem Mineral oder Mineralgemenge (Gestein) erst einen Dünnschliff herstellen muß (s. nächstes Kapitel). Mit Ausnahme der
auch in diesen dünnen Schichten undurchsichtigen Erze und
sehr weniger anderer Minerale werden die Gemengteile eines
Gesteins durchsichtig und dadurch der optischen Untersuchung zugänglich. Für den Petrographen ist diese Untersuchungsart unentbehrlich. Eigene Bestimmungsbücher dienen diesem Zweck[69].

Für die Untersuchung der undurchsichtigen Erze wurden Methoden ausgearbeitet, um im auffallenden (statt durchfallenden) Licht
die Erze in allen ihren Feinheiten auf Anschliffen (statt Dünn-
schliffen) studieren zu können. Diese Methode bedingt gleichfalls
eine spezielle Einarbeitung und große Erfahrung[70].

Ist die Beherrschung der beiden letzten Methoden bereits für den
ausgesprochenen Forscher oder Praktiker eine Notwendigkeit, so
müssen diese gegebenenfalls noch weitere Untersuchungsarten mit
heranziehen, um in den genaueren Aufbau eines Minerals Einblick
zu erhalten. Dazu dienen zunächst sehr empfindliche mikrochemi-
sche Methoden, mit denen man Spuren von Fremdbeimengungen
(z. B. Spuren von Silber im Bleiglanz) feststellen kann. Vor allem
hat F. Feigl eine große Anzahl solcher mikrochemischen Reaktionen ausgearbeitet, die auch für die Mineralogie von großem Werte
sind. Teilweise kann man sie auch weniger empfindlich gestalten und
so in obigen Lötrohrgang einschalten[71]. Mitunter wird auch eine Ge-
samtanalyse notwendig sein oder eine andere spezielle Prüfung. So
werden z. B. bei der Untersuchung von Edelsteinen Lumineszenz-
erscheinungen mit Erfolg benutzt.

In junger Zeit dienen uns Spektrographen zur schnellen und sicheren Identifizierung eines Minerals. Sie lassen verhältnismäßig
rasch die vorhandenen Elemente erkennen. Daß diese modernen Methoden den oben geschilderten weit überlegen sind, ist selbstverständlich, enthüllen sie ja die chemische Zusammensetzung eines Minerals in aller Feinheit, während die erstgenannten Methoden nur

---

[69] Rosenbusch-Mügge: Mikroskopische Physiographie der petrographisch
wichtigen Mineralien. Stuttgart: Verlag Schweizerbart. 1927.
Chudoba: Mikroskopische Charakteristik der gesteinsbildenden Mineralien.
Freiburg i. Br.: Verlag Herder. 1932;
Reinisch: Petrographisches Praktikum I. Berlin: Verlag Bornträger. 1911.
[70] Schneiderhöhn-Ramdohr· Lehrbuch der Ezmikroskopie. Berlin: Verlag Bornträger. 1931, und
Schneiderhöhn: Erzlagerstätten. Kurzvorlesungen zur Einführung und zur
Wiederholung, zweite Auflage. Stuttgart: 1949.
[71] Siehe die wichtigsten Reaktionen Feigl-Leitmeier in Köhler, Anmer-
kung 68!

die groben Züge ergeben. Das schließt jedoch ihren erzieherischen Wert nicht aus, und sie genügen ja auch für viele Zwecke.

Daß auch mittels Röntgenstrahlen ein Mineral bestimmt werden kann, ist aus den früheren Kapiteln wohl klar geworden, blicken wir ja mit ihrer Hilfe in die subtilsten Feinheiten des Aufbaues hinein.

So sind alle Wege in ihrer Weise wertvoll und interessant zugleich. Es wird ganz von dem gesteckten Ziel abhängen, ob man mit einer Bestimmung nach äußeren Kennzeichen oder einer einfachen Lötrohruntersuchung sein Auslangen findet oder ob man zu einer spektrographischen oder röntgenographischen Methode greifen muß.

XXV. Aus der Werkstatt des Mineralogen und Petrographen

Wenn man sich als Mineraloge mit Menschen verschiedener Bildung und verschiedenen Berufes über seine Tätigkeit unterhält, so ist man erstaunt, wie wenig selbst Gebildetere eine klare Vorstellung über Sinn und Zweck mineralogischer Forschung haben. Man wird vielleicht als Mann einer seltenen Spezialwissenschaft anerkannt, dessen „kuriose Liebhaberei" aber zu den Aufgaben des Lebens wenig Bezug hat. Es hat dies mehrere Ursachen: in unseren Schulen wird diesem Fachgebiete zu wenig Gewicht beigemessen, die Naturgeschichte und besonders die Mineralogie wird gewissermaßen als Nebenfach angesehen, dem nicht die Bedeutung für die Geistesbildung zukommt, wie etwa den klassischen Sprachen oder der Geschichte. So verläßt der Maturant die Mittelschule mit zu geringen Kenntnissen und verschwommenen Vorstellungen von der großen Bedeutung der Mineralogie und vergißt bald das wenige, das er über dieses Fachgebiet gehört hat. Das erste Kennenlernen der Kristalle nur in Form von Pappmodellen statt als wunderbare Naturprodukte hat schon vielen die Lust verdorben, sich mit einer so „trockenen" Wissenschaft abzugeben. Ein zweiter Grund liegt darin, daß die Mineralogie auch in Zeitschriften, die dem interessierten Laien naturwissenschaftliche Kenntnisse zu vermitteln trachten, zu wenig zu Worte kommt, wobei allerdings gesagt werden muß, daß es in der Tat wesentlich schwieriger ist, einen populären mineralogischen oder petrographischen Artikel zu schreiben als z. B. einen botanischen, weil die Materie durch ihre Eigenart der allgemeinen Darstellung mehr Widerstand entgegensetzt. Schließlich ist die Neigung des Naturliebhabers zur „belebten" Welt weit größer als die zum stillen oder tot erscheinenden Reich der Steine.

Trotz aller dieser die Verbreitung und Vertiefung mineralogischer Kenntnisse in breiteren Kreisen hemmenden Hindernisse findet sich doch stets ein Anzahl von Menschen, die nach Bereicherung ihres Wissens aus dem Fache streben, unter ihnen vor allem Sammler und Liebhaber, die allein schon durch die Betrachtung der herrlichen Naturgebilde zu tieferem Denken und Schürfen angeregt werden. Diesen Interessenten soll hier über die Tätigkeit des Mineralogen und Petrographen etwas erzählt werden.

Die vielverzweigte Arbeitsrichtung, die schon aus dem ersten Artikel hervorging, verlangt zunächst eine entsprechende Ausbildung des angehenden Wissenschafters, die ihn dann befähigt, mit Erfolg zu arbeiten. Es versteht sich von selbst, daß hierbei ein systematischer Lehrgang eingehalten wird, der je nach der „Schule" etwas variieren kann, der aber stets zuerst die wesentlichen Grundzüge und die wichtigsten Arbeitsmethoden vermittelt. Zuerst muß der Mineraloge die kristallographische Formenlehre vollkommen beherrschen, denn er hat es ja fast durchwegs mit kristallisierter Materie zu tun. Dazu braucht er freilich etwas mehr, als aus den vorangegangenen Artikeln hervorgeht.

Ist der Anfänger so weit, dann kann er erst die physikalischen Eigenschaften verstehen, denn sie stehen im innigsten Zusammenhang mit der Symmetrie der Kristalle (s. S. 74 ff.). Insbesondere ist die Beschäftigung mit der Kristalloptik von Wichtigkeit. Die Mineralogen haben diese weitgehend ausgearbeitet, und wir benützen optische Erscheinungen als wesentliches Bestimmungsmittel (s. oben). Zur völligen Beherrschung dieser optischen Bestimmungsmethoden ist neben dem theoretischen Verständnis auch viel praktische Übung notwendig. Für den Petrographen ist die Kenntnis dieser Methoden absolut unentbehrlich.

Aber auch noch andere Bestimmungsarten, wie sie oben kurz skizziert wurden und die zum Teil auf chemischer Prüfung beruhen, gehören zum Studienplan des Anfängers. Daß er sich auch näher mit Physik und Chemie zu befassen hat, ist selbstverständlich, er muß mindestens die qualitative Analyse beherrschen und soll imstande sein, auch eine quantitative Mineral- oder Gesteinsanalyse durchzuführen.

Nach diesen Grundlagen, die der Studierende in den Vorlesungen über allgemeine Mineralogie, Physik und Chemie und in den kristallographischen und optischen Spezialkollegs hört und durch praktische Übungen ergänzt, lernt er in der Vorlesung über systematische Mineralogie die wichtigsten Minerale kennen, hört über ihre Eigenschaften, über die Bildungsgeschichte und über die Vorkommen das Wesentliche und wird so mit den Naturprodukten vertraut, mit denen er sich künftig beschäftigen soll. Die Kenntnisse aus dem Hörsaal müssen durch Lehrwanderungen im Gelände ergänzt werden. Sieht der Student dort „typische" Mineralstufen in ihrer charakteristischen Ausbildung, so sieht er sie hier an ihrer natürlichen Bildungsstätte und im Verband mit anderen Mineralen, wodurch er erst den richtigen Eindruck erhält.

Erst nach der Aneignung der allgemeinen Grundlagen, der nötigen Mineralkenntnis und der wichtigsten Untersuchungsmethoden kann man an das schwierige Gebiet der Petrographie herangehen. In den Vorlesungen wird der Studierende in den Mineralbestand der Gesteine, in ihre Systematik, die Art ihrer Vergesellschaftung, in den Gesteinschemismus und ihre Bildungsweise eingeführt und über verbreitete Vorkommen orientiert. Ganz wesentlich ist aber gerade hier die Beobachtung der Gesteine in der Natur, ihre Betrachtung im kleinen und im Verband mit den anderen Gesteinen. Die Untersuchung von Proben im Laboratorium auf chemischem und mikroskopischem Wege besagt allein nicht alles, verstanden wird der Werdegang eines Gesteins — und den wollen wir ja ergründen — nur in Verbindung mit Beobachtungen im Gelände durch geologische Betrachtungsweise; es ergibt sich daraus, daß das Petrographiestudium ohne eingehende Beschäftigung mit der Geologie unfruchtbar bleiben muß.

Vorlesungen über Erzlagerstätten, über nutzbare Minerale überhaupt usw. werden ebenso wie die Einführung in die Kristallstrukturtheorie und in die Kristallchemie die allgemeine Ausbildung mehr oder weniger abschließen und, mit diesen Kenntnissen ausgestattet, wird der künftige Mineraloge und Petrograph — freilich vorerst immer noch unter Anleitung — seine wissenschaftlichen Arbeiten beginnen können.

Unsere Vorgänger haben im Verlauf des vergangenen Jahrhunderts alle ihnen bekannt gewordenen Minerale genau beschrieben, ihre kristallographischen Formen, ihre physikalischen und chemischen Eigenschaften und sonstige Beobachtungsdaten schriftlich niedergelegt. Dieser beschreibende Teil der Mineralogie ist im wesentlichen abgeschlossen. Wir gehen heute nach Tunlichkeit darüber hinaus und widmen uns mehr dem strukturellen Aufbau und der Bildungsgeschichte der Minerale. Trotzdem werden auch jetzt noch Mineralbeschreibungen vorgenommen; es finden sich nicht nur — wenn auch schon selten — bisher unbekannte Minerale, deren Charakterisierung unsere Kenntnisse ergänzt, und wir bearbeiten auch neue Fundorte bekannter Minerale, denn wir wollen ja u. a. auch die Verbreitung der Vorkommen wissen. Gerade dem jüngeren Fachgenossen sei es empfohlen, sich mit derartigen, noch recht einfachen Arbeiten zu beschäftigen, sie schärfen seinen Blick und erweitern seine Erfahrung. Hier kann der Sammler, besonders der Hochtourist, dem Wissenschafter sehr viel nützen, der ja nicht selbst überall hinkommen kann und gerne Beobachtungen und Funde von Sammlern zur Kenntnis nimmt.

Er ergeben sich ferner bei Arbeiten dieser Art auch noch andere bemerkenswerte Dinge: mitunter treten bei einem neuen Fundstück Kristallflächen auf, die bei den bisher bekannten Stufen noch nicht beobachtet wurden; dies erweitert wiederum unsere Kenntnis in kristallographischer Hinsicht. In anderen Fällen wieder ist die Ausbildung der Flächen, die Tracht, da und dort verschieden usf.

Wie weit wir mit Hilfe der Röntgenstrahlen in das eigentliche Wesen und den Aufbau der Kristalle einzudringen vermögen, ist in mehreren Artikeln dieses Buches aufzuzeigen versucht worden. So wie die Geochemie ist auch die Kristallstrukturlehre und die Kristallchemie zu einem interessanten und erfolgreichen Zweig mineralogischer Forschung geworden. Tunlichst eingehende physikalische und chemische Studien und die Beherrschung besonderer Arbeitsmethoden sind Vorbedingung, um in dieser Richtung erfolgreich arbeiten zu können.

Mit diesen letzten Arbeitsrichtungen betreten wir das Gebiet der *modernen mineralogischen Forschungsrichtung — der Mineralogie von heute* — die einen gewaltigen Aufschwung nimmt und die uns in die Architektonik der stofflichen Welt einen wunderbaren Einblick gewährt. Jahrzehntelanges Bemühen, durch „naturhistorische Betrachtungsweise" den gegebenen Stoffbestand zu sichten und zu ordnen und zu verstehen, hat zweifellos viele Rätsel wohl schon angedeutet und ahnen lassen; es bedurfte jedoch erst neuer physikalischer Errungenschaften, um viele dichte Schleier zu lüften und die neuen Erkenntnisse exakt zu fassen. Ein ganz großer, ja gigantischer Fortschritt auf dem Gebiete der Naturwissenschaften ist erreicht. Aus den früheren Darlegungen mag auch der Fernerstehende erkennen, von welch weittragender Bedeutung für unsere wissenschaftlichen Erkenntnisse und für die Technik die Ergebnisse sind und daß die Zukunft der Mineralogie in dieser Forschungsrichtung liegt. Freilich wäre es ein Irrtum, alles Übrige als abgetan zu betrachten. Jede neue Beobachtung und jede genaue Beschreibung hat ihrerseits Wert und bleibt ein wichtiges Bindeglied zwischen Petrographie und Geologie und der modernen physikalisch-chemischen Richtung.

Wieder ganz anderer Art ist die Arbeitsweise der Lagerstättenforschung; sie hat die nutzbaren Minerale zum Gegenstand ihrer Untersuchung, sie sucht die Ursache ihrer Anreicherung zu ergründen und den Mineralgehalt einer Lagerstätte in qualitativer und quantitativer Hinsicht festzustellen. Ihre Methoden sind vorwiegend geologische und geophysikalische. Mit der erst jungen Untersuchung der opaken (nicht durchsichtigen) Erze im auffallenden Licht können wir viel tiefer in das Werden und Vergehen der Erze selbst eindringen und damit das ganze Vorkommen besser verstehen. Große Erfahrung in praktischer Hinsicht (Gewinnung, Aufbereitung) ist ferner nötig. Je besser wir rein wissenschaftlich die Entstehung einer Lagerstätte ergründen können, desto mehr Nutzen wird die praktische Seite haben. Gerade hier kommt der Wert reiner Forschung für die Praxis klar zum Vorschein. Deshalb wird der Lagerstättenforscher alle Ergebnisse mineralogischer und geologischer Forschung mit berücksichtigen: im Zusammenwirken aller Erfahrungen und aller Untersuchungsmethoden liegt der Erfolg.

Neben der Erforschung der Erzlager im engeren Sinn gehören die Untersuchungen der Lagerstätten von Salzen, der Kohlen und weiterer nutzbarer Minerale und Gesteine in diesen Arbeitsbereich, die alle das gleiche Ziel verfolgen, aber sich entsprechend der verschiedenen Materie verschiedener Arbeitsmethoden bedienen.

Mit dieser Aufzählung der wichtigsten Forschungsrichtungen ist nur ein erster kurzer Einblick in das Schaffen der Mineralogen gegegeben. Die Problemstellung ist innerhalb dieser Sparten eine überaus mannigfaltige; der eine wird sich mehr kristallographischen Messungen, dem Studium des Wachstums und der Tracht widmen, der andere wird dem Chemismus oder mineraloptischen Studien mehr Augenmerk zuwenden, wieder ein anderer die Bildung der Minerale und ihren Beziehungen zu den Begleitmineralen usf. Der Forschung stehen nach allen Seiten die Wege offen; das Zusammenspiel aller Ergebnisse führt uns stetig in der Erkenntnis um das Wie und Warum im Reiche der anorganischen Materie weiter. In manchen Fällen suchen wir durch künstliche Nachbildung eines Materials auftauchende Fragen zu klären; über den Zweck der Mineralsynthese in wissenschaftlicher und praktischer Hinsicht ist S. 98 ausführlicher berichtet. Immer wieder wird sich auch die Ausarbeitung neuer oder die Verbesserung alter Untersuchungsmethoden als notwendig erweisen, neue Apparate werden auf ihre Anwendungsmöglichkeit in der mineralogischen Forschung erprobt usw. Wenn auch auf diese Weise oft längere Zeit reine Laboratoriumstätigkeit nötig ist, so muß doch jeder Forscher, gleichgültig welcher Richtung, seine Mineral- und Gesteinskenntnis stets vermehren und vertiefen, vor allem durch Beobachtungen in der Natur. Den Weg zur letzteren darf er niemals verlieren, ohne Gefahr zu laufen, ein Problem von einer unrichtigen Seite anzufassen. Die Natur selbst ist unsere erste Lehrmeisterin und nur sie zeigt uns den Weg zu dem Verständnis der Gesetze, denen sie selbst gehorcht.

Das gilt ganz besonders für die Gesteinskunde, die Petrographie. Die Forschung in diesem Fachgebiet ist nicht leicht, falls man über die reine Gesteinsbeschreibung hinausgehen und die Gesteinsgenesis deuten will. In erster Linie benötigt man die eingehende Kenntnis der gesteinsbildenden Minerale, die sich am Aufbau beteiligen und die Beherrschung der optischen Untersuchungsmethoden. Es erfordert viel Übung, um hier mit aller Exaktheit und Sicherheit arbeiten zu können. Es bedarf auch eines geschickten Präparators, der von der Gesteinsprobe einen sogenannten Dünnschliff herstellt. Dazu wird ein mehrere Quadratzentimeter großer Gesteinssplitter zunächst auf einer Seite mit der Hand oder maschinell eben angeschliffen und auf einen Objektträger mit Kanadabalsam oder Kollolith aufgeklebt. Nun wird auf der unebenen Fläche solange geschliffen, bis das Plättchen etwa einen halben Millimeter dick ist und schließlich mit der Hand vorsichtig mit feinstem Carborundumpulver weiter die Dicke auf 17 bis 20 µ (17 bis 20 Tausendstel Millimeter) herabgesetzt. Dann wird auch auf die Oberseite mittels Kanadabalsam oder Kollolith ein dünnes Glasplättchen (Deckglas) aufgekittet, der Schliff ist somit fertig zur Untersuchung. Die Geschicklichkeit besteht darin, den Schliff so dünn zu bekommen und zugleich planparallel zu gestalten. Grobkörnige oder poröse Gesteine und die Anwesenheit mancher Minerale wie z. B. von Granat erschweren dies oft sehr. In einem solchen Dünnschliff sind mit Ausnahme der opaken Erze alle übrigen Gemengteile mehr oder weniger durchsichtig und zeigen unter dem Mikroskop nicht nur ihre morphologischen Elemente, wie Kristallgestalt, Spaltrisse usw., sondern auch die charakteristischen optischen Eigenschaften bei Verwendung gekreuzter

Nikols (s. S. 76 ff.), die wir eben zur Bestimmung heranziehen. Insbesondere sind die Feldspate als die wichtigsten Gesteinsbildner sehr genau zu untersuchen, und spezielle Methoden gestatten uns hier, in deren Geschichte und Chemismus Einblick zu erhalten, auf welch interessantes Kapitel hier nicht eingegangen wird.

Der qualitative und quantitative Mineralgehalt, das Verbandsverhältnis (die Struktur) lassen uns schon eine gewisse Klassifikation des Gesteins vornehmen. Wir wollen aber oft auch den Gesteinschemismus wissen, weshalb der Petrograph tunlichst seine Gesteine selbst analysieren soll. Die Deutung der Analyse und die zur leichteren Übersicht gepflegten graphischen Darstellungen einer Anzahl von Analysen aus einem petrographischen Gebiete führen uns in der Systematik noch weiter.

Troß dieser nötigen Laboratoriumsarbeiten ist aber das wichtigste die Beobachtung des Gesteins in der Natur, die Kenntnis der Verbreitung und des Verbandes im übrigen Gesteinskomplex. Erst dadurch wird die Stellung klar und die Geschichte, der Werdegang des Gesteins, rekonstruierbar.

Wenn es sich nur darum handelt, ein Gestein zu beschreiben, nach seinem mineralogischen Inhalt zu identifizieren, um einen Baustein zur Kenntnis eines Gebietes zu liefern, dann ist die Aufgabe noch leicht, hier kann der Anfänger einseßen und dabei das Methodische erlernen. Wo es sich aber um das Aufklären der Gesteinsgeschichte handelt, dort kann nur der Erfahrene mit Erfolg arbeiten, dann wird die Arbeit schwierig, aber sie bietet unendlich viel Reiz, denn die Geschichte ist vielfach eine komplizierte. In manchen Gebieten verdankt das Gestein nicht einem *einmaligen* Bildungsakt seine Entstehung und sein heutiges Gepräge, oft ist es im Laufe der geologischen Zeiten *mehrfach* umgebildet worden und gegenüber dem Ausgangsgestein völlig verändert.

Hier müssen wir bestrebt sein, aus eventuellen Reststrukturen, aus der Eigenart der Gemengteile, aus den geologischen Verbandsverhältnissen und zum Teil aus dem Chemismus auf die Entwicklung zurückzuschließen. Wir können uns heute in vielen solchen Fällen ein richtiges Bild machen, wir stehen aber oft auch vor noch ungelösten Rätseln, die Lapidarschrift der Natur ist verwischt und schwer zu entziffern. Gerade bei Gesteinen, die wir bisher recht einfach als Kristallisationsprodukte einer Schmelze betrachtet haben, sind die Ansichten zum Teil andere geworden. Wir waren gewohnt, die so häufigen Granite als solche Produkte anzusehen, und es verband sich damit die Vorstellung, daß die Schmelzflüsse primär (juvenil) waren. Es ist aber häufig beobachtet worden, daß in einem Granitkörper (der sich auf viele Quadratkilometer erstrecken kann) noch mehr oder weniger verdaute ältere Gesteinsbrocken schwimmen; diese hielt man früher als bloß randlich einverleibte Stücke des Daches oder deutete sie überhaupt anders. Allmählich hat es sich gezeigt, daß dieser Erscheinung weit größere Bedeutung zukommt. Man sieht ferner sehr häufig, daß schmelzflüssige Massen in ältere Gesteine

eindringen, sie durchadern und in verschiedenem Ausmaße durchdringen und auf diese Weise selbst mehr oder weniger homogene
Mischgesteine bilden können. Das kann schließlich so weit gehen,
daß ein Erstarrungsprodukt aus einer Schmelze vorzuliegen scheint.
Das gilt auch für manche Granite; feldspatreiche Säfte aus der Tiefe,
die durch Aufschmelzung älterer Gesteine entstanden sind, können
in höheren Zonen ganze Gesteinskomplexe verdrängen, *granitisieren*,
und zu einem Pseudotiefengestein, dem Granit, führen. Wir stehen
hier vor sehr schwierig zu verstehenden und reichlich problemati-
schen Vorgängen, die zu verfolgen besonders interessant sind. Es
kann auf solche Dinge in diesem Rahmen nicht näher eingegangen
werden, es sollte nur — entsprechend dem Inhalt dieses Kapitels —
darauf hingewiesen werden, welche Aufgaben dem Petrographen
von heute obliegen.

Durch ihre Eigenart bedürfen die lockeren Gesteine (Absatzgesteine wie Sande und Tone) anderer Untersuchungsmethoden. Hier
handelt es sich vor allem darum, durch Schlemmverfahren gewisse
Minerale anzureichern und sie dann mikroskopisch zu identifizieren.
Bei Tonen geben uns oft erst röntgenographische Methoden, in neuerer
Zeit das Elektronenmikroskop oder die Thermo-Differentialanalyse
Auskunft über die Zusammensetzung. Die „Sedimentpetrographie"
ist dadurch heute zu einer Spezialwissenschaft der Petrographie ge-
worden und findet bei ihrer Wichtigkeit auch in praktischer Hinsicht
(Ölgeologie) immer mehr Beachtung.

Es brauch nicht betont zu werden, daß neben rein wissenschaftlichen Ergebnissen auch die praktische Seite der Petrographie von
Bedeutung ist. Die Verwendung von Gesteinen als Bausteine verschiedenster Art, die Erforschung der Sedimentgesteine im Rahmen
der Untersuchung von Öllagerstätten usw. sind dafür Belege. Je tiefer die wissenschaftliche Fundierung, desto mehr Nutzen wird der
Mensch daraus in praktischer Hinsicht ziehen können. Wissenschaftliche Erkenntnisse und technischer Fortschritt gehen eben immer
Hand in Hand.

Zum Schluß noch ein Wort über die Fachliteratur. Im Laufe der
Zeit ist eine Unsumme von Erfahrungstatsachen und Meinungen schriftlich niedergelegt worden. Wollte man alle Veröffentlichungen lesen,
würde die uns gegebene Zeit nicht hinreichen. Und doch muß der
Wissenschafter über das Wesentliche im Bilde sein, er muß es eben
verstehen, sich dieses aus dem Riesenballast auszuwählen und er muß
wissen, wo er rasch findet, was er braucht. Lehr- und Handbücher
fassen von Zeit zu Zeit das Wesentliche zusammen und referierende
Zeitschriften bringen regelmäßig kurze Ausschnitte, wobei ein Sach-
register das Aufsuchen erleichtert. Ohne solche Organe kämen wir
heute gar nicht mehr mit. Man kann dem Jünger unserer Wissenschaft kein Rezept geben, *wie* er die Literatur studieren soll, er muß
selbst den Weg finden, wie er sich rasch orientiert, und es hängt
ganz von seinem Gedächtnis ab, wie viele Kenntnisse von Einzel-
tatsachen er zu behalten vermag. Vor allem der Petrograph soll sich

auch nicht von den bisherigen Deutungen einspinnen lassen; er faßt dann schwerer den Entschluß, seine eigene Meinung hervorzuheben, falls sie mit den älteren in Widerspruch steht. Es ist oft besser, die vorangegangenen Anschauungen erst unter die kritische Lupe zu nehmen, wenn man sich vorerst selbst und unabhängig sein Bild gestaltet hat. Man kann dann sein Urteil korrigieren, falls es in offenkundigem Widerspruch mit dem der früheren Forscher steht. Der jüngere Fachgenosse soll seine Meinung mutig vertreten, wenn ihm die bisherigen Ansichten nicht besser begründet erscheinen als seine eigene. Ein, wenn auch nur angedeuteter — allerdings auf gute Beobachtung aufgebauter — neuer Gedanke ist wertvoller als die bloße Bestätigung bisheriger Ergebnisse, die nur zu leicht dadurch zustande kommt, daß man mit der Brille der herrschenden Meinung gesehen hat.

Hier den richtigen Weg zu finden, ist der Persönlichkeit des jungen Forschers vorbehalten, seinem Fingerspitzengefühl neben seinem Wissen und Können.

XXVI. Symmetrie, ein Grundelement wissenschaftlicher Erkenntnis

Ist der Leser mit Aufmerksamkeit unseren Darlegungen gefolgt, so wird ihm vielleicht ein Dualismus in der Betrachtungsweise der verschiedenen, hier behandelten Gegenstände aufgefallen sein, der nicht zufällig hereingeraten ist, sondern gewollt war. An und für sich schon gewährleistet die Domäne mineralogisch-kristallographischer Forschung in ihrer Eigenart und Stellung im Kreuzungspunkt verschiedenartiger Wissensgebiete nicht nur das Recht, vielmehr die Notwendigkeit, sie von zweierlei Gesichtspunkten aus zu überschauen: einerseits bedarf es der Hervorkehrung des *Prinzipiellen*, der theoretischen Idee (mathematisches Element), anderseits die Geltendmachung *historischer Betrachtungsweise* (die ein genetisches Moment hineinbringt), wie sie den individuellen Wissenschaften gemäß ist.

Was die generelle, also auf das Prinzipielle abzielende Darstellungsart betrifft, so ist es wohl nicht schwer, gewahr zu werden, daß hier ein hohes Leitmotiv das Suchen nach Erkenntnis großer Zusammenhänge bestimmt: das Walten des *Symmetrieprinzips!*

Aus dieser Grundidee heraus war versucht worden, Verständnis für die obwaltenden Gesetzmäßigkeiten, sowohl der äußeren gestaltlichen Erscheinung der Kristalle als auch der ihr zugrunde liegenden tieferen Bauprinzipien des kristallisierten Zustandes zu erwecken.

Ob das Symmetrieprinzip überhaupt ein Urelement jeglicher Erkenntnismöglichkeit darstellt, soll und kann im Rahmen dieses kurzen Schlußwortes nicht untersucht werden. Es mag wohl sein, „daß die Vernunft nur das einsieht, was sie selbst nach ihrem Entwurfe hervorbringt" (Kant)[72]. Wir begnügen uns mit jener Kennzeich-

---

[72] D. h., daß sie mit jenen grundsätzlichen Fragen (Prinzipien), die aus der Beschaffenheit des Denkens selbst entspringen, an die Natur herangeht und sie nötigen müsse, auf diese ihre Fragen zu antworten.

nung kristallographischer Symmetrie, die ihr Niggli[73] mit folgenden Worten angedeihen läßt:

„Damit ist das Symmetrieprinzip im engeren Sinne, das für Teile *eines* Individuums gilt, als wichtiges Naturgesetz erkannt. Es beherrscht die Tektonik der Welt, ist bald deutlich sichtbar, bald nur als Zielpunkt zu ahnen, immer aber ein wesentliches Hilfsmittel bei der schöpferischen, das Wesentliche betonenden Neugestaltung der Welt."

Anfangs war das Symmetrieprinzip nur ein Mittel, um Ordnung und Übersicht in die Formenmannigfaltigkeit der Kristalle zu bringen. Dem tiefer schürfenden Forschergeiste stellte sich dann aber in dem gigantischen System der Kristallstrukturtheorie und in den Erfahrungen der experimentellen Kristallstrukturkunde das Walten der Symmetrie als ein höheres geistiges Element dar, das dem Wesen der Substanz und den Vorgängen in der Welt eigen zu sein scheint. Was anfänglich der eigentliche Gegenstand unserer Bewunderung und unseres Nachsinnens war, die gesetzmäßige Kristallgestalt, der *endliche*, in sich abgeschlossene Wachstumskörper, wird in einem späteren Stadium der Forschung gleichsam als *Nebenerscheinung* angesehen und gewertet.

Der große Kant — zu dessen Zeit die kristallographische Wissenschaft noch in den Kinderschuhen steckte, und ihm ein naturwissenschaftlicher Einblick in die Wunder des Mikrokosmos mithin versagt war — ahnt gleichwohl die Existenz einer höheren Ordnung in den Äußerungen gestaltlicher Gesetzmäßigkeiten, wenn er schreibt[74]:

„Selbst da, wo ein sehr genaues Ebenmaß eine besondere künstliche[75] Anordnung zu erheischen scheint, ist man geneigt, sie dem notwendigen Erfolg aus allgemeineren Gesetzen beizumessen und noch immer die Regel der Einheit zu beobachten, ehe man eine künstliche[76] Verfügung zum Grunde setze. Die Schneefiguren[77] sind so regelmäßig und so weit über alles Plumpe, das der blinde Zufall zuwege bringen kann, zierlich, daß man fast ein Mißtrauen in die Aufrichtigkeit derer setzen sollte, die uns Abzeichnungen davon gegeben haben, wenn nicht ein jeder Winter unzählige Gelegenheit gäbe, einen jeden durch eigene Erfahrung davon zu versichern. Man wird wenig Blumen antreffen, welche, soviel man äußerlich wahrnehmen kann, mehr Nettigkeit und Proportion zeigten, und man sieht gar nichts, was die Kunst hervorbringen kann, das da mehr Richtigkeit enthielte, als diese Erzeugungen, die die Natur mit soviel Verschwendung über die Erdfläche ausstreut. Und gleichwohl hat sich niemand in den Sinn kommen lassen, sie von einem besonderen *Schneesamen*[78] herzuleiten und eine künstliche Ordnung der Natur zu ersinnen, sondern man mißt sie als eine *Nebenfolge*[78] allgemeineren Gesetzen bei, welche die Bildung dieses Produkts mit notwendiger Einheit zugleich unter sich befassen[79]."

---

[73] Siehe diesbezüglich die ideenreiche, vortreffliche Schrift P. Nigglis: „Von der Symmetrie und von den Baugesetzen der Kristalle"; Heft 4 der Abhandlungen zu einer allgemeinen Morphologie „Die Gestalt". Leipzig: Akad. Verl.-Ges. 1941.

[74] Kant, I.: „Ordnung und Zweck in der Natur." (Vorkritische Schriften.)

[75] D. h. beabsichtigte, willkürliche Anordnung, zum Unterschied von einer naturgegebenen (natürlichen). — (Die betreffenden, erklärenden Fußnoten für altertümliche Wendungen sind zum besseren Verständnis vom Verfasser eingesetzt.

[76] Das Gegenteil von „naturnotwendige"

[77] S. Abb. 165 und 166.

[78] Von mir hervorgehoben.

[79] In sich beinhalten.

Eine, freilich nicht „künstliche", sondern den natürlichen Gegebenheiten gerecht werdende Ordnung im inneren Aufbau der Kristallsubstanz wurde im späteren Verlauf der kristallographischen Forschung wohl ersonnen, wie wir ja gelegentlich der Darstellung über die Entwicklung einer *Theorie der Kristallstruktur* berichtet haben. Die Frage also, ob es sich dabei um eine künstliche Ordnung der Natur handelt, darf nach den uns gewordenen Einsichten verneint werden; wir sind vielmehr geneigt anzunehmen, daß es hier um allgemein wirkende Naturgesetze geht, die wir demnach als naturnotwendig empfinden und als *symmetriebedingt* verstehen. Denn „Gesetzlichkeit und Symmetrie werden nicht willkürlich in die Natur hineingetragen. Sie drängen sich dem Forscher auf, wenn er versucht, das Wesentliche aus einem Erscheinungskomplex herauszuschälen. Er erlebt es, daß er, indem er idealisiert, der Wirklichkeit näher kommt, sie in einem tieferen Sinn verstehen lernt." (Niggli.)

Was aber die Erwähnung eines besonderen „Schneesamens" in dem Kantschen Zitate anbelangt, dessen Möglichkeit allerdings in dieser Form als Kuriosum abgetan wird, so ist dieser Gedanke doch sehr eigenartig; insofern nämlich, wenn damit der innere Grund für die äußerlich in Erscheinung tretende Wirksamkeit bei der Gestaltung der gesetzmäßigen Form gemeint wäre: so wie der Same einer Pflanze die artgegebenen Anlagefaktoren (Gene) bereits vorgebildet bereit hält! In diesem Sinne ist zweifellos die feinbauliche Struktur-

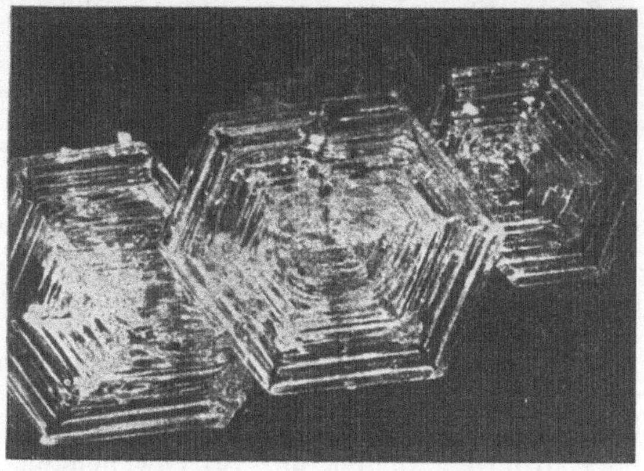

Abb. 165 und 166. Schneekristalle. (Aus P. Niggli, Die Gestalt.) Becherartige Kristalle mit sechsseitigem Umriß

anlage des werdenden Kristalls als die Urkraft der sich vollziehenden äußeren Gestaltung aufzufassen und zu deuten:

„Was als Gesetz von innen mahnt,
wird klar zur Außentracht gebahnt.“

(F. K. Ginzkey)

Und Kant sagt an andrer Stelle, wo über gewisse allgemeinere Beschaffenheiten, die der Materie innewohnen, die Rede ist, folgendes:

... „Es liegen offenbar selbst in den Wesen der Dinge durchgängige Beziehungen zur Einheit und zum Zusammenhange, und eine allgemeine Harmonie breitet sich über das Reich der Möglichkeit selber aus. Dieses veranlaßt eine Bewunderung über soviel Schicklichkeit[80] und natürliche Zusammenpassung, die, indem sie die peinliche und erzwungene Kunst entbehrlich macht[81], gleichwohl selber nimmermehr dem Ungefähr beigemessen werden kann, sondern eine in den Möglichkeiten selbst liegende Einheit und die gemeinschaftliche Abhängigkeit selbst der Wesen aller Dinge von einem einigen[82] großen Grunde anzeigt.“

So entnehmen wir solchen Ausführungen Kants die fundamentale Erkenntnis, daß außengestaltliche (morphologische) Gesetzmäßigkeit eine „Nebenfolge“ allgemeiner Naturgesetze sei. Das führt uns zu dem modernen Standpunkt kristallographischer Forschung, daß das Gestaltliche als die äußere Erscheinungsform der Kristalle gar nicht um seiner selbst willen untersucht wird, „sondern als *Manifestation eines Zustandes*, des Zustandes der ‚kristallisierten Materie‘. Obgleich gilt, daß letzten Endes Morphologisches nur wieder auf Morphologisches rückführbar ist, wurde doch dadurch das Außengestaltliche als Teilphänomen eines Seins erfaßt, das makroskopisch (unter Umständen ebensogut auch)[83] in formloser Masse auftreten kann.“ (Niggli.)

So läßt sich wohl kaum bezweifeln, daß sich der wissenschaftlich forschende Kristallograph ein weit höheres Ziel gesteckt hat, als nur die Untersuchung und Beschreibung der Kristalle schlechthin. Womit er es in Wahrheit zu tun hat, ist nicht mehr und nicht weniger als die Ergründung der Struktur der Materie in fester Phase, gleichsam einer Tektonik der Welt.

Da das Wesen wahrer Wissenschaft und Forschung — ebenso wie das der Kunst — letzten Endes im Erlebnis der Harmonie und Einheit alles Seins wurzelt, können Bedenken wegen zuweitgehender Spezialisierung in den uns vorschwebenden Fällen nicht berechtigt sein. Denn das Aufsuchen von Symmetrie und Rhythmus als der Äußerung hoher Ordnung, das Heraushören des Gleichklangs und das Schauen des idealisierten Typischen muß zur geistigen Erfassung der Welt führen — im großen wie im kleinen — zur grandiosen Synthese, den Aufbau der Welt schöpferisch zu gestalten.

„Wenn ihr's nicht fühlt, ihr werdet's nicht erjagen,
Wenn es nicht aus der Seele dringt . . .

---

[80] Sinnvolle Einordnung.
[81] Also naturnotwendigerweise wirkt.
[82] Einheitlichen.
[83] Vom Verfasser eingefügt.

Solch heißes Mühen forschenden Menschengeistes mit dem Ziele zu erkennen, „was die Welt im Innersten zusammenhält“, hat wahrlich mit Spezialistentum nicht das geringste zu tun.

Doch lenken wir unsere Aufmerksamkeit nochmals dem tieferen Sinn jenes gigantischen Erklärungsversuches, der Idee des periodischen Diskontinuums als Strukturbild fester Materie zu!

Die alte Vorstellung von der einheitlichen Raumerfüllung der Kristallsubstanz mußte jener von der diskontinuierlichen Natur weichen. Das Grundsätzliche und Revolutionierende dieser neuen Anschauung wird uns bewußt werden, wenn wir bedenken, daß nun zur Erklärung des scheinbar *Einfachen*, des in sich geschlossenen Kristalls mit seiner gesetzmäßigen Eigengestalt, nun ein dreidimensional-periodisches Raumgitter von theoretisch *unendlicher Ausdehnung* tritt. Denn jede Unterbrechung, jedes Aufhören des „Baumotivs“ des Elementarkörpers wird als Störung des Gleichklanges empfunden.

Aus der Gesetzmäßigkeit der raumgitterartigen Struktur der Materie aber folgen zwangsläufig sämtliche Grundgesetzlichkeiten des Kristallbaues, die wir als seine „Geheimnisse“ bezeichnet hatten: das *Rationalitätsgesetz* enthüllt sich als eine gittergeometrische Notwendigkeit; mit ihm aber ist das *Zonengesetz* gleichermaßen als zum Wesen der Raumgitterstruktur gehörig erkannt; denn jede vorhandene Gittergerade stellt eine mögliche Zonenachse dar. Es braucht nicht eigens betont zu werden, daß das als erstes erkannte Grundgesetz, jenes von der *Konstanz der Flächenwinkel*[84], sich überhaupt nur als ein Spezialfall des umfassenderen Rationalitätsgesetzes erweist, also in ihm eo ipso mit eingeschlossen ist. Aus dem Wesen raumgittermäßigen Aufbaues ergibt sich aber fernerhin, daß es nur 2-, 3-, 4- und 6-zählige Drehungsachsen geben kann und keine anderen; also finden auch die Symmetriegesetze darin ihre Begründung. So haben also auch Symmetriegesetz und Rationalitätsgesetz eine gemeinsame Wurzel, die im periodischen Diskontinuum begründet ist. Mit Beziehung auf andere Zusammenhänge sagt N i g g l i in der zitierten Schrift mit vollem Recht, „wie sehr der menschliche Geist, der das scheinbare Chaos nach vernünftigen Prinzipien zu gliedern versucht, beglückt ist, wenn er diese großen Linien herausgearbeitet hat.“

Nun ist aber mit der Erkenntnis des kristallinen Zustandes der Gegenstand und die Zielsetzung mineralogischer Forschung bei weitem nicht erschöpft. Wie schon im einleitenden Kapitel „Stellung und Bedeutung der Mineralogie innerhalb der Gesamtwissenschaft“ dargetan wurde, stehen größere Verbände — Mineralparagenesen — und, wenn sie wesentliche Bestandteile der Erdrinde ausmachen, **Gesteine zur Diskussion.**

Im Hinblick auf die allumfassende Entwicklung in der Architektur der Substanz läßt sich sehr schön die wundervolle Tatsache eines

---

[84] Von dem Dänen N i l s   S t e n s e n (N i c o l a u s   S t e n o) aufgefunden und 1669 veröffentlicht.

stufenweisen Aufbaus verfolgen — von den kleinsten individuellen Ganzheiten, den *Atomen*, zu den mikro- und makroskopisch sichtbaren Kristallen, insonderheit den *Mineralkristallen*, und schließlich ihren Assoziationen, den *Gesteinen*. Daß die Atome[85] selbst nicht — wie ihr Name fälschlich vorgibt — die letzten, unteilbaren Einheiten der Materie sind, sondern für sich schon eine Art von Planetensystem vorstellen — Elektronen verschiedener Sphären den Atomkern als Fixstern umkreisend — ist bekannt und soll hier nicht weiter erörtert werden[86]; für unsere Betrachtungen kristallographisch-mineralogischer Forschung sei das Individuum „Atom" der Ausgangspunkt. Hier setzen wir ein — wie wir es in den betreffenden Kapiteln „Vom Feinbau der Kristalle" und „Ergebnisse der Kristallstrukturforschung" zu skizzieren versucht haben —, um die bedeutungsvolle, einen Schlüsselpunkt der Schöpfung darstellende individuelle Ganzheit, den Kristall als „Organismus" im geistigen Sinne aufzubauen, zu *verstehen*.

Streng genommen sind auch zwei Kristalle derselben Art nicht gleich (im mathematischen Sinne); wir wollen und müssen jedoch von jenen „Abweichungen" gegen die Idealvorstellung absehen, wenn wir in unserem Bestreben, ordnend vorzudringen, weiterkommen wollen. So entsteht der Begriff der *Mineralart*, der wieder für den weiteren Aufbau eine feste Basis bedeutet.

Haben wir so die Grundbausteine der Erdrinde, die Mineralkristalle, „geformt", dann suchen wir weiter, Gleichheit und Wiederholungen aufzudecken, die uns in die Lage versetzen sollen, die Gesteinskörper als solche wiederum als Ganzheiten zu begreifen und eine systematische Klassifizierung derselben zu ermöglichen. In diesem Sinne werden wir bei aller Verschiedenheit im einzelnen, bei voller Berücksichtigung des „Lokalkolorits" der betreffenden Vorkommen, beispielsweise bei einem Granit immer zuerst nach jenen wesentlichen Merkmalen Ausschau halten, die diese Gesteinsart eben als die einem Granit eigentümliche kennzeichnet. In diesem Sinne geht der stufenweise Aufbau vor sich und steigert sich immer weiter. Es soll hier die Idee der Wiederholung — die Symmetrie im weitesten Sinne — und die mit ihrer Hilfe erzielte Neuschöpfung der Welt in stufenweiser Entwicklung zu immer höheren Daseinsformen in der vorliegenden Betrachtung keine weitergehende Verbreiterung erfahren. Der denkende, für die Wunder der Natur aufgeschlossene Beobachter wird selbst seine Wahrnehmungen machen, vor allem jene, die *seinem* „Empfinden" gemäß sind.

Nur eines sei noch ausdrücklich betont: so notwendig es ist, zunächst durch Idealisierung — durch Weglassung alles Störenden — das Typische überall herauszuarbeiten, wenn anders man überhaupt hoffen kann, in der verwirrenden Mannigfaltigkeit Ordnung und Klarheit zu schaffen, so darf doch nicht übersehen werden, daß eben

---

[85] Die „Unteilbaren".
[86] Desgleichen stellt ja selbst der Atomkern an sich wieder ein ganzes System verschiedener, unfaßbar kleiner Bauelemente dar.

dieser Vorgang der Vereinfachung für die fortschreitende wissenschaftliche Erkenntnis zwar durchaus notwendig ist, jedoch damit die Einmaligkeit jedweder Erscheinungsform keineswegs aus der Welt schafft. Der wahre Naturforscher darf bei aller Klassifizierung nach grundsäßlichen Merkmalen den Sinn für die gegebene Natur mit all ihrer Variationsfähigkeit nicht verlieren. Ja oft wird das, was zunächst als nebensächlich beiseite gestellt werden mußte — um erste ordnende Geseßmäßigkeiten herauszuarbeiten —, in einem späteren Stadium der Forschung gerade wieder zum Selbstzweck der Untersuchung und Erklärung werden.

Ein lehrreiches Beispiel in dieser Hinsicht bieten die Trachtstudien, über die im Kapitel „Wachstum und Tracht der Kristalle" einiges mitgeteilt wurde. War es vorher zur Schaffung einer wissenschaftlichen Erkenntnis zunächst einmal notwendig, *ein* ordnendes Moment — jenes von der Rationalität der Parameterkoeffizienten — zum alleingeltenden Prinzip zu erheben, indem man mit aller Entschiedenheit zu zeigen versuchte, daß hinsichtlich der Flächenlage am Kristall und überhaupt betreffs des Um und Auf der äußeren Gestaltausbildung es völlig gleichgültig sei, ob die betreffende Fläche groß oder klein entwickelt ist; nur ihre Lage allein, d. h. ihre Einordnung in den vorhandenen Flächenverband auf Grund der Zonenregel, hatte zunächst Interesse und Bedeutung. Das mußte so sein. Wäre das nicht als wesentlich und wichtig erkannt worden, hätte es überhaupt zu keiner kristallographischen Wissenschaft kommen können. Später aber — nachdem dieses Fundament der Erkenntnis ein für allemal gesichert war — mußte naturnotwendig die *Erscheinungsform* des durch Wachstum gewordenen Kristalls wieder ihr Recht auf Beachtung und Würdigung fordern. Darüber wurde S. 104 ff. berichtet.

Mit diesem einen Hinweis auf den schrittweisen Entwicklungsgang kristallographisch-wissenschaftlicher Forschung sollte nur Eigenart und Wesen wissenschaftlichen Fortschrittes gekennzeichnet werden; die Beispiele dafür ließen sich beliebig vermehren.

Alles in allem mag zum Schluß noch gesagt werden, daß es Sinn und Zweck naturwissenschaftlicher Forschung ist, den *Werdeprozeß des Seins* deutlich zu machen. Daß dazu das Studium des Kristalls in seiner Mittlerstelle zwischen formloser Materie und Organismus besonders geeignet erscheint, dies zu zeigen war der Hauptzweck der vorliegenden Schrift, die uns in die tiefere Wesenheit dieser Naturkörper Einblick verschaffen sollte.

Wie sagt da G i n z k e y vom Wesen des Kristalls? . . . :

> „Er wendet sich, jahrtausendalt,
> Dem Leben zu und wird Gestalt;
> Und jeden ruft ein sondres Wie
> Zur artbestimmten Harmonie."

Sachverzeichnis